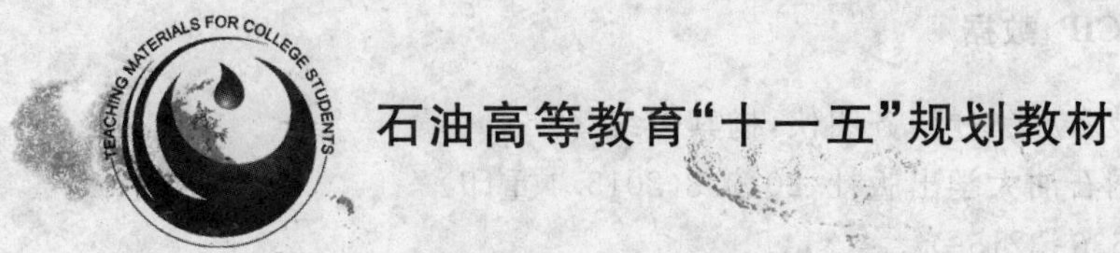

石油高等教育"十一五"规划教材

机械故障诊断技术

第2版

裴峻峰　齐明侠　杨其俊　编著

中国石油大学出版社

图书在版编目(CIP)数据

机械故障诊断技术/裴峻峰,齐明侠,杨其俊编著.
—2版.—东营:中国石油大学出版社,2010.8(2015.4重印)
ISBN 978-7-5636-3215-2

Ⅰ.①机… Ⅱ.①裴… ②齐… ③杨… Ⅲ.①机械设备—故障诊断 Ⅳ.①TH17

中国版本图书馆CIP数据核字(2010)第156478号

石油高等教育教材出版基金资助出版

书 名:机械故障诊断技术
作 者:裴峻峰 齐明侠 杨其俊

责任编辑:袁超红 穆丽娜(电话 0532—86981532)
封面设计:赵志勇

出 版 者:中国石油大学出版社(山东 东营 邮编 257061)
网 址:http://www.uppbook.com.cn
电子信箱:shiyoujiaoyu@126.com
印 刷 者:沂南县汶凤印刷有限公司
发 行 者:中国石油大学出版社(电话 0532—86981532,86983437)
开 本:180 mm×235 mm 印张:16.75 字数:332千字
版 次:2015年4月第2版第2次印刷
定 价:33.00元

Preface 第2版前言

春风又绿江南岸。岁月匆匆，时光飞驰，自1996年3月本书第1版出版，迄今已过去14年。在这14年中，本书一直作为教材在一些高校本科教学中使用，也是许多在石油石化行业从事机械设备故障诊断的工程技术人员的参考资料。本书第1版曾于1998年被评为华东地区大学出版社优秀教材二等奖。

基于故障诊断的理论、方法和计算机技术等相关技术的迅速发展，机械故障诊断技术也有了较大的进展，新技术、新方法不断涌现，其应用亦越来越广泛。作为一本教材，及时地反映相关的新知识和新技术是非常有必要的。在这期间，作者一直从事机械故障诊断的科学研究与教学工作，有不少体会和收获也想与读者分享。在中国石油大学出版社的大力支持和推动下，作者对本书进行了重新编写。

本书第2版的体系结构与第1版基本相同，但在具体内容上进行了修改、更新、完善。例如，在"第3章振动信号的分析与处理"中增加了故障诊断中一些重要参数（如峭度、裕度指标等）的介绍，增加了拉普拉斯变换和其他频域参数两节；在"第4章振动诊断技术"中增加了共振解调技术；在"第5章其他机械故障诊断技术"的油样分析技术部分介绍了油样分析技术在钻井泵故障诊断中的应用实例；在"第6章机械故障诊断新技术"中补充了模糊数学方法用于钻井泵动力端轴承故障诊断的应用实例，增加了目前应用较多的径向基（RBF）神经网络的内容，并增加了故障诊断的小波分析方法。第2版内容的更新和完善是作者在科学研究和教学工作中的应用心得，也是机械故障诊断技术新动态和新发展的反映。

本书第2版由裴峻峰、齐明侠、杨其俊编写。其中，裴峻峰在第1版基础上增编了拉普拉斯变换、其他频域参数、共振解调技术、故障诊断的小波分析方法及径向基（RBF）神经网络等内容，并负责全书的统稿工作；杨其俊编写了本书第1版的第1

章、第 2 章、第 6 章；齐明侠负责书中全部图表的处理。

作为一本主要用于高校本科教学并供相关专业研究生和工程技术人员参考的教材，我们在编写中力图做到理论正确明晰，内容完整简洁，层次分明清晰，知识循序渐进，以便于自学和讲解。但由于编者水平有限，虽然竭尽全力，但书中肯定仍有不足之处，敬请专家和读者指正。

编　者

2010 年 2 月

Preface
第1版前言

“众里寻他千百度，蓦然回首，那人却在灯火阑珊处”。如何识别重要的机械设备在运行中存在故障的蛛丝马迹，做到防微杜渐，防患于未然，一直是人们所渴求的。眼看耳听手摸，凭借经验，曾使人们找出了机器中存在的不少问题。然而，对于每分钟上万转的高速转子的故障前兆，对于宏观症状不明显的机械故障，老办法已无能为力。伴随着现代工业和现代科学技术的飞速发展、计算机技术和信号分析技术的进步和日趋成熟，一门年轻、充满生机和活力的新应用学科——机械故障诊断技术——应运而生，并且取得了令人瞩目的成就。

为了比较系统地介绍机械故障诊断技术这门新兴的、综合性的应用学科，我们结合从事相关教学和科研的经验编写了本书。在内容上，本书力图做到理论联系实际，由浅入深，循序渐进，并尽可能地结合此技术在石油、石化行业的应用特点，力求反映此技术的最新动态和发展。

本书共分六章，由裴峻峰、杨其俊编写。其中，第一章绪论、第二章振动诊断的测试技术、第六章机械故障诊断新技术由杨其俊编写；第三章振动信号的分析与处理、第四章振动诊断技术、第五章其他故障诊断技术由裴峻峰编写。全书由李继志教授审阅。

本书可作为机械类本科专业机械故障的监测与诊断课程的教材，也可供相关专业的研究生或技术人员参考。

由于我们水平有限，书中定有不少疏漏和不足之处，敬请读者批评指正。

编　者

1996年3月

目录 Contents

第1章 绪 论

Chapter 1

1.1 机械故障诊断的定义、分类及意义

所谓机械故障诊断，就是应用信号分析和故障诊断理论，利用现代科学技术和仪器，根据机械设备（系统、结构）外部信息参数的变化来判别机器内部（系统）的工作状况或机械结构的损伤状态，确定故障的性质、程度、类别和部位，并研究故障产生的机理。机械故障诊断技术是近年来国内外发展较快的一门新兴学科，它所包含的内容比较广泛，诸如机械状态量（力、位移、振动、噪声、温度、压力和流量等）的监测，状态特征参数变化的辨识，机械产生振动和损伤时的原因分析、振源判断和故障防治，机械零部件使用期间的可靠性分析及剩余寿命的估计等，都属于机械故障诊断的范畴。

1.1.1 机械故障的定义和分类

机械故障是指机械设备（系统、结构）在它应达到的功能上降低或丧失了工作效能的现象和程度，即在功能上达不到技术要求、丧失或部分丧失了所要求的规定性能或状态。

可从不同的角度对故障进行分类：

1）按故障的性质分类

（1）间断性故障。在较短时间内设备丧失某种功能，以后又恢复功能。

（2）永久性故障。故障造成的设备功能丧失必须在某些零件更换或修复后才能恢复。这类故障还可细分为完全丧失所需功能的完全性故障和导致某些功能丧失的部分性故障。

2）按故障发生的快慢程度分类

（1）突发性故障。不能通过早期试验或测试来预测的故障。

（2）渐发性故障。能通过早期试验或测试来预测的故障。

3）按故障的严重程度分类

（1）破坏性故障。故障发生将立即导致机械设备全面丧失工作能力。这种故障

既是突发性的，又是完全性的。

(2) 渐发失效性故障。故障是逐渐发生的，将逐步降低机械设备的功能或使部分功能丧失。这种故障既是渐发性的，又是部分性的。

4) 按故障产生的原因分类

(1) 磨损性故障。机械设备正常工作磨损引起的故障，这实际上反映了机械设备的寿命。

(2) 错用性故障。机械设备运行中操作使用不当或意外情况引起某些零件应力超过设计允许值而产生的故障。

(3) 固有的薄弱性故障。机械设备工作中的应力没有超过设计规定值，但由于设计或制造不恰当造成设备中存在某些薄弱环节而形成的故障。

1.1.2 机械故障诊断技术的分类

机械故障诊断技术包括机械零件或结构的诊断技术、机械设备的诊断技术和机械系统的诊断技术三方面内容。工程实际中机械设备（结构、系统）的工作或运行状态多种多样，其环境条件亦相差很大，由此产生了不同类型的技术诊断方法。具体分类如下：

1) 功能诊断和运行诊断

对新安装或维修的机械设备等需要诊断其功能是否正常，并根据检查或诊断结果对其进行必要的调整，称为功能诊断；对正在服役的机械设备或系统等进行运行状态的诊断，监视其故障的发生或发展，称为运行诊断。

2) 定期诊断和连续监控诊断

定期诊断是指对机械设备进行定期常规检查和诊断，亦称巡检；连续监控诊断是采用现代化仪表和计算机信号处理系统对机器或系统的运行状态进行连续监视和控制。

3) 直接诊断和间接诊断

直接根据机器关键零部件的信息（一次信息）确定这些零部件的状态，称为直接诊断。当受到机器结构和运行条件的限制无法进行直接诊断时，只能采用间接诊断方法。间接诊断是通过二次信息间接地判别关键零部件的状态变化。

4) 常规诊断和特殊诊断

在机器正常运行（即常规工况）下进行的诊断，称为常规诊断；借助于机器特殊工况（如机组的启动和停车过程）进行的诊断，称为特殊诊断。

5) 简易诊断和精密诊断

简易诊断相当于初诊，一般由现场作业人员进行，能对机械设备的状态迅速有效地作出概括性的评价；对简易诊断不能完全确定的故障要进行专门的精密诊断，一般由精密诊断专家来实施。

1.1.3 机械故障诊断的意义及作用

1. 意义

要求机械设备不出故障是不现实的，最好的设备也不可能永远不出故障，重要的是能及时发现设备的异常和故障，掌握设备的运行现状，把握其发展趋势，对已形成的或正在形成的故障进行分析诊断，判断故障的部位和产生的原因并及早采取有效的防治措施，做到防患于未然。机械故障诊断技术就是为了适应这一需要而发展起来的一门科学。

2. 现代故障诊断技术是机械设备维修制度改革的基础

自18和19世纪以蒸汽机和电动机为代表的二次工业革命以来，机械设备的维修制度经历了三个阶段，即事后维修(breakdown maintenance)、预防性维修(preventive maintenance)以及现代化的预知性维修(condition maintenance, predictive maintenance)。

1) 事后维修

早期工业设备的技术水平和复杂程度低，生产规模小，设备的利用率和维修费用问题没有引起人们的注意和重视，对机械设备的故障也缺乏认识，故只在设备坏了后才进行修理，因此称为事后维修。

2) 定期预防性维修

20世纪初以来，随着大生产的发展，出现了以福特汽车装配线为代表的流水线生产方式。机械设备向着大型化、高速度和高自动化程度的方向发展，机械设备本身的技术水平和复杂程度大为提高，机器的事故或故障对生产的影响显著增加，在这种情况下出现了定期预防性的维修方式，以便在事故发生之前就进行检修或更换零部件。

这种维修制度带有很大的盲目性，既不经济又不合理。一台机器不出毛病，到大修时也要解体检查，其缺点十分明显。一方面维修过剩，带来的检修量大，耗时费资；另一方面，机器过多拆卸会造成人为故障，并存在需要更换的备品和备件多及维修费用大等缺点。这种过剩维修耗费了大量的人力、物力和财力，致使维修费用在生产成本中占有很大的比重。由这种过剩维修造成的浪费及带来的损失亦是十分惊人的。据美国官方统计的资料，1980年美国工业设备维修费用达2 460亿美元，而中央和地方税收为7 500亿美元，维修费用几乎占了总税收的1/3。其中的750亿美元则是由于不恰当的维修方法(包括缺乏正确的状态监测和诊断技术)而白白浪费了。

3) 预知性维修

预知性维修是根据在线监测和诊断装置所预报的设备故障状态判断设备的劣化程度、发展趋势，确定机械设备的维修时间和内容。预知性维修以机械设备的实际情况为依据，以机械故障诊断技术为基础，减少了设备的过剩维修，使设备的利用率得以显著提高。

例如，日本日立公司将故障诊断技术应用于预知性维修中，公司所属某电站汽轮机车间的事故发生率降低了80%。另据日本资料介绍，采用设备诊断技术后每年的设备维修费用可减少25%～50%，故障停机时间则可降低75%。由此可见以故障诊断技术为基础的预知性维修制度可带来非常显著的经济效益。

3. 故障诊断技术的重要作用

故障诊断技术是维修制度改革——将计划预防性维修变为预知性维修——的技术基础，具有重大的经济价值。此外，它还具有如下重要作用：

(1) 故障诊断技术在保证重要工业系统的合理安排、优化设计、设备的安全运行、预防和减少恶性事故的出现、消除故障隐患、提高生产率和降低成本等方面都有重要的技术和经济价值。

(2) 故障诊断技术在工艺过程和产品质量检验中的应用，对于提高各工业部门的生产水平、实现高质优产具有重要作用。

(3) 故障诊断技术在各种工程结构损伤程度确诊中的应用，对于防止重大恶性事故等同样具有十分重大的意义。

1.1.4 故障诊断技术的发展及应用概况

1. 故障诊断技术的发展背景

现代工业的特点是生产设备大型化、连续化、高速化和自动化。这些生产设备在提高生产率、降低成本、节约能源和人力、减少废品率、保证产品质量等方面有很大的优势，但从另一方面来看，由于机械设备发生故障而停工造成的损失同样随之增加，维修费用也大幅度上升。现代化大生产（如石油、石化、化工、电力、钢铁等）都采用单机、满负荷、连续性的生产操作方式，一些大型机械成了现代化大规模生产装置中的关键设备，一旦出现停机故障就将导致全厂停产，由此造成的经济损失将是十分巨大的。例如，我国石化、化工系统引进的30万t合成氨装置和30万t乙烯装置均拥有多种类型的大型机组（汽轮机、压缩机和泵等），如因机器故障停产一天，产值损失则在50万～100万元以上；电力部门一台30万kW的发电机组因故障停机一天，则少发电720万kW·h，其直接经济损失非常可观。类似的例子还有很多。另外，某些现代尖端设备或结构发生故障还可能导致重大事故。例如，前苏联切尔诺贝利核电站爆炸、美国三里岛核电站放射性物质外逸、印度博帕尔市农药厂毒气泄漏、美国“挑战者”号航天飞机失事等，都是近代设备重大事故中的典型。我国也经历了不少技术上的设备事故，如电力部门先后有两台20万kW汽轮发电机组发生重大灾难性事故，其中一台转子系统断成七段，一个联轴节飞出竟打穿四堵墙壁。化工、石化部门也曾发生过大机组的严重振动故障和破坏性事故等。以上故障不仅造成十分惊人的经济损失，也给人身安全带来了严重的危害。一些大型工程结构（如海洋平台、大型桥梁及建筑物等）的破坏性故障造成的损失，同样是难以估量的。

2. 故障诊断技术的发展及应用

机械设备状态监测与故障诊断技术是为了解决现代大型工业生产设备故障及带来的巨大后果问题而诞生和发展的，它是20世纪60年代中后期发展起来的一门新兴学科。在诊断技术的理论及应用研究方面，美国、日本及欧洲的一些发达国家一直走在世界前列。美国在诊断技术上的开发最早，并比较成功地应用在航天、航空、军事及机械等工业中；日本在钢铁、化工、铁路等民用工业部门的诊断技术方面发展很快，并有较高的水平；英国、瑞典和挪威等在某些方面有特色或处于领先地位；丹麦在振动监测诊断和声发射监测仪器方面有较高的水平。

我国故障诊断技术的研究和应用相对较晚。1986年在我国召开了第一次机械设备诊断技术国际会议；1987年5月中国振动工程学会故障诊断专业委员会成立；从1986年起，每两年召开一次全国性的故障诊断学术会议。北京、天津和沈阳等地先后成立了机械设备诊断技术开发研究中心，国内许多重点大学都成立了故障诊断研究室，并培养了这方面的高级专门人才。

在应用方面，1983年原冶金部将宝钢和太钢作为开展诊断技术研究的试点单位；石化系统从20世纪70年代组织无损检测到20世纪80年代开展设备状态监测，已在几乎所有的大型机组上安装了状态监测系统；水电行业以大机组为重点，开展机械设备故障诊断的研究。此外，机械工业在现场简易诊断和精确诊断方面，航空工业在研制诊断仪器方面，核工业在进行反应堆故障诊断和寿命预测方面，铁道部门在内燃机车油液的光谱、铁谱分析和电力机车诊断方面，交通部门在汽车不解体检测方面等都是卓有成效的。在工艺过程的诊断和控制中，国内已广泛开展机械加工工艺质量的监视、诊断和控制，带钢冷轧质量的振动监测，热处理工艺过程、炼钢工艺过程和化工工艺过程的诊断，以及控制系统、电网输配等能源系统的故障诊断等。

我国石油石化高校、科研院所等开展石油装备故障诊断与状态监测方面的应用研究虽然相对较晚，但是已经卓有成效。1993年5月，首届石油装备故障诊断技术研讨会在大庆油田召开；1995年8月，又在大港油田召开了第二届研讨会。中国石油大学、西安交通大学、北京化工大学、西安石油大学、常州大学及中国石油勘探开发科学研究院等相继开展了石油机械故障诊断与状态监测方面的研究，在多级离心式注水泵、柴油机、往复泵、抽油机、石化大型机组、大型压缩机等的故障诊断应用研究方面取得了有价值的研究成果，其成果在生产实际应用中取得了较好的经济效益，目前这方面的应用研究还在不断深入进行。在实际应用中，国内各大油田和石化企业等相继开展了设备维修制度的改革，投入大量资金购置了比较先进的仪器设备，用于关键设备的故障诊断和状态监测，从而使油田和石化企业的设备维修及管理水平迈上了新台阶。新技术和新设备的应用不仅可及时消除事故隐患，做到防患于未然，还可避免过剩维修，保证良好的设备综合利用率和完好率，为油田带来可观的经济和社会效益。

1.2 机械故障诊断的基本方法

1.2.1 机械故障信息的获取方法

机械故障信息的获取方法主要有：

1）直接观察法

对静止或运行的机械设备(包括结构)直接观察，可以获取机械设备或结构的外部信息资料。这是一种古老而简单的定性方法，要根据操作人员的经验作出判断，且仅局限于能直接观察到的机械设备、结构或零件等。为扩大和延伸观察范围、提高观察能力，观察中往往使用一些辅助的工具或仪器，如听棒、涂料、光学窥视镜、光纤探头、红外测温仪等。

2）参数测定法

根据机械设备运行时各种参数的变化来获取诊断信息是目前应用很广的一种方法。机器运行时的振动和噪声是重要的诊断信息来源，直接反映了机器的运行状态。根据测量的振动(噪声)强度，可以初步判定机器的健康状况；再利用信号处理的频谱分析技术及其他信息(如温度、压力、变形、阻值、磁场等参数的变化)，可以进一步判定故障的性质和部位等。

3）磨损残余物分析法

测定机器零部件磨损残余物在润滑油中的含量也是一种获取故障信息的有效方法。根据润滑油中残余物含量、润滑油的混浊度变化及油样分析等结果，可以迅速获取机器失效的有关信息。

4）机器整机性能测定

可以通过测定表征机械设备性能特定参数的变化及输入输出量的变化来判别机器是否有故障。例如，机器燃料与输出功率的变化关系，机床加工精度的变化，热交换器温差的变化，离心泵、钻井泵、柴油机、压缩机、鼓风机等性能曲线的变化等，都在一定程度上反映了机器的工作状态，提供了诊断故障的信息。

5）关键零部件性能测定

对整机可靠性起关键作用的零部件，有必要进行特殊测定。例如，大型电机、离心压缩机转子自振特性测定及动平衡测试，采用热电偶监测重要轴承温度状况，用非接触传感器监测重要轴的轴心轨迹和位置等。

1.2.2 机械故障诊断的功能和过程

机械设备故障诊断技术应具备如下功能：

(1) 在不拆卸机械设备的条件下，能够定量检测、评价设备各部分的运动和受力状态、缺陷和磨损状态、性能的劣化和故障状态；

(2) 能够确定设备的故障性质、部位、程度和发展趋势，预测设备的可靠性程度；

(3) 能够确定设备发生异常时的修复方法。

因此，机械设备的故障诊断应包括如下环节：

(1) 监测机械设备状态参数；

(2) 进行信号处理，提取故障的特征信息；

(3) 确定故障的类型及发生部位；

(4) 对所确定的故障进行防治处理或控制。

机械故障诊断的过程如图1-1所示。

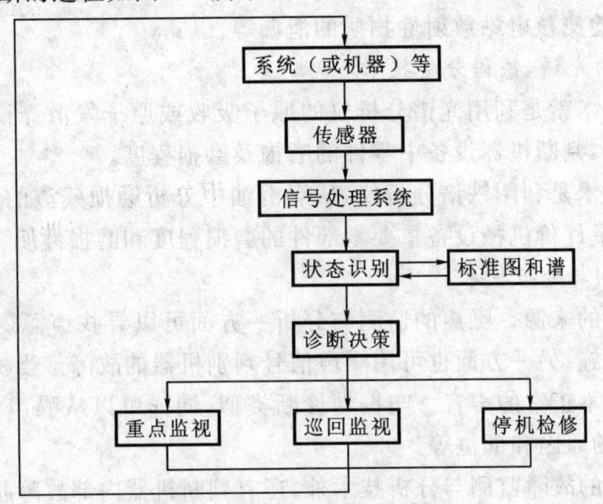

图1-1 机械故障诊断过程框图

1.2.3 诊断信息的监测与分析技术

以各种测量传感器为基础，采取不同的检测手段，如通过对运行的机械设备振动、噪声、变形、应力、裂纹、磨损、腐蚀、温度、压力、流量、电流、转速、扭矩和功率等各种参数的测量获取相应的诊断信息，由此逐渐发展了不同的专门诊断技术，包括：

1) 机械振动监测与分析技术

目前在诊断技术上应用最多的是机械振动信号，其原因首先是由振动引起的机械损坏比例很高。据统计，因振动产生的机械故障占60%以上；其次，机器运转过程中振动信号的获取容易且振动信号中包括大量反映机械设备状态的信息，很多机械故障都能以振动状态的异常反映出来。近年来，基于振动测试手段和信号分析技术的迅猛发展以及电子计算机技术的进步，振动监测与分析技术已成为机械故障诊断的重要手段。

2) 热红外监测与分析技术

热红外监测与分析技术主要是利用红外探测器或热红外成像技术对诊断对象的温度状态进行监测及对各种结构或机械设备各部位存在的缺陷和隐患等进行无损探

伤。

3）超声与声发射监测与分析技术

超声与声发射技术也是无损探伤中常用的方法。

超声监测与分析技术是利用超声波射入被检物，根据被检物内部缺陷处反射回来的声波判别缺陷的存在、位置、性质和大小等。它可用来监测诸如管壁腐蚀程度、重要机床零件及材料内部损伤或裂纹的产生与发展情况等。

声发射技术利用材料内部裂纹在发生和发展过程中发射的弹性波会急剧增加的原理，可以监测和诊断静设备或压力容器的工作状态，发现输送管道、桥梁等构件焊接部位的缺陷，检测核电站放射性物质的泄漏等。

4）润滑油的光谱、铁谱分析技术

光谱分析技术就是利用光谱分析仪的原子吸收或原子发散光谱原理，分析油样中金属成分含量，判断机器设备中零件的磨损及磨损程度。

铁谱分析技术是利用铁谱分析仪，从润滑油中分析磨损残渣的数量、粒度、形态和成分，从而定量评价机械设备重要零部件的磨损程度和磨损性质。

5）噪声监测与分析技术

振动是噪声的来源。噪声的监测与分析一方面可以寻找声源（振源），以采取相应的降噪（振）措施；另一方面也可用噪声信号判别机器的故障。当机器发生故障时，往往会发出某种不正常的声音。与振动诊断类似，同样可以从噪声信号中提取特征信号，检测故障的原因和部位等。

除以上常用的故障监测与分析技术外，还有判断机器内部故障状态的激光、光纤和视频成像技术，分析工作介质成分变化的气相色谱技术，检测金属内部缺陷的 X 射线及其他无损检测技术等。

1.2.4 信号处理技术

在检测到的动态信号中蕴含着设备状态变化和故障特征的丰富信息，信号处理是提取故障特征信息的主要手段，故障特征信息则是进一步诊断设备故障原因并采取防治对策的依据。

工程领域中的各种物理信号随时间的变化过程表现为多种形式，如简谐的、周期的、瞬态的、随机的等。由于传递路径、环境噪声的影响和各种机械元件的联合作用，这些被检测到的信号的构成成分很复杂。如果单从时域波形上直接观察，往往很难看出设备究竟是正常还是异常、有无故障及故障的性质和部位等。为此，必须对检测到的信号进行加工处理，以便更全面、更深刻地揭示动态信号中所包含的多种信息。

动态信号的分析处理方法有多种，诸如时域处理、频域处理、幅值域处理、时差域处理以及传递特性分析等。通过傅里叶变换可以实现频域和时域的相互转换，从而揭示信号中的某些实质性问题。

初期信号的分析处理主要是通过模拟式分析仪器进行。自 20 世纪 60 年代末以来，随着数字式电子计算机的迅速发展和快速傅里叶变换技术(FFT)的出现，信号分析技术向数字化方向发展。现代先进的信号分析仪器均采用数字分析方法。目前所采用的信号分析仪器有两种：一种是以计算机为核心，用硬件实现 FFT 运算的专用数字式信号分析仪；另一种是采用通用计算机，用软件实现 FFT 等运算的数字信号分析系统。两种分析方式虽然在形式上有所差别，但信号分析的基本手段和方法是一致的。

1.2.5 常用的故障诊断方法

诊断机械设备故障类型需要从研究故障形成的机理入手，探求故障原因和症状(故障现象)之间的关系。然而，利用监测到的状态信息和处理图像识别故障、确定故障的类型和发生部位，并非轻而易举。它是机械设备故障诊断各环节中最困难的一项工作。这是因为机械系统工作过程复杂，有多种故障是来自多种因素的影响，且同一种故障类型可以表现多种症状，同样一种症状也对应着多种故障类型。因此，故障类型与症状之间并不是一一对应的函数关系，而是一种多参数、多变量的模糊关系。为了在这些多因素的复杂关系中提高故障的识别能力、增加诊断的准确率，目前已在应用或研究的诊断方法有：

1) 综合比较诊断法

综合诊断将振动幅值、频率、相位、转速、位移量、振动形态以及温度、压力、流量等参数的多种信息进行数据采集和存储，保存到数据库中。机器等一旦出现异常，就像医生治病时需要病历一样，将当前状态与历史或正常状态进行比较，从而进行故障原因和故障状况的判别。综合比较诊断法的关键是建立机械设备正常状态下的“标准模式”。某些微机自动诊断系统就是采用这种方法进行诊断的。

2) 振动特性变化诊断法

机器工作参数发生变化时(如升速、降速过程，负荷变化过程，振动频率、幅值、振型变化过程)测量其振动特性，从特性变化中判断故障的原因和部位。例如，轴的裂纹诊断一般在工作转速下是很难识别的，但在转速升降过程中由于裂纹的开合，有可能在反应敏感的频域上进行诊断；又如，判别离心压缩机的振动是否由轴承油膜振荡引起，除了观察它的振动频率与转子的一阶振动频率是否相近之外，还要观察轴心位置和涡动频率随转速的变化。对于油膜失稳的转子，其涡动频率成分在转速较低时就已存在。

3) 故障树分析法

故障树分析法(fault tree analysis，FTA)是一种将系统故障形成的原因由整体至局部按树枝状逐渐细化的分析方法。这种方法可判别系统的基本故障，确定故障的原因、影响和发生概率。故障树分析法可对机械设备(系统)的故障进行预测和诊断，分析系统的薄弱环节并完成系统的最优化等。

4) 模糊诊断法

机械故障诊断在技术上的难点是故障因素的多样性、不确定性,各种故障之间联系的复杂性,引起故障的原因和故障症状之间没有明显的规律可循,即没有数学上严格一一对应函数关系。在判别机器的工作状态或诊断产生故障的原因时,经常会遇到"A 故障原因可能是 B 故障症状"这样不确切的模糊结论。例如,转子的初始不平衡、弓形弯曲、机壳变形、轴颈偏心、结构共振和对中不良等故障原因均可能激起转速频率成分及多倍频成分振动的故障症状,因此当频谱图上这些频率成分占主要地位时,就含有多种结论。类似的例子还有很多。这种判断事物的不确定性(即可能性和模糊性)在数学上就不是简单的是与非(0 与 1)的二值逻辑关系,而需要在 0 和 1 之间用另一种隶属函数来描述,使事物的不明确概念在形式上可用数学方法进行运算。故障模糊诊断过程就是利用症状向量隶属度和模糊关系矩阵求故障原因向量隶属度。故障原因隶属度反映了造成机器故障原因的多重性和它们的主次程度,从而可以减少许多不确定因素给诊断工作带来的困难。

5) 人工神经网络方法

人工神经网络(artificial neural network)技术是基于神经科学研究的最新成果而发展起来的边缘学科,是对人脑某些基本特征的简单数学模拟。人工神经网络的并行分布式处理方式、联想记忆的容错能力、自组织自学习能力及较强的非线性映射能力在机械故障的诊断和识别中显示了极大的应用潜力。对于机械故障诊断技术中的难题——故障形成原因复杂、故障与症状间的对应关系复杂,都可借助人工神经网络方法进行分类和识别。采用人工神经网络方法,通过对故障实例和诊断经验知识的训练及学习,用分布在网络内部的连接权表达所学习的故障诊断知识,具有对故障的联想记忆、模式匹配和相似归纳能力,以实现故障和症状之间复杂的非线性映射关系。目前人工神经网络在机械故障诊断领域的应用研究正蓬勃兴起,显示了诱人的应用前景。

6) 专家系统

专家系统是人工智能的一个重要分支,是一种以知识工程为基础的、智能化的计算机程序系统,为计算机辅助诊断的高级阶段。它以逻辑推理的手段,以"规则"、"框架"、"语义网络"等方式表达专家处理机械故障的知识,通过搜索策略控制正向、逆向推理,完成对故障信号的识别。专家系统能汇集、管理来自不同渠道、学科的专门知识和众多专家的经验,适合解决利用大量知识和经验才能解决的问题。机械故障诊断本身就是一项涉及多种机械和多门学科的综合技术,最适合用专家系统予以解决,因此研制专家系统是故障诊断技术的必然发展趋势。目前,专家系统已经在各方面得到十分广泛的应用,取得了极大的经济效益,并有了许多新进展。在工业部门中,专家系统的开发、推广前景美好。例如,在机械工程领域,专家系统可应用于机械设备的自动设计、监测、控制、诊断、维修等诸多方面。

7）粗集、混沌与分形、遗传算法、模拟退火及 Agent 系统诊断技术

现代机械故障诊断理论和方法引进了现代数学、物理学、计算机科学、生物工程和人工智能等众多科学领域的方法和成果，使之迅速成为一门蓬勃发展的交叉学科。

作为一门交叉科学，不少新的人工智能方法被引进到故障诊断领域中来。例如，粗集方法可减少信息表达的属性数量并减小系统的冗余，从数据中推理逻辑规则，作为知识系统的模型，从大量的观察和实验数据获取知识、表达知识、推理决策规则。因此，若将粗集理论与小波包技术相结合、将粗集理论与模糊理论相结合或将粗集理论与神经网络理论相结合，实现它们的优势互补，将会在机械故障诊断中取得更好的效果。分形、混沌等非线性理论在信号分析和特征提取方面发挥了巨大作用，已经逐步成为一系列可行的故障特征量。分形、小波和混沌等非线性诊断方法能够从大型机电系统表现出来的振动信号中刻画出故障的内在复杂性，表征设备的故障机理，有效地控制故障的进一步劣化。它们有可能逐步替代传统的诊断方法。

遗传算法、模拟退火、Agent 系统诊断技术、可视化诊断技术和 Petri 网诊断系统等也在机械设备故障诊断领域互相结合、交相辉映，使机械故障诊断的理论和方法越来越丰富，诊断精确度越来越高，诊断的智能化程度也越来越高。

8）基于模型的故障仿真技术

由于往复机械结构复杂，可拆性差，故障样本的获取往往具有破坏性和难以再现性，成本较高。近年来，基于模型的故障仿真技术成为了研究热点。例如，基于模型的故障诊断方法在发动机故障诊断中已有许多研究。

所谓基于模型的方法，是在建立诊断对象的数学模型的基础上，根据由模型获得的预测形态和所测量的形态之间的差异对被诊断系统作出诊断结论。此方法的优势有两点：一是通过建立故障诊断的仿真系统进行故障诊断可以大大降低成本，减少时间；二是不依赖于对象的诊断实例和经验，可用于对新的、未有故障实例的系统进行故障诊断。这种方法的不足之处是诊断精度严重依赖于模型的精度，一旦模型有所偏差，就会导致诊断失败或误诊，因此复杂模型的准确度有待提高。

1.2.6 机械故障诊断技术的新进展

机械故障诊断技术近年来取得了迅速发展，表现在信息科学、系统科学、人工智能、计算机技术等前沿学科的理论和方法迅速与传统的诊断技术相互渗透和密切结合，使得机械故障诊断技术几乎能与这些前沿学科同步发展。与此同时，机械故障诊断的实践正在由单纯依靠个人经验和直观感觉逐步发展到依靠科学技术，实现由感性到理性的飞跃。

由于机械故障诊断技术是一门与工程实际紧密结合的工程科学，生产实际的需要是其发展的动力，因此它的发展与许多学科的发展密切相关，很容易吸收最新的理论和方法，而新的理论和方法又反过来为它注入了更大的发展活力。作为一门交叉学科，近年来神经网络理论、小波分析理论、信息融合理论、分形理论等的最新成果纷

纷在故障诊断中得到应用并取得很好的效果。

机械故障诊断本质上是一个模式分类问题，即将机器的运行状态分为正常和异常两类，而异常的样本究竟属于哪种故障，又是一个模式识别问题。

从故障诊断的流程来看，可以分为信号采集、信号处理和故障诊断三个阶段。信号采集技术是机械故障诊断的基础。只有采集到能反映设备真实状态的信号，后继的分析和诊断工作才有意义。目前的信号采集技术研究集中在改进传感器的性能、特性以及多传感器信息融合技术方面。信息融合的方法除了直接基于传感器信息的简单融合外，还有基于等价关系的模糊聚类信息融合、基于证据推理理论的信息融合、基于小波变换的多传感器信息融合、基于神经网络的多信息融合和基于综合诊断思想的信息融合等。它们各有所长，在故障诊断实践中均取得了较好的效果。

在影响故障确诊的诸多因素中，通过现代信号处理与分析方法来提高诊断信息的质量，从而提高诊断的准确性与可靠性是最简单、最有效的，因此信号分析与处理部分是设备故障诊断技术的核心之一，也是理论研究的热点。它实际上就是诊断技术中的特征因子（敏感因子）提取技术。滤波技术和频谱分析技术是传统的信号处理方法。近年来出现的数字滤波技术、自适应技术、小波分析技术等极大地丰富了信号处理技术的内容。小波分析技术不仅适合分析平稳信号，而且适合分析非平稳信号。小波分析将有望取代传统的傅里叶分析技术。另外，近年来发展起来的混沌与分形几何技术也为信号处理提供了崭新的手段。模糊技术的应用进一步丰富了信号处理的内容。由于特征因子提取的重要性，信号处理中每一种新技术在设备诊断中的应用，都是对诊断技术的一次重大变革。

随着人工智能（AI）的发展，诊断自动化、智能化的要求正逐渐变为现实，也成为了现在研究的重点。其中，基于知识的专家系统的研究起步最早，在诊断中已有成功应用。当前，各种神经网络与其他技术的融合（如模糊神经网络、小波神经网络、概率神经网络、信息神经网络、组合神经网络等）大大丰富了智能故障诊断的方法，遗传算法、粗集算法、模糊推理与神经网络及专家系统的结合等也在故障智能诊断中崭露头角。随着计算机网络化的飞速发展，人们共享资源和远程交换数据成为可能。利用光纤光缆、微波、无线通信及计算机网络等通信方式，将故障诊断系统与数字信号系统结合起来组成网络，可实现对多台机组的有效管理，减少监测设备的投资，提高系统的利用率。基于故障诊断技术与计算机网络技术相结合的计算机远程状态监测与故障诊断系统已在不少领域研制成功，不断完善并得到使用，因而网络化将是机械故障诊断技术的重要发展趋势之一。

机械故障诊断技术自 20 世纪 80 年代在我国兴起以来，由于其多学科交融的特点以及广阔的应用背景，无论是在理论、方法和应用方面都获得了蓬勃的发展，在工业、国防等各个领域都得到了广泛的应用，取得了丰硕的成果，正呈现出生机勃勃的发展局面。

第2章 振动诊断的测试技术

Chapter 2

2.1 振动诊断测试概述

2.1.1 振动测试的意义和用途

振动测试在近代工程领域中有着极其重要的地位，不仅是工程实际中研究和解决许多动力学问题必不可少的重要手段，而且也是机械故障振动诊断的实验基础之一。

振动测试主要应用在如下方面：

(1) 振动(动态优化)设计。现代机械设备要求具有低振级、低噪声和高抗振性能。在设计过程中需要根据振动测试结果进行动态优化设计(实验模态分析、动力修改、减振及隔振设计)。

(2) 确定振动参数及边界条件。复杂设备或结构的动力学参数(阻尼、固有频率和振型)及边界条件等只能通过实验确定。

(3) 验证和完善理论模型。对稍微复杂的结构，理论计算总是在作了大量简化工作的数学模型上进行的，因此理论计算的正确与否只能用实验方法进行检验，并在实验的基础上不断予以完善。

(4) 用于机械故障的监测、控制及诊断。利用振动测试手段对运行设备进行在线监控及故障诊断，或对静态设备进行故障的诊断和识别，是保证设备安全运行、改革设备的维修制度和及时消除设备或结构事故隐患的重要措施之一。

2.1.2 振动测量的分类和内容

1. 振动测量的分类

1) 主动式振动实验

采用激振设备，并且实施振源特性可控，对被测对象实施主动激振，然后对机械振动量进行测量。

2) 被动式振动测量

不采用激振设备，并且不实施振源特性可控，在自然载荷(如风或波浪)或在机器运行状态下直接进行振动测量。

2. 振动测量的内容

1) 振动量(参量)的测量

振动量也叫振动参量,一般指被测量系统在选定点的选定方向上的位移、速度和加速度等运动量,同时还包括力、压力、角运动量(角位移、角速度及角加速度等)和力矩等。测量振动量就是指测量以上各参数。

2) 系统动态特性测试

系统动态特性参数包括物理参数(质量、刚度和阻尼)、模态参数(固有频率、振型、模态质量、模态刚度和模态阻尼)、单位脉冲响应函数、频率响应函数和传递函数等。这些参数有些可以直接测量,有些需经过对测量信号的数据处理后才能得到。

3) 机械动力强度(环境模拟)实验

对某些机械、结构或仪表等,要在规定的振动"环境"(或条件)下进行振动实验。该"环境"可分为自然力产生的"自然环境"和由机器运转产生的"感生环境"。环境模拟实验也称"动力强度实验",是指将试件放在振动台上用规定的参数模拟真实环境进行激励。该实验包括设计验证实验、研制实验、疲劳实验、运输包装实验等。

振动诊断主要是通过测量机械设备或结构的振动参量及系统的动态特性等,实现机械状态的监控和故障的诊断及识别。

2.1.3 振动测量方法

按测量过程的物理性质来分,振动测量方法大致分为三类,即机械测量法、电测法和光测法。其中,机械测量法是利用杠杆机构进行信号放大,将振动波形直接记录到转动纸带上,该方法虽然结构简单、抗干扰能力强,但频率范围和动态范围窄、灵敏度低且不便于信号的分析处理,目前已很少采用;电测法是将被测信号转换成电信号,经电子系统放大后进行分析、记录,其灵敏度高、频率范围和动态范围宽、便于记录分析和遥测等,是目前应用最为广泛的测量方法;光测法是将振动信号转换成光信号,经光学系统放大后进行测量、记录与分析,其主要是基于光波的干涉原理、激光多普勒效应等,测量精度高,适于进行非接触性测量,用途也很广,主要用在精密测量、传感器及测振仪的校准和标定等。

2.1.4 振动测试系统组成

振动测试系统可分为激振设备和测振系统两部分。一个基本的振动测试系统可用图 2-1 表示。

(1) 激振设备。对被测系统施加可调的激振力,使其产生预期的振动,以便测出动态特性参数等。使用的仪器设备包括激振器、振动台及力锤等。当然也可以利用系统运转本身或自然载荷(如风、波浪等)作为振源测量振动参量,此时不需要上述的

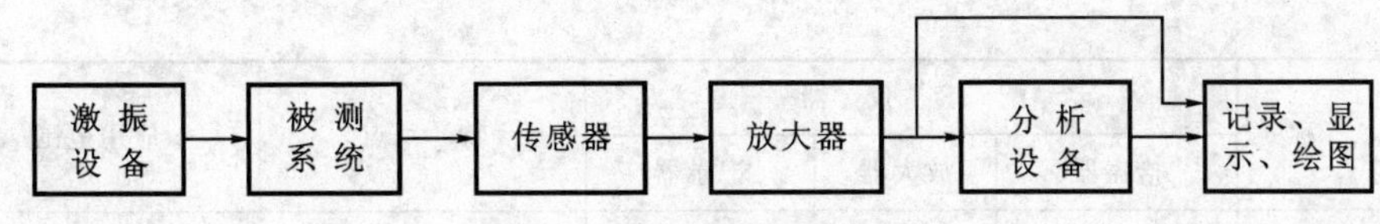

图 2-1　振动测试系统框图

激振设备激励被测系统。

(2) 传感器。亦称拾振器，它将机械振动信号或动力信号转换成其他形式的信号，如电信号(此为电测法)等。用于振动测量的传感器的种类繁多，最常见的是加速度计、速度传感器、阻抗头、涡流传感器等。

(3) 放大器。亦称信号适调、变换装置，主要包括阻抗变换器、前置放大器、电阻应变仪、载波放大器、微积分电路及滤波器等。

(4) 分析设备。主要包括专用的 FFT 信号(频谱)分析仪及基于软件实现 FFT 的振动信号分析计算机系统等。

(5) 记录、显示、输出设备。主要包括电压表、光线示波器、电子示波器、电平记录仪、X-Y 记录仪、视频打印机和磁带记录仪等。目前最常用的是计算机存储系统(硬盘、移动硬盘等)及显示器等。

对于不同的拾振器(传感器)，振动测量系统的组成不同。工程中常见的测振系统组成见表 2-1。

表 2-1　常见的工程测振系统

名　称	配套仪器			特　点	应用范围
	拾振器	放大器	记录器		
应变式测振系统	电阻应变片或电阻式加速度计、位移计等	电阻应变仪(载波放大器)	光线示波器、计算机存储系统等记录设备	频率响应能从 0 开始，输出阻抗低，使用长导线时应修正灵敏度，较易受干扰	测量动应变、加速度等，测量频率可从 0 到几千 Hz
磁电式测振系统	磁电式速度传感器、摆式拾振器等	微积分放大器	光线示波器、计算机存储系统等记录设备	灵敏度高，输出信号大，阻抗中等(在几千 kΩ 左右)，抗干扰性能较好，长导线影响小，相移较大	频率从十几 Hz 到几千 Hz 左右，多数用来测位移，也可测速度和加速度，在地震测试中大量使用
压电式测振系统	压电式加速度计	电压或电荷放大器，有时需配滤波网络和积分网络	磁带记录器、计算机存储系统等记录设备	拾振器输出阻抗很高，导线对阻抗影响大，可测得频响范围较大，抗干扰性能较好，附加质量小	适于高频测量，多数用来测加速度，通过积分网络可测一定范围的速度和位移

续表

名　称	配　套　仪　器			特　点	应用范围
	拾振器	放大器	记录器		
非接触式测振系统	电容式、电感式、涡流式拾振器	载波放大器	计算机存储系统等	灵敏度高，受环境影响大	适于非接触性测量场合、旋转系统测振

2.2　测振传感器

传感器又称“一次”仪表，它是将机械量(包括位移、速度、加速度和动力等)的变化转换成电量(如电流、电压、电荷)或电参量(如电阻、电容、电感等)的变化或其他量(如光等)的变化，然后输送至“二次”仪表进行放大，并由“三次”仪表进行记录、显示或分析等。传感器的频率特性、灵敏度、线性度、信噪比以及输出阻抗与放大器输入阻抗的匹配等都会影响整个测试系统的质量和精度。为了在振动测量中合理选用传感器，了解和掌握常用测振传感器的原理及特性是非常重要的。

2.2.1　传感器的分类

从不同的角度进行研究，传感器的分类方法也不相同。

根据传感器转换后的信号与被测振动参量之间的关系，传感器可分为位移传感器、速度传感器、加速度传感器、力传感器和阻抗头等。

根据传感器传递能量的方式，传感器可分为有源传感器和无源传感器。

1）有源传感器

有源传感器亦称发电型传感器，是将非电功率转换成电功率的传感器，如电磁式、电动式(动圈式)、压电式等传感器均属此类。它们都具有质量、弹簧、阻尼组成的力学系统，主要用于接触式测量。测量时传感器与被测物体接触并固定于被测物体之上，所以也称为惯性传感器。这种类型传感器的“二次”仪表为电压或电荷放大器。

2）无源传感器

无源传感器亦称电参数型传感器，即不能将非电功率转换成电功率的传感器。这类传感器是以被测非电量对传感器中的电参数的控制和调节作用来实现测量的，所以必须有辅助能源(电源)，如电阻片式、电感式、电容式、涡流式等传感器均属此类。通常这类传感器是在结构上不具有质量、弹簧、阻尼的力学系统，一般用于非接触测量。这种类型传感器的“二次”仪表为电桥电路或谐振电路。

下面将重点介绍振动测量中最常用的几种传感器，包括压电加速度计、阻抗头及电涡流传感器等。

2.2.2　压电加速度计

压电加速度计由于质量轻、体积小，可测的幅值范围和频率范围都很大，且无运动部件，坚固耐用和工作可靠，因此在振动测量中广为应用，约占目前使用的各种加速度计的80%。它属于惯性式传感器的一种，主要通过压电晶体的压电效应实现能量的转换。

1. 压电效应

某些晶体受到压力作用或变形时在其内部产生极化现象，在它们的表面产生正、负电荷，当外力去除后晶体又重新回到不带电的状态，这种现象称为压电效应。

$$p=C_x\sigma A \tag{2-1}$$

式中 p——晶体的电荷量，pC；

C_x——晶体的压电系数，pC/N；

σ——晶体的压力强度，N/m^2；

A——工作面积，m^2。

由式(2-1)可知，电荷量与压力强度成正比。

2. 压电材料

压电加速度计中常用的压电材料有石英晶体、压电陶瓷材料(如钛酸钡、锆钛酸铅等)及酒石酸盐等。

1) 石英晶体

石英晶体应用较早，其稳定性好(零漂小)，但灵敏度较低且价格昂贵，常用来制作标准加速度计。

2) 压电陶瓷材料

压电陶瓷材料灵敏度较高，是石英晶体的50～60倍，适合于较为恶劣的工作条件，且稳定性较好，现被广泛地用于制作各种测量用加速度计。

3) 酒石酸盐

酒石酸盐的灵敏度比压电陶瓷材料还高，曾一度是石英晶体材料的替代品。

3. 结构类型和工作原理

按照压缩弹簧的固定方式和质量块位置不同，压电加速度计可分为中心压缩式、周边压缩式、倒置中心压缩式及三角剪切式等，具体结构如图2-2所示。压电加速度计最常见的结构为中心压缩式。

压电加速度计还可分为通用型、微型及特殊型。

1) 通用型

通用型具有良好的综合特性，能满足大多数情况下的测量需求。它具有顶面和侧面输出两种连接方式，灵敏度范围为1～10 mV/(m·s^{-2})或1～10 pC/(m·s^{-2})，质量为10～50 g。

2) 微型

微型的尺寸小、灵敏度低，适于高振级、高频振动及轻型结构振动的测量。这种

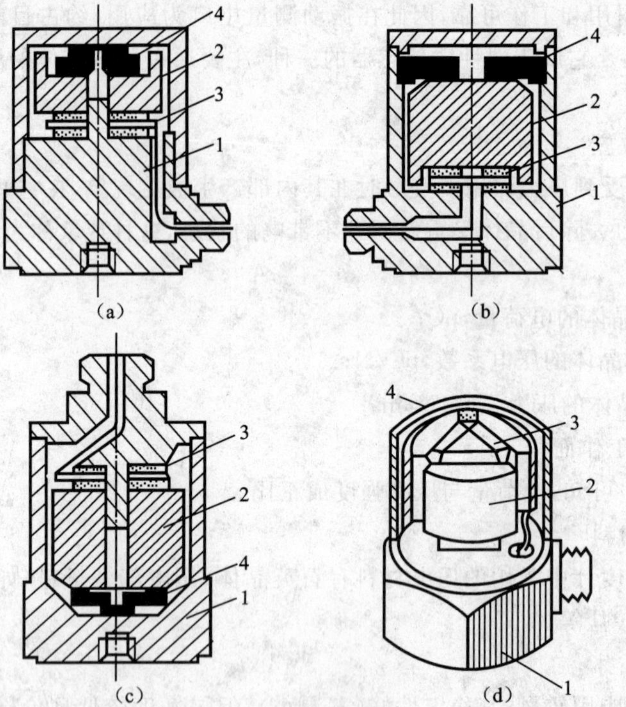

图 2-2 压电加速度计

(a) 中心压缩式;(b) 周边压缩式;(c) 倒置中心压缩式;(d) 三角剪切式

1—基座;2—质量块;3—压电晶体;4—弹簧

加速度计的质量轻,一般在 0.4～2.0 g 之间。

3) 特殊型

特殊型包括三向型、加固型、低振级型、小型加固型及标准型。三向型用于测量三个互相垂直平面内的振动;加固型能承受 400 ℃的高温,适合透平机、发电机、核反应堆及普通工业设备的永久性监测;低振级型具有较高的灵敏度,特别适合测量建筑物及大型结构的低振级振动;小型加固型用于测量高振级的冲击;标准型用于测量用加速度计的标定及校准。

根据图 2-2,压电加速度计的工作原理为:当加速度计随被测物体一起振动时,质量块振动产生一惯性力作用在压电晶体上。当该质量一定时,惯性力与加速度成正比,根据式(2-1)可推知加速度计输出电荷量与它承受的加速度值成正比。

4. 灵敏度及横向灵敏度

压电加速度计可视为一个电荷源或电压源,因此其灵敏度可表示为电荷灵敏度或电压灵敏度。

电荷灵敏度为单位加速度值对应的传感器的输出电荷量,可表示为:

$$S_q = q/a \tag{2-2}$$

式中　S_q——压电加速度计的电荷灵敏度系数，pC/(m·s^{-2})；

q——压电加速度计的输出电荷量，pC；

a——被测加速度，m/s^2。

电压灵敏度为单位加速度值对应的传感器的输出电压量，可表示为：

$$S_u = U_0/a \tag{2-3}$$

式中　S_u——压电加速度计的电压灵敏度系数，mV/(m·s^{-2})；

U_0——压电加速度计的输出电压，mV；

a——被测加速度，m/s^2。

电荷灵敏度和电压灵敏度有如下关系：

$$S_q = C_a S_u \tag{2-4}$$

式中　C_a——压电加速度计的内部电容，F。

压电加速度计的横向灵敏度 S_{xy} 是指垂直于加速度计主轴线平面内的灵敏度，常用主轴线灵敏度 S_z 的百分数表示，其矢量表示如图 2-3 所示。一般情况下，$S_{xy} < 0.03S_z$。丹麦 B&K 加速度计壳体上的小红点表示最小横向灵敏度的方向。

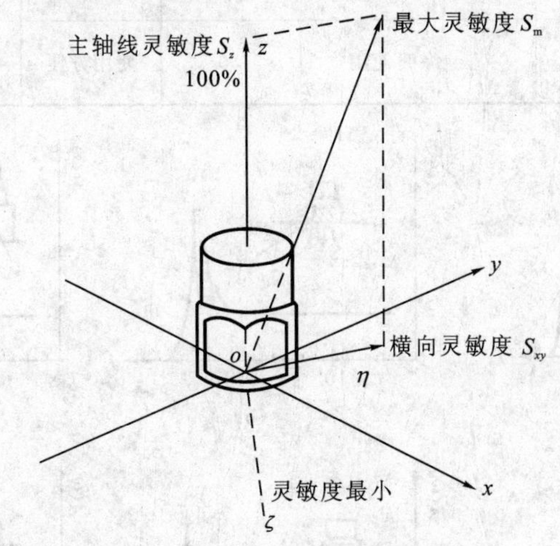

图 2-3　压电加速度计的横向灵敏度

5. 频率特性及安装固定方式

传感器的频率特性是指传感器在不同频率下的灵敏度变化特性。典型压电加速度计的频率特性曲线如图 2-4 所示。压电加速度计可使用的频率下限取决于所接入放大器的特性，而使用的频率上限由共振效应决定。该共振效应由加速度计本身的固有频率及加速度计的安装固定方式共同决定。

表 2-2 列出了不同安装方式的压电加速度计的性能比较。图 2-5 所示为不同安装方式的压电加速度计的频率特性曲线。

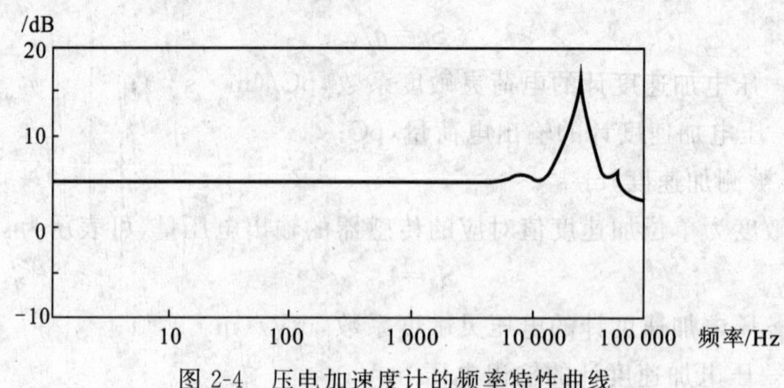

图 2-4 压电加速度计的频率特性曲线

表 2-2 不同安装方式的压电加速度计的性能比较

性能 项目 \ 安装方式	钢螺栓	绝缘螺栓＋云母垫片	永久磁铁	手持探针	薄蜡层粘接	粘接剂
	图 2-5(a)	图 2-5(b)	图 2-5(c)	图 2-5(d)	图 2-5(e)	图 2-5(f)
共振频率	最 高	较 高	中	最低，<1 000 Hz	较 高	<5 000 Hz
加速度负荷	最 大	大	中，<1 000 m/s²	小	小	小
其 他	适合冲击测量	需绝缘时使用	<150 ℃	使用方便	温度较高时差	

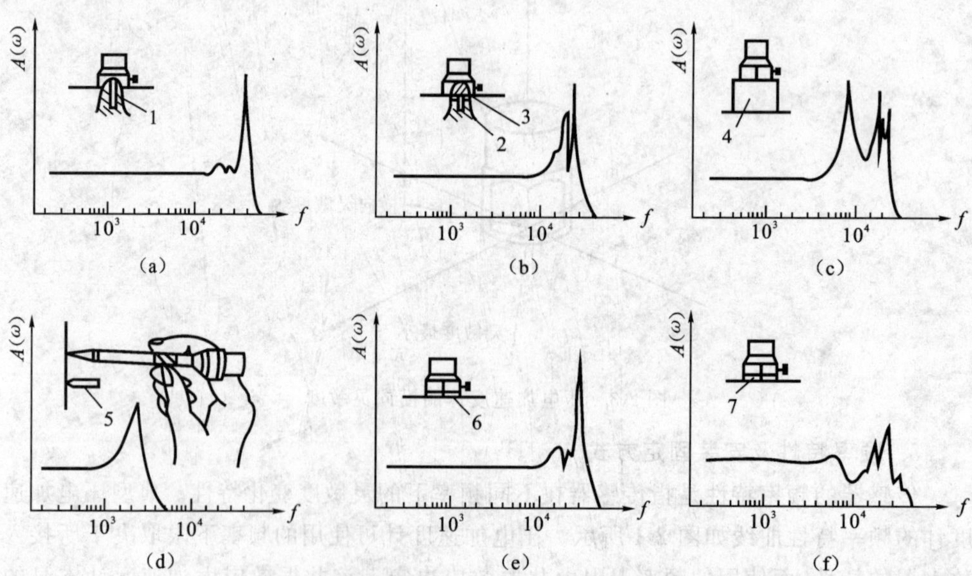

图 2-5 不同安装方式的压电加速度计的频率特性曲线

1—钢螺栓；2—绝缘螺栓；3—云母垫片；4—永久磁铁；5—探头；6—薄腊层粘接；7—粘接剂

表 2-3 和表 2-4 分别列出了国内外部分厂家生产的压电加速度计的性能、技术

规范等。

表 2-3　部分国产压电加速度计

型　号	灵敏度 S_q /(pC·m^{-1}·s^2)	灵敏度 S_u /(mV·m^{-1}·s^2)	频率响应	可测最大加速度 /(m·s^{-2})	横向效应 /%	质量 /g	特　点
JC-1B	0.45～0.65	0.1～0.3	>30 kHz	<300 000	<10	4	适用于冲击测量,浮地
JC-2	1.0～2.0	1.5～2.5	>13 kHz	>50 000	<5	17.5	地平行输出,对地
JC-8	1.0～2.0	1.5～2.5	>10 kHz	>10 000	<5	22	绝　缘
YD-1	—	8～13	2～18 000 Hz	2 000	—	<40	灵敏高度
YD-3-G	—	>0.8	2～10 000 Hz	—	—	<12	耐高温(260 ℃)
YD-4-G	—	>0.8	2～10 000 Hz	—	—	<12	耐高温(260 ℃)
YD-5	—	0.3	2～20 000 Hz	300 000	—	11	耐冲击
YD-8	—	0.8～1	2～1 800 Hz	5 000	—	<2.6	微　型
YD-12	—	4～6	1～10 000 Hz	5 000	—	25	
YD-45	2.3	—	10 kHz(5%)	—	—	15	差动输出型中心压缩式
YD-47	0.67	—	10 kHz(5%)	—	—	9	球形剪切式
YJ2-5	10±0.2	—	—	±5 000	<10	≥40	
Eb-10	1.6	—	10 kHz(5%)	—	—	9	微型加速度计,用粘接固定
CZ3-14	9	—	5 kHz(5%)	—	—	44	倒置中心压缩式
ZFSO25	2	2	5 kHz	1 000	≤10	20	耐温 150 ℃,中心压缩式

表 2-4　部分国外压电加速度计

型　号	灵敏度 S_q /(pC·m^{-1}·s^2)	灵敏度 S_u /(mV·m^{-1}·s^2)	频率响应 /Hz	可测加速度 /(m·s^{-2})	横向效应 /%	质量 /g	国别	特　点
22	0.04	0.1	5～10 000(±5%)	0～25 000	3～5	0.14	美国	超微型,剪切式
226C	0.28	0.55	3～6 000(±5%)	0～20 000	3	2.8		微型,剪切式

续表

型号	灵敏度 S_q /(pC·m^{-1}·s^2)	灵敏度 S_u /(mV·m^{-1}·s^2)	频率响应 /Hz	可测加速度 /(m·s^{-2})	横向效应 /%	质量 /g	国别	特点
2220C	0.28	0.3	2~10 000(±5%)	0~50 000	3~5	2.3	美国	微型,剪切式
2222C	0.14	0.3	20~8 000(±5%)	0~20 000	3~5	0.5		
2223D	1.2		3~4 000(±5%)	0~10 000	5	41		三轴,剪切式
23	0.04	0.1	5~10 000(±5%)	0~20 000	5	0.85		超微型,剪切式
4344	≈0.25	≈0.25	1~21 000(±10%)	30 000	<1	2	丹麦	微型,中心压缩式
8307	≈0.07	≈0.22	1~25 000(±10%)	30 000	<5	0.4		微型,环形剪切式
2276	1	1.2	2~5 000	0~30 000	—	30	美国	耐温−54~480 ℃,基座隔离压缩式
2273A	0.3	1.5	2~6 000	0~100 000	—	27		耐温+185~400 ℃,基座隔离压缩式
2285	0.25	0.9	20~3 000	0~20 000	—	25		耐温−54~760 ℃,基座隔离压缩式
6233	1.0	—	5~5 000(±5%)	—	—	85		耐温 480 ℃,波音 747 飞机振动监控用;耐温 760 ℃,旋转机械振动监控用
6200	—	—	20 000	—	—			
CA932	20	—	5~3 000(±5%)	—	—	200	法国	耐温 150 ℃,振动监控用
6222M11	5	—	2~5 500(±5%)	—	—	114	美国	耐温 260 ℃
6230M8	0.2	—	20 000(±5%)		—	5		耐温 260 ℃
6234M2	0.7	—	20~3 000(±5%)	—	—	225		耐温 260 ℃,F-15 飞机用
2284M8	1.0	—	5 000(±10%)	—	—	33		耐温 750 ℃,核反应堆用
5200M5	—	25	2~5 000(±10%)	400	—	100		耐温−50~125 ℃,小型
2250	—	0.5	4~15 000(±5%)	10 000	—	0.3		
2251	—	0.5	4~8 000(±5%)	5 000	—	4.5		耐温−50~125 ℃,小型
Kistier Piezotron 815 系列		0.1~10	10				美国	集成加速度计
8306	~1 000	~1 000	0.06~1 250	300	<5	500	丹麦	集成加速度计

续表

型 号	灵敏度		频率响应/Hz	可测加速度/(m·s^{-2})	横向效应/%	质量/g	国别	特 点
	S_q/(pC·m^{-1}·s^2)	S_u/(mV·m^{-1}·s^2)						
8305	0.12		0.2～4 400(±2%)	10 000	<2	40	丹麦	标准参考加速度计
8308	1.0	1.0	1～10 000(±10%)	20 000	<3	100		耐温 400 ℃
4370	10	10	0.2～6 000(±10%)	20 000	<4	4		高灵敏度

2.2.3 压电力传感器及阻抗头

在振动测量中，经常使用的压电传感器还有压电力传感器及阻抗头。

1. 机械阻抗的概念

广义机械阻抗为线性系统在任意激励下激励的拉普拉斯变换与响应的拉普拉斯变换之比。机械阻抗的倒数定义为机械导纳。

对于线性时不变系统而言，假定 $f(t)$为任意激振力，其拉普拉斯变换为 $F(S)$；$x(t)$，$v(t)$，$a(t)$分别为对应系统的位移、速度、加速度响应，其相应的拉普拉斯变换分别为$X(S)$，$V(S)$，$A(S)$，则有：

位移阻抗(动刚度) $$Z_x=F(S)/X(S) \tag{2-5}$$

位移导纳(动柔度) $$Y_x=1/Z_x \tag{2-6}$$

速度阻抗(机械阻抗) $$Z_v=F(S)/V(S) \tag{2-7}$$

速度导纳(机械导纳) $$Y_v=1/Z_v \tag{2-8}$$

加速度阻抗(动态质量) $$Z_a=F(S)/A(S) \tag{2-9}$$

加速度导纳(机械惯性) $$Y_a=1/Z_a \tag{2-10}$$

系统的位移导纳即为系统的传递函数。

2. 力传感器及阻抗头

图 2-6 所示为压电力传感器的结构。使用时要将它安装在被测物体力的作用点上，机械作用力通过传感器压电元件传递到物体上，压电元件因为力的作用而产生电荷，产生的电荷量与机械力成正比。力传感器可用来测量动态力或冲击力，其频率范围很宽，灵敏度很高且质量轻，对被测物体的动态特性影响较小。

图 2-7 所示为压电晶体阻抗头，它主要用于测量原点阻抗(即同一点的力与响应之比，又称加速度阻抗)，其实质是压电力传感器和压电加速度计的组合体。

2.2.4 电涡流传感器

电涡流传感器是一种非接触式的位移传感器，为一种特殊形式的电感传感器，现广泛应用在非接触测量，尤其是旋转机械的振动测量中。它利用电涡流的反作用引起电感变化的原理实现位移的测量。

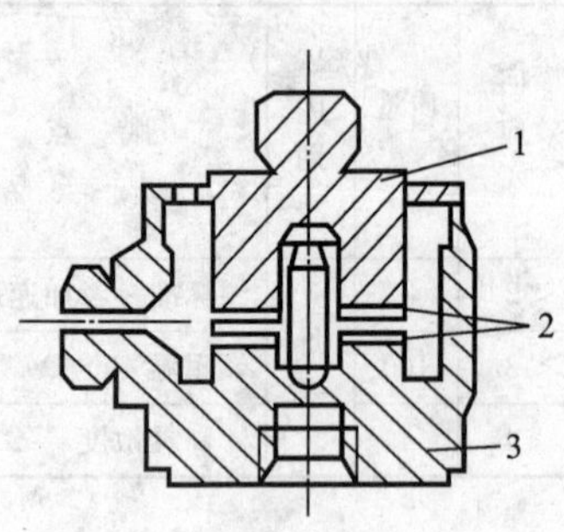

图 2-6　压电力传感器结构图

1—顶杆；2—压电元件；3—基座

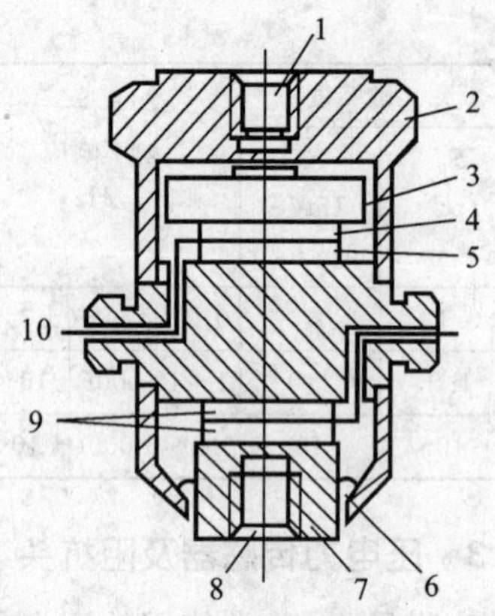

图 2-7　压电晶体阻抗头结构图

1，8—安装螺孔；2—外壳；3—质量块；4，9—压电元件；5—力输出端；6—硅橡胶；7—驱动端；10—加速度输出端

1. 工作原理

电涡流传感器的基本工作原理为：被测物体（金属板）置于线圈附近，当线圈中流过高频激励电流时形成交变磁场 Φ_1，在金属板上产生同轴的电涡流并形成磁场 Φ_2，Φ_2 的方向与 Φ_1 相反。两个磁场叠加后使原来线圈中的电感量下降，从而引起线圈中电流大小和相位的变化。Φ_2 的大小是线圈与被测导体间距离的函数，电涡流传感器正是利用这一点来实现位移测量的。图 2-8 所示为这种传感器的原理示意图。

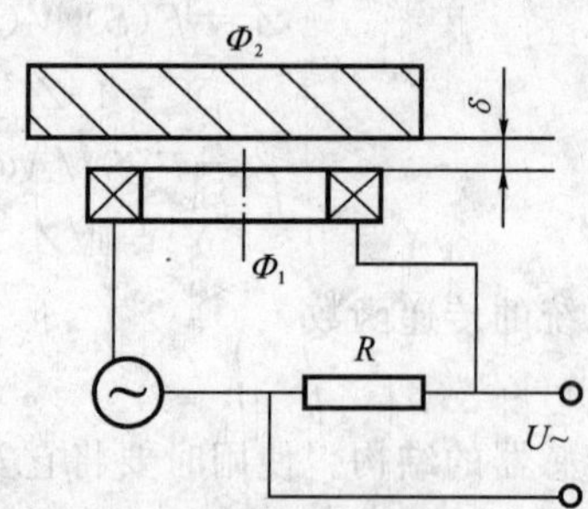

图 2-8　电涡流传感器原理示意图

由物理学可知，被测导体中的损耗功率 P_e 为：

$$P_e=\frac{\pi^2 f^2 B_m^2 h}{4\rho} \tag{2-11}$$

式中　ρ——被测导体的电阻率，Ω·m；

f——交变磁场频率，Hz；

B_m——最大磁感应强度，T；

h——涡流渗透深度，m。

若金属导体是铁磁材料，除电涡流损耗外还有磁损 P_h：

$$P_h = \eta f V B_m^n \tag{2-12}$$

式中　η——材料磁滞系数；

V——涡流形成范围体积，m^3；

n——与 B_m 有关的系数。

当被测导体靠近线圈时，P_e 和 P_h 增加，使回路的品质 Q 下降：

$$Q = \frac{\omega L}{R} \tag{2-13}$$

$$\omega = 2\pi f$$

式中　Q——无功功率与有功功率之比；

R——电阻，Ω；

L——电感，H；

ω——圆频率，rad/s；

当上述参数都一定时，谐振回路（见图 2-8）阻抗 Z 的变化将是距离 δ 的单值函数，即：

$$Z = f(\delta) \tag{2-14}$$

根据上式可实现振动位移的测量。由于线圈中的电感 L 不仅与线圈和被测金属板间距有关，还与金属材料的电阻率、磁导系数等有关，因此涡流传感器还可用来测量温度、材质、应力、硬度等。

2. 结构型式及性能

电涡流位移传感器由一个固定在框架上的扁平圆线圈组成，线圈用多股漆包式银线绕制而成，一般放在传感器的端部。图 2-9 所示为两种国产的电涡流传感器的结构图。

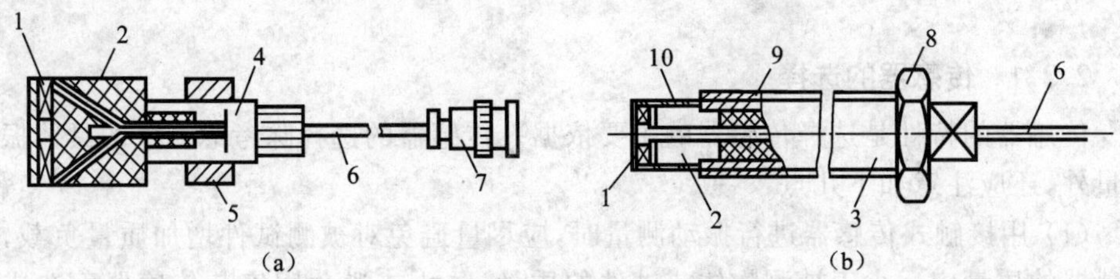

图 2-9　电涡流传感器结构示意图

(a) CZF-1 型；(b) CZF-3 型

1—线圈；2—框架；3—壳体；4—衬套；5—支架；6—电缆；7—插头；8—螺母；9—填料；10—保护套

电涡流传感器为非接触式传感器，其灵敏度高、结构简单、尺寸小、抗干扰能力强、频率特性好，可同时实现静动态测量（频率范围从 0 到几千 Hz），具有较宽的量程，应用范围较广。它主要用于旋转机械（轴）振动测量、轴心轨迹及轴承油膜厚度测量、转速测量及转子现场动平衡等。

3. 测量线路

1) 调幅法

调幅法测量线路如图 2-10 所示。

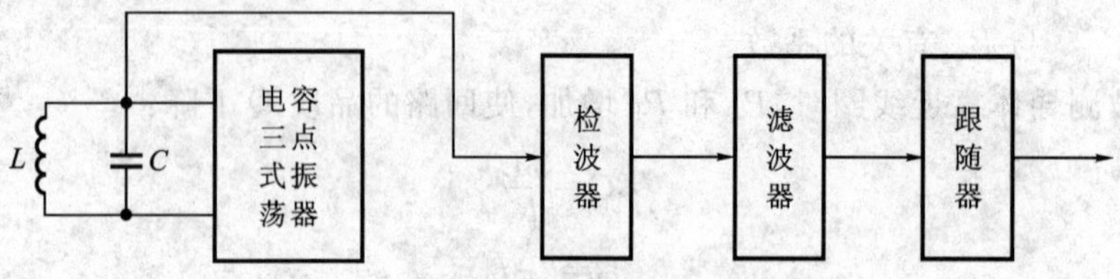

图 2-10 调幅法测量线路原理方框图

2) 调频法

调频法测量线路如图 2-11 所示。

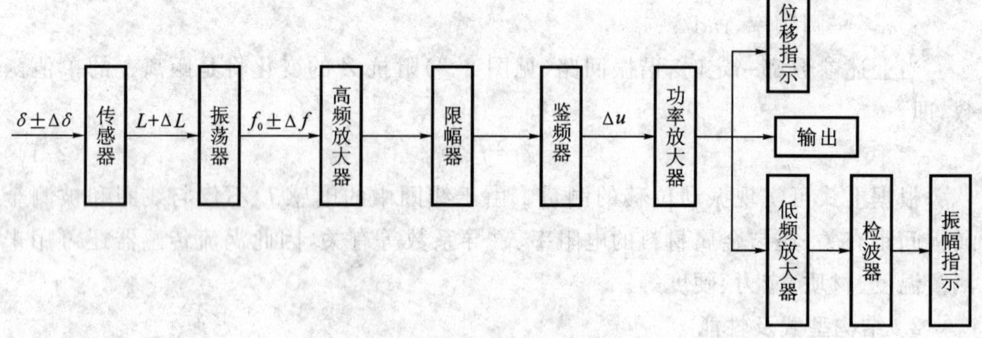

图 2-11 调频法测量线路原理方框图

2.3 传感器的选择、使用及标定

2.3.1 传感器的选择

传感器的特性是选择传感器的主要依据。传感器的选择除考虑测量的具体振动参量外，还应注意如下几点：

(1) 用接触式传感器进行振动测量时，应尽量避免对被测试件增加质量负载，即传感器的质量应远小于被测物体或试件的质量，防止或避免因安装传感器而造成被测物体或试件动态特性的改变。非接触式传感器无此缺点，但其灵敏度与初始安装间隙有关，使用时应加以注意。

(2) 测量前应估计被测量的频率范围，并检查其是否落在传感器幅频曲线的工作频带内，即幅频曲线的平直段内。

(3) 传感器的相移应满足要求。测量由多种频率成分组成的复杂波形时，必须选择相移与频率为线性关系(相频曲线为过坐标原点的斜直线)的传感器，否则将会产生输出波形失真。

(4) 事先估计被测系统的最大振级，并检查其是否超过所采用传感器额定最大冲击值的三分之一。一般来说，低灵敏度传感器可用于高振动量级测量；反之，低量级振动应采用高灵敏度传感器，以提高信噪比。

(5) 估计被测点振动方向，以便于正确安装传感器，减小横向灵敏度等带来的测量误差。如不能精确估计，可采用横向灵敏度较小的传感器。

(6) 估计传感器的工作环境，如温度、瞬时温度、磁场、声场等，并检查所采用的传感器能否满足使用环境的要求、是否要采用必要的防范措施。

(7) 熟悉和掌握所选用传感器工作原理和结构方面的知识，以便正确选择测量、放大仪器设备及显示记录仪器等。

表 2-5 列出了五种常用加速度计的性能。

表 2-5　加速度计性能比较

项目 \ 加速度计	压电式	压阻式	应变计式	伺服式	电位计式
尺　寸	小	小	小	中　等	大
质　量	很轻至轻	轻	轻	中　等	重
总精度	1%～5%	1%～4%	0.5%～2%	0.1%～1%	1%～3%
坚固性	很　好	满意至好	好	好	满　意
频响(±5%)	1～50 kHz	0～300 kHz	0～2 kHz	0～300 Hz	0～10 Hz
加速度/($m \cdot s^{-2}$)	振动：0～50 000 冲击：100 000～2 000 000	振动：±100 000 冲击：2 000 000	±50～±500	±5～±500	±5～±300
温度/℃	−150～650	−18～120	−18～120	−4～100	
横向灵敏度	5%(最大)	3%(最大)	1%	0.2%	
输出电压及灵敏度	低，0.5～7 mV/($m \cdot s^{-2}$)	高，±250 mV (满量程)	低，～50 mV (满量程)	高，±5～10 V (满量程)	高，～2 V/($m \cdot s^{-2}$)
激励电源	无	可调 AC 或 DC	可调 AC 或 DC	不可调 DC	可调 AC 或 DC
一般缺点	(1) 无静态响应； (2) 低频响应差； (3) 低信号输出	(1) 要求可调电源； (2) 易受损坏	(1) 要求可调电源； (2) 低信号输出	(1) 频率范围窄； (2) 可能对再加速度敏感	(1) 频率范围窄； (2) 体积大、重； (3) 分辨率差
一般优点	(1) 自发电式； (2) 频响高； (3) 体积小； (4) 坚固； (5) 可内装放大器	(1) 有静态响应； (2) 频响高； (3) 高信号输出； (4) 体积小、质量轻	(1) 有静态响应； (2) 线性度好	(1) 有静态响应； (2) 线性度好； (3) 电源不需调节； (4) 大信号输出	(1) 有静态响应； (2) 线性度好； (3) 大信号输出

2.3.2 传感器的使用

对于接触式传感器,使用时应注意:

(1) 如果不是专为测量局部共振,传感器应安装在能反映结构整体动态特性的位置上,而不能安装在可能产生局部共振的部件(如汽车的挡泥板)上。

(2) 传感器应直接安装在被测系统上,一般不宜采用支架或中间连接件,不得已时支架或连接件的刚度应尽可能的大。

(3) 传感器的安装固定方式等有时对传感器的幅频特性有重大影响,尤其是对惯性式传感器(如压电式加速度计),因此选择合适的安装固定方式也是至关重要的。

(4) 为减少电缆摩擦等造成的干扰等,要求与传感器相连的电缆在测量过程中应固定好。另外,为防止系统共模干扰等,应使传感器与被测试件绝缘良好。

(5) 对于涡流传感器,安装时头部四周必须保留有一定范围的非导电介质空间。若测量部位需安装两个以上的传感器,为避免交叉干扰,两个传感器之间应保持一定的距离。传感器装夹要求牢固可靠,尽可能避免或减少因被测工件振动而引起的传感器支座系统受激自振。

2.3.3 传感器的标定和校准

由于机电转换元件(传感器)的性能易受环境、时间的变化而改变,因此除了生产厂家必须按国家计量标准规程进行出厂标定外,使用者在使用之前也应对选择的传感器进行标定和校准,以保证测量数据的可靠性并获得较高的测量精度。下面着重介绍压电式传感器及电涡流传感器常用的标定方法。

1. 传感器标定和校准内容

1) 灵敏度的标定和校准

灵敏度有传感器灵敏度和测试系统灵敏度之分。前者为传感器的输出量与输入量之比;后者为测试系统的输出量与传感器的输入量之比,它不仅取决于传感器的灵敏度,而且还与放大器、记录仪的增益和衰减调节情况及电缆等有关。因此,灵敏度的标定和校准也有传感器灵敏度的标定和校准以及测试系统灵敏度的标定和校准之分。

2) 频率响应的标定和校准

传感器的频率响应为传感器的灵敏度随响应频率的变化关系。一般情况下,测试系统的频率响应取决于传感器的频率响应。理想传感器的频率响应曲线为平行于频率轴的直线,而实际传感器却很难做到。为弥补传感器频率响应的不足,常采用低频校正和高频滤波的方法。在进行传感器或测试系统频率响应校准时,应保持振动量(位移、速度或加速度)不变,依次改变振动频率。

3) 线性范围的标定和校准

传感器的线性范围为某一振动频率时传感器的输出量(如电压或电荷等)与输入

振动量大小成线性变化的范围。由于理想传感器或测量系统的灵敏度为常值，因此若用横轴表示输入量、纵轴表示输出量，则理想传感器或测试系统的输入输出关系曲线为一过原点的直线。实际传感器或测试系统直线(线性段)部分即为相应的线性范围。它决定测振仪器的动态使用范围，决定可精确测定的最大振动量(最大位移、速度或加速度等)。标定时将振动台的频率固定为某一数值，逐步改变输入量，可作出传感器或测试系统的输入输出曲线，进而可确定相应的动态范围。

2. 加速度计的标定和校准

加速度计的标定方法可分成两类：一类为复现振动量值的绝对法；另一类以用绝对法标定的标准传感器或测试系统作为基准(二等标准)，用比较法标定测量用的传感器。

1) 绝对法校准传感器

校准传感器的绝对法有两种，即振动标准装置法和互易法，目前以前者的使用居多。

(1) 振动标准装置法。

① 基本测量原理。

被校加速度计在正弦激励下的机械输入量为 a，则：

$$a=(2\pi f)^2 x_m \sin(2\pi ft) \tag{2-15}$$

式中 x_m——振幅，m；

f——振动频率，Hz；

a——加速度，m/s^2；

t——时间，s。

传感器的输出电压为 U，则：

$$U=U_a \sin(2\pi ft+\varphi) \tag{2-16}$$

式中 U_a——输出电压幅值，V；

φ——输出电压相位差，在计算灵敏度时可不考虑相位差。

被测加速度计的电压灵敏度为 S_u，则：

$$S_u=\frac{U_a}{(2\pi f)^2 x_m} \tag{2-17}$$

由上式可以看出，绝对法校准技术的关键是精确测定传感器的输出电压 U_a、加速度计的振动频率 f 和振幅 x_m。根据目前的电子技术水平，U_a 和 f 不难精确测定，而关键是如何精确测定 x_m，特别是微小振幅(几 μm 甚至更小)，因为高频振幅都在这个数量级之下。目前的绝对法校准技术中振幅的测量技术有两种：读数显微镜法和激光干涉仪法。

② 读数显微镜法。

读数显微镜振幅标定设备有光学读数显微镜、振动台、放大器、频率计、示波器等。该方法所用的设备既简单、可靠、直观，又有一定的精度，标定精度在±1%左右，因此便于普及，是工程中较为实用的方法。它的缺点是不能连续标定，观察显微镜容易疲劳，标定速度慢，且低频段(1～60 Hz)易受电磁振动台窜动干扰的影响，高频段(2～50 kHz)又受到由于振幅减小(当保持振动速度或加速度为定值时)而读数误差相对增加的限制。

读数显微镜法的标定原理如图 2-12 所示。

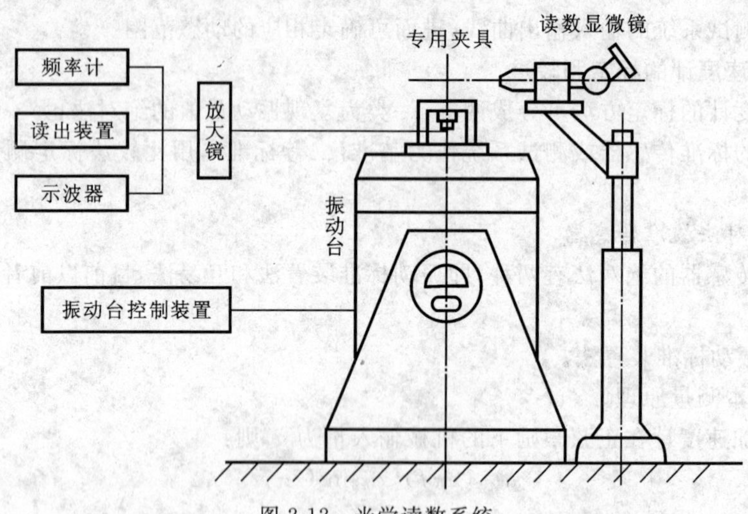

图 2-12　光学读数系统

③ 激光干涉仪校准法。

激光干涉仪的出现使振幅测量范围扩大和精度提高成为现实。标定所用的设备包括激光干涉仪、振动台、数字电压表和频率计等。激光干涉仪校准法是用激光干涉仪测量振动台台面振幅(即被校传感器的振动位移幅值)。用该仪器测量被测对象的直线位移时，被测对象每移动 $\lambda/2$(λ 为激光波长)，干涉仪的光电接收器就产生一个周期的电信号变化，即干涉条纹明暗就有一次变化，转换成脉冲信号输出计数。

振动台面每振动一个周期，相当于移动了四个振幅 x_m，因为一个振幅 x_m 有干涉条纹$\frac{x_m}{0.5\lambda}$条，则一个振动周期对应的干涉条纹数 n 为：

$$n=\frac{8x_m}{\lambda} \tag{2-18}$$

若振动台振动频率为 f，则光电计数频率计显示干涉条纹频率 N 为：

$$N=nf=\frac{8x_m f}{\lambda} \tag{2-19}$$

它与振动台面的振动频率 f 之比称为频率比，用 R_f 表示，即：

$$R_f=\frac{N}{f}=\frac{8x_m}{\lambda}=n \tag{2-20}$$

根据上式可以比较精确地计算 x_m。

用激光校准法测量的位移振幅精度可达±0.5%，缺点是干涉仪极易受到极微弱的外部干扰，因此仪器本身必须很好地进行隔振。

激光校准测量系统原理如图 2-13 所示。

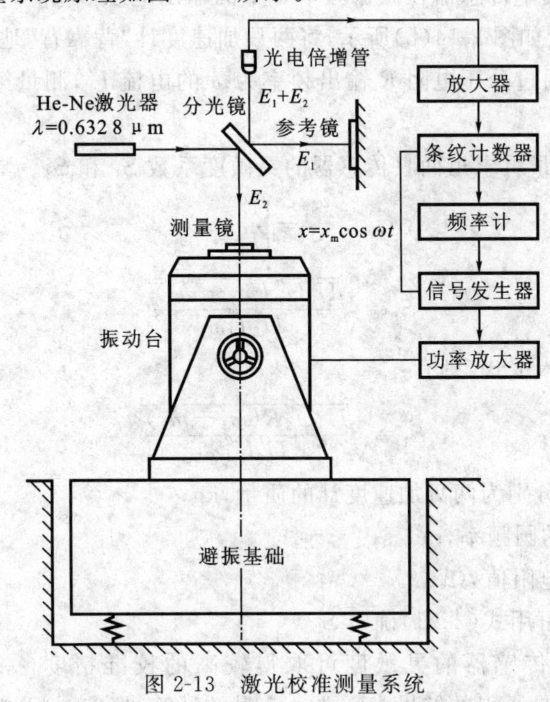

图 2-13　激光校准测量系统

(2) 互易法。

互易法为绝对校准法，适用于磁电式、压电式等机电转换可逆的线性变换器制成的测振传感器的标定。互易法的具体方法有很多，图 2-14 所示为用两只传感器进行二次测量的电阻分压互易法。

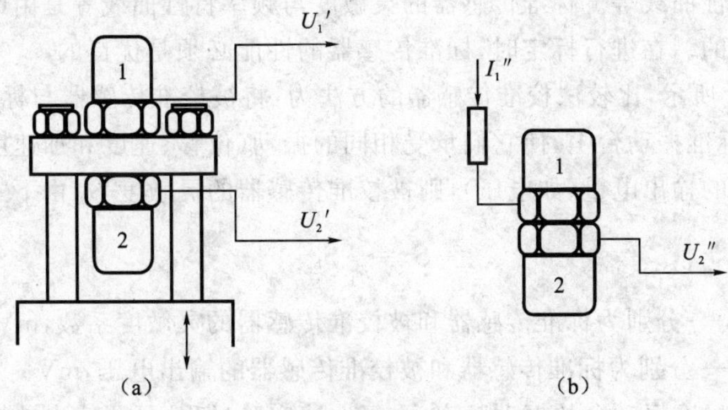

图 2-14　两只加速度计的互易校准法

1,2—加速度计

如图 2-14 所示，对两只加速度计进行如下两项测量：

① 第一次测量如图 2-14(a)所示，将两只传感器用刚性支架“背靠背”相连，并装在振动台上，测量两个传感器在激振频率 ω 下的输出电压 U'_1 和 U'_2 的比值。

② 第二次测量如图 2-14(b)所示，将两只加速度计“背靠背”地紧固在一起，以其中之一作激振器，通过分压电阻 R 输出频率为 ω 的电流 I''_1，测量第二只受振时的输出电压 U''_2。

从以上两项测量可求出两只传感器的灵敏度系数 S_1 和 S_2。具体结果如下：

$$\frac{S_1}{S_2}=\frac{U'_1}{U'_2} \tag{2-21}$$

$$S_1=\sqrt{\frac{U'_1U''_2(m_1+m_2)}{U'_2I''_1\omega}} \tag{2-22}$$

若以 $I''_1=U''_1/R$ 代入上式，则有：

$$S_1=\sqrt{\frac{U'_1U''_2R(m_1+m_2)}{U'_2U''_1\omega}} \tag{2-23}$$

式中　m_1,m_2——分别为两只加速度计的质量，kg；

ω——振动的圆频率，rad/s；

R——分压电阻值，Ω。

S_1 求出后，可用式(2-21)确定 S_2。

用互易法校准传感器的灵敏度可取得较高的校准精度(一般可达 0.5%～1.0%)。它的缺点是所得的结果尚需要一定量的计算，标定时间较长，且只能在某一频率上进行标定，因此应用不太广泛。该方法有时用于标准加速度计的标定。

2) 比较法校准传感器

比较法是指被校准的传感器与已知的标准传感器相比较而得到被校传感器的灵敏度及频率特性曲线等。标准传感器的灵敏度与频率特性曲线等是由绝对法按最高校准技术获得的。在进行标定时，标准传感器的性能必须是优良的。

如图 2-15 所示，比较法校准传感器的方法为：将被校准传感器与标准传感器“背靠背”安装在标准振动台上，使它们承受相同的振动(位移、速度和加速度)，然后精确测量它们各自的输出电量(如电压)，则被校准传感器的灵敏度 S_x 由下式确定：

$$S_x=\frac{e_x}{e_b}S_b \tag{2-24}$$

式中　S_b,S_x——分别为标准传感器和被校准传感器的灵敏度系数，mV/(m·s^{-2})；

e_b,e_x——分别为标准传感器和被校准传感器的输出电压，mV。

通过改变标准振动台的振动频率，重复上述实验过程，可测定出被校传感器的频率特性曲线。当然，通过固定振动台的频率，改变振动输入量，还可以测定出被校传感器的线性范围等。

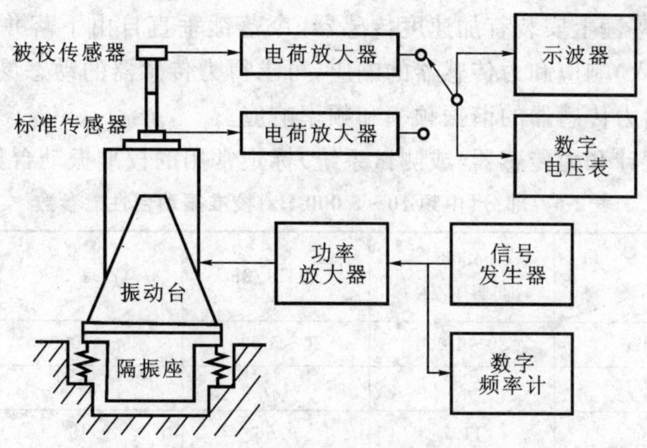

图 2-15　比较法标定系统示意图

比较法校准传感器具有方法简单、速度快、操作方便及对设备要求低等优点，标定精度可达±2%，基本能满足实验及一般工程测量的要求，因此它是校准传感器灵敏度及频率特性最一般，也是最有效的方法，使用相当普遍。但由于它的标定精度主要取决于标准传感器的精度，因此属于二级精度的校准方法。

测试系统(通道)灵敏度、频率响应及线性度的校准方法与传感器的校准方法基本相同。

3. 力传感器的动态标定方法

力传感器的动态灵敏度与动态力测试系统的频率特性要在动态下进行标定。

1) 正弦激励法

力传感器的动态标定方法与振动加速度传感器的某些标定方法相似。力传感器的频率响应可用正弦激励法核准。

校准方法是将力传感器安装在电磁振动台上，在力传感器顶部安装一个一定质量的重块，以恒定的加速度在不同频率下激励力传感器，记录不同频率下力传感器的输出，即为该力传感器的频率响应。

这种校准方法的原理为：

$$F=ma \tag{2-25}$$

式中　F——力，N；

m——质量块的质量，kg；

a——加速度，$\mathrm{m/s^2}$。

在质量块一定、加速度值恒定的情况下，力值 F 的输出应该是恒定的，所记录的不同频率下力的输出值即为该力传感器带动某一质量块的频率响应。

2) 冲击力法

冲击力法的标定原理与正弦激励法基本相同。具体步骤为：将力传感器稳固地安装在基础上，落锤上安装有加速度传感器，令落锤垂直自由下落并撞击力传感器，记录加速度(输入)响应和力传感器的响应，可求得力传感器的动态灵敏度，用谱分析的方法可以测出力传感器的谐振频率和频率响应。

上述加速度计和力传感器(或测试系统)标定常用的校准振动台见表 2-6。

表 2-6　部分(中频 10～5 000 Hz)校准振动台性能参数

性能 \ 型号	4808(丹麦 B&K)	Y5121/2F	ZDT-2	ZS-10D
频率范围/Hz	20～4 000	20～5 000	5～2 000	20～2 000
加速度失真度/%	5.4	4.7	7	4.8
横向振动/%	11.7	9.66	9.40	8.26
台面不均匀度/%	12.6	11	9.78	
频率稳定性(1 200 s)/%	0.000 5	0.75	0.2	
加速度稳定性(1 200 s)/%	1.3	1	0.1	
台面漏磁/T	80×10^4	18×10^4	27×10^4	60×10^4
台面信噪比/dB	63.8	61	72	70
台面噪声/dB	52		55	

4. 电涡流传感器的标定

根据电涡流传感器的原理和特点，对于长期使用的传感器，要对其灵敏度、动态线性范围等进行定期标定。对于调幅式传感器，在测量不同材料的被测件时也要重新标定。

传感器的检验和标定要在专门的标定装置上进行。该装置包括两个组成部分：静态标定部分由螺旋测微仪、标准模拟被测件及传感器支架组成；动态标定部分由标准模拟被测件和可变速驱动马达组成。系统结构如图 2-16 所示。

除标定装置外尚需一台直流数字电压表，用于测量传感器的输出电压。

1) *静态标定方法*

静态标定是测量传感器的电压-位移输出，并以此确定传感器的输出灵敏度线性范围。标定时，用螺旋测微仪改变传感器与标准模拟试件之间的间隙，用数字电压表测量输出电压。

操作步骤如下：

(1) 将传感器插入连接测微仪的支架中；

(2) 将测微仪置零位；

(3) 将传感器轻抵在标准被测试件 2(即静标定模拟试件)上，并用支架固定好；

(4) 每次以固定值(如 10 μm)增加间隙，直至读到满量程为止，记录每次的输出电压值；

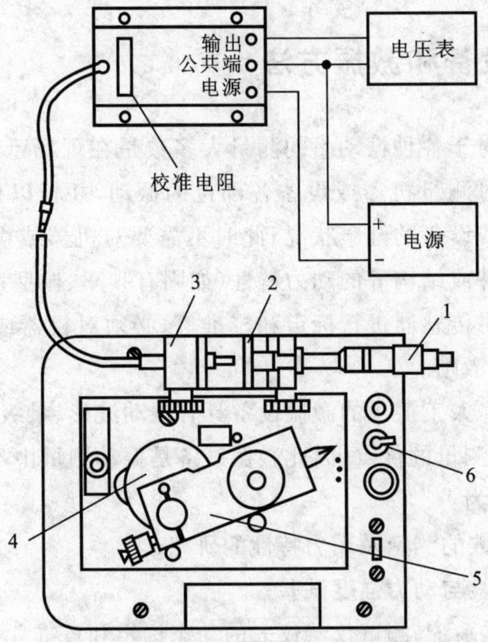

图 2-16　电涡流传感器标定台结构示意图

1—测微仪；2—静标定模拟试件；3—传感器支架；4—动标定模拟试件；5—摆臂；6—驱动马达开关

(5) 根据所测结果绘出位移-电压曲线。

若标定不同材料，应更换模拟被测件。在标定过程中，若发现线性范围或灵敏度不符合出厂规定时，应进行电路调整。

2) *动态标定方法*

传感器的动态标定是以静态标定为基准的，主要目的是检查显示传感器输出信号的表头显示是否正确。

校准步骤如下：

(1) 将千分表插入摆臂中，并调节示值至中点；

(2) 调整摆臂达到所要求的振动值(等于监视仪表满量程)，然后锁紧摆臂；

(3) 将传感器插入摆臂，使其间隙位于线性区中点；

(4) 将摆臂移到所要标定的位置，启动电机，若监视仪显示的峰-峰值与千分表摆动值相同，则认为标定好，若两者不同，则应以千分表指示值为准，调整监视仪的刻度系数。

电涡流传感器的动态标定也可以由激振器或振动台提供振源，用读数显微镜读出振动值。如果传感器使用环境条件与静标定时条件相差较大，那么还应当在特定条件下进行标定，因为电涡流传感器的灵敏度与具体使用环境的关系较大，这一点不同于加速度计和力传感器。

2.4 激振设备和激振方法

在振动诊断中,对于各种振动量的测量大多数是在现场已经产生振动的机器或设备上进行的,即通过测量机器或设备各部位的振动,并辅以振动信号的分析和处理,识别和了解机器或设备的健康状况,此时不需要对机器或设备进行激振。然而,为了了解机器、零部件或结构等的动力特性(如固有频率、振型、刚度和阻尼)、耐振寿命、工作可靠性以及对传感器进行标定和校准等,必须对机器或设备、零部件及结构或传感器等进行人工激励。

与自然振源相比,人工振源的激振设备具有振动波形、量级、频率、持续时间等参数可任意变化和精确测量的优点,因此激振设备是振动测量中不可缺少的重要工具。它的主要用途可总结为:

(1) 系统动力参数的测定及动力特性的研究;

(2) 环境模拟试验与动力强度试验;

(3) 传感器、测试系统、测试仪器仪表的动态标定和校准。

2.4.1 激振设备及其选择和使用

1. 激振设备的分类

按振源的力学性质分为:

(1) 力激振。对试件或测量物体等施加激振力。

(2) 运动激励。对试件或测量物体等施以运动(位移、速度或加速度)激励。

力激励设备通常是激振力锤和激振器,运动激励设备称为振动台。激振器和振动台的分类有时也并非绝对,因为产生力的同时也产生运动(输入功率),主要是看力和运动中哪个量可测或可控。在必要时,激振器可装小平台后当振动台用,振动台也可加顶杆后当成激振器。

2. 力锤

1) 结构及工作原理

图 2-17 所示为激振力锤的结构图。

当用力锤敲击试件或结构时,将会给试件或结构一个脉冲力,脉冲力的大小可由装在锤头上的压电力传感器测出。

为改变锤头激励的持续时间,激振力锤的锤头垫可用不同硬度的材料。图 2-18 所示为不同锤头垫材料对应的频率响应曲线。锤头垫和试件为不同材料时的频率上限(国产锤头)见表 2-7。

用力锤脉冲激励的测试系统框图如图 2-19 所示。

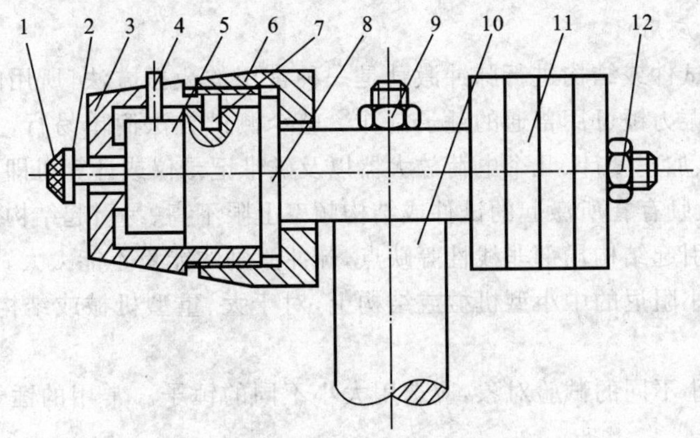

图 2-17　力锤的结构图

1—锤头垫；2—锤头；3—压紧套；4—力信号引出线；5—力传感器

6—顶紧螺母；7—销；8—锤体；9，12—螺母；10—锤柄；11—配重块

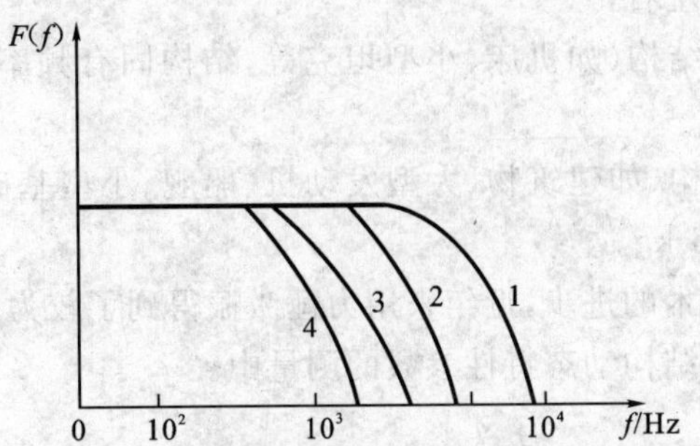

图 2-18　各种材料锤头垫的频率响应曲线

1—钢；2—铝；3—塑料；4—橡胶

表 2-7　频率范围上限表

锤头材料	尼　龙	尼　龙	铝	铝	钢
试件材料	铝	钢	铝	钢	钢
频率上限/Hz	750	820	1 510	1 800	4 000

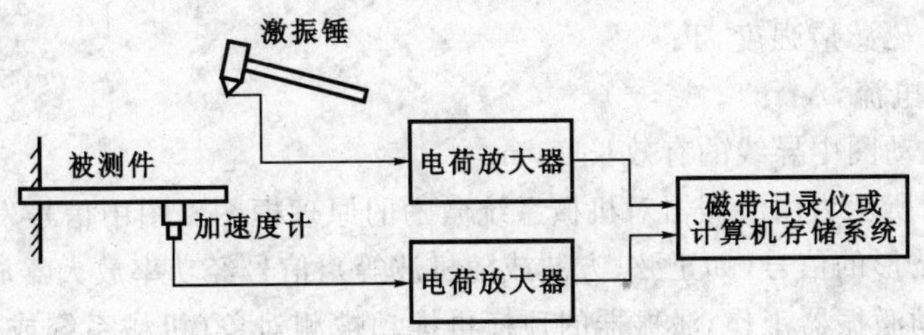

图 2-19　力锤脉冲激励测试系统框图

2）特点及应用

用力锤对试件或结构进行脉冲激励是一种常用的激振方法，所用的激振设备也最为简单。激振力锤可用普通的锤子制作。整个测试方法简单易行，只需一把激振力锤、几个压电加速度计、几个电荷放大器以及磁带记录仪或计算机即可完成测试任务，但用力锤激励存在所激起的试件或结构频率上限不高、易引起结构局部非线性等缺点。为避免引起结构局部非线性等缺点，脉冲激励的能量不能太大，因此力锤激励只能用在具有小阻尼的中小型机械或结构上，对于大、重型机械或结构，脉冲激励较为困难。

为测量大小不同的试验对象，应选用大小不同的锤子。常用的锤子大致有以下四种类型：

(1) 对于轻小型结构，锤子应具有较高的灵敏度，锤子的质量为 5 g 左右；

(2) 对于中型结构（如汽车车架、发动机等小型机械，结构固有频率在中高频），锤子的质量为 240 g 左右；

(3) 对于大中型结构（如机床、小型坦克等，结构固有频率在中频段），锤子质量为 1 400 g 左右；

(4) 对于重型结构（如建筑物、大型发动机、船舰、小型基础，结构固有频率低），锤子的质量应为 5～6 kg。

随着数据处理技术的进步，近年来用力锤激振得到了较为广泛的应用，它被越来越多地应用在机械或结构动态特性参数的测量中。

3. 激振器

常见的激振器有电动式、电磁式和电液式。电动式激振器有永磁式（小型激振器）和励磁式（大型激振器——振动台）。以下重点介绍电动式激振器。

1）结构及工作原理

图 2-20 所示为电动式激振器的结构简图。

电动式激振器的工作原理为：将频率可调的交流电输入处于磁场的动圈中，动圈产生一电动力驱动顶杆。该激振力 F 的大小为：

$$F=BLI \tag{2-26}$$

式中　B——磁感应强度，T；

I——电流，A；

L——动圈中导线的有效长度，m。

图 2-21 所示为用激振器对机械系统激励的原理框图。图中信号发生器的作用是产生一定波形的信号（如正弦、方波或随机波等），信号经功率放大器放大后具有足够的能量推动激振器工作，激振器的顶杆再推动被测对象（机械系统或试件）作强迫振动。

用电动式激振器激振时，要保证顶杆有一定的预压量（压变形），以满足激振器顶

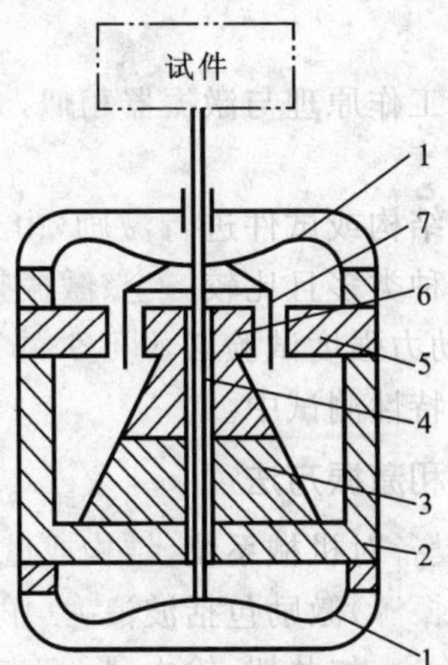

图 2-20　电动式激振器

1—弹簧；2—壳体；3—磁铁；4—顶杆；5—磁极；6—铁心；7—驱动线圈（动圈）

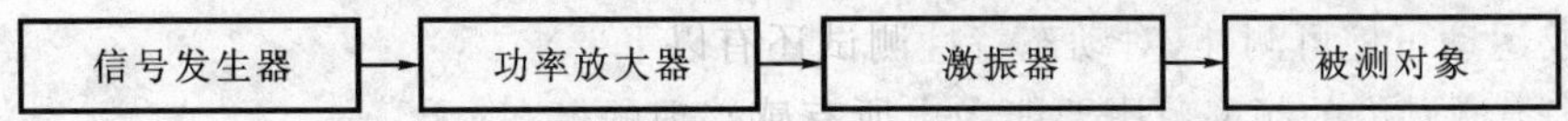

图 2-21　用激振器进行机械系统激励的原理框图

杆与被激励物体之间的跟随条件；同时还要保证激振力有足够的幅值，至少应能克服机械系统的静摩擦。

2）安装固定方式

电动式激振器主要用来对试件或机械系统进行绝对激励，其常用的安装方式有三种，如图 2-22 所示。

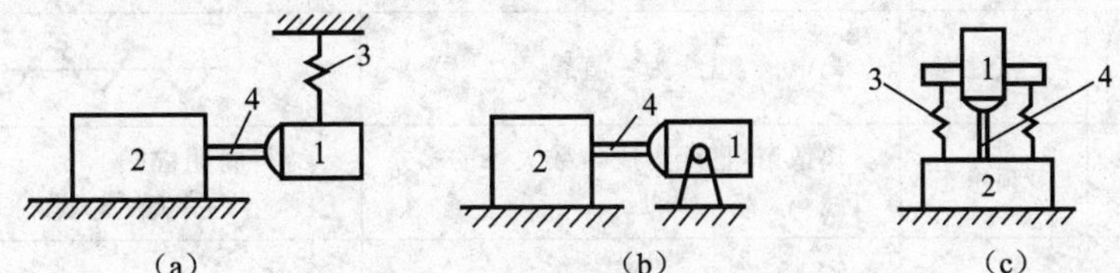

图 2-22　电动式激振器的安装固定方式

1—激振器；2—试件；3—弹簧；4—柔性杆

图 2-22(a)一般用于较高频率激振。要用软弹簧（橡皮绳）将激振器悬挂起来并加上必要的配重，以降低悬挂系统的固有频率，使该固有频率低于激振频率的 1/3。

图 2-22(b)一般用于低频激振。使用时应将激振器牢固地紧固在地面或安装在支架上，并保证安装支架的固有频率比激振频率高 3 倍以上。该方法的缺点是振动通过基础传向四周，引起基础的振动。

图 2-22(c)将激振器用弹簧支承于试件上，适用条件为试件质量远大于激振器的质量。使用时应保证激振力的频率远大于激振器安装固定装置的固有频率，为此要在激振器和试件之间用一个横向刚度很小的柔性杆。此种安装方式适用于对大型结

构或试件的激励。

振动台为大型激振器，其工作原理与激振器相似，激振原理如图 2-21 所示。

3）特点及应用

利用激振器对机械系统、结构或试件进行激励，由于激振力的大小可调可控，与力锤激振相比，具有激励函数种类多且比较齐全、激振频带宽等一系列优点。它目前仍然是振动环境模拟和机械动力强度试验必不可少的重要工具，也被广泛地应用在机械系统、结构或试件的动态特性测试中。

2.4.2 激励函数的分类和激振方法

按照是否用专门的激振设备对机械系统、结构或试件进行激励，激振方法有自然激励和人工激励之分。自然（振源）激励包括波浪力（作用于海洋平台、钻井船）、风载（作用于建筑物、高大金属结构物，如井架、输电塔、烟囱等）、机器运行过程中产生的振动等。人工振源即用激振设备对机械系统、结构或试件进行激励。人工激励主要用在机械系统、结构或试件的动态特性测试、环境模拟及动力强度试验中，除要求激振力或运动可控可测外，对动态特性测试还有以下要求：

（1）激励力的频率范围要能激出所有感兴趣的模态；

（2）当试件动态特性随时间变化时，要用作用时间短、频带宽的激振力；

（3）当试件有非线性因素而又要得到其最佳线性模型时，应采用能进行统计线性化处理的随机力激励。

表 2-8 列出了常用的激励函数。

表 2-8 常用的激励函数

<table>
<tr><th colspan="4">激励函数类型</th><th>特 点</th><th>波形示例</th></tr>
<tr><td rowspan="8">确定性</td><td rowspan="2">稳态</td><td>单频</td><td>正弦稳态</td><td>离散谱，谱线为一直线</td><td></td></tr>
<tr><td>多频</td><td>多频稳态</td><td>离散谱，谱线为成倍数关系的多条直线</td><td>周期快扫</td></tr>
<tr><td>准稳态</td><td colspan="2">快速正弦扫描</td><td>连续谱，但当扫描速度很慢时近似于频率缓慢变化的单谱线</td><td></td></tr>
<tr><td rowspan="5">瞬态</td><td colspan="2">脉 冲</td><td>连续谱</td><td>半个正弦波</td></tr>
<tr><td colspan="2">阶 跃</td><td>连续谱，低频能量大</td><td></td></tr>
<tr><td colspan="2">快速正弦扫描</td><td>连续谱，在下限和上限频率间接近于平直</td><td></td></tr>
<tr><td colspan="2">猝发正弦</td><td>连续谱</td><td></td></tr>
<tr><td colspan="2">衰减正弦</td><td>连续谱</td><td></td></tr>
</table>

续表

激励函数类型		特　点	波形示例
随机性	纯随机	自相关函数近似 δ 函数，功率谱为平直或在某一频率范围内平直	
	伪随机	离散谱，波形按周期 T 重复，自相关函数近似周期性 δ 函数	T T T
	周期随机	相当于伪随机和纯随机的结合，即有两者的优点	T T T T T T
	猝发随机	相当于纯随机乘以矩形窗	
	脉冲随机	间隔和幅值都是随机的多个脉冲波	

1. 正弦稳态激励

正弦稳态又称正弦单频、正弦定频或正弦驻留。它的特点是激励频率是离散的，激振器提供一正弦激振力 $F_0 \sin 2\pi ft$，在每一个频率停留一段时间使试件达到稳态响应后再进行测试，然后再步进式地使频率增加或减少 Δf（称为频率增量）后进行新的测试。该方法的优点是可在任意频率上集中能量，以研究非线性或其他特性与频率的关系；缺点是测试周期长，不能用于测试某些时变参数系统。

2. 正弦扫描激励

正弦扫描也称单频扫描或低速正弦扫描，为准稳态激励。扫描过程中激振力的幅值不变，扫描激振频率在低限和高限之间连续变化，其变化快慢介于正弦稳态激励和快速正弦扫描激励之间。该激励力由激振器提供。

3. 瞬态激励

瞬态激励函数的频谱密度为连续谱且比较宽，其作用于试件时可激起多阶模态，是一种快速实验手段。它的主要缺点是输入到机械系统、结构或试件的能量有限，往往导致响应数据的信噪比较差。分析仪器要采用快速傅里叶变换分析仪。

瞬态激励主要有快速正弦扫描激励、脉冲激励及阶跃（张释）激励等。

1）*快速正弦扫描激励*

该方法的特点是正弦激振力幅值恒定，但频率 ω 自动变化的速度很快（1～2 s）。激励函数见表 2-8，激励信号的频谱如图 2-23 所示。激振力函数 $F(t)$ 由激振器提供。

$$F(t)=F_0 \sin 2\pi(at^2+bt) \qquad (0<t<T) \tag{2-27}$$

$$a=\frac{f_{\max}+f_{\min}}{T}$$

$$b=f_{\min}$$

式中　$f_{\max}$，$f_{\min}$——分别为激励频率的上、下限，Hz；

T——扫描周期，s；

F_0——激振力幅值，N。

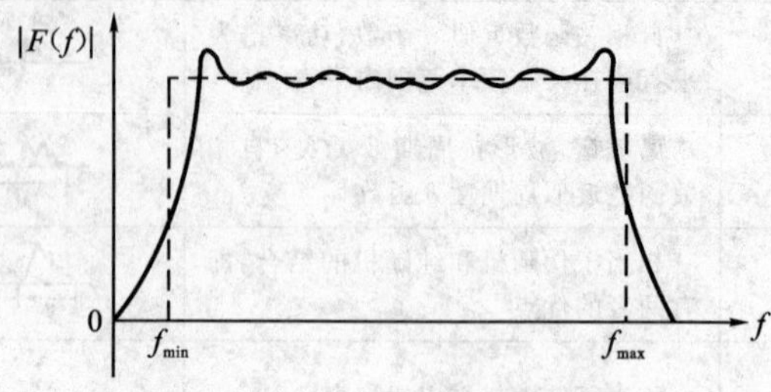

图 2-23　快速正弦扫描信号频谱

2）脉冲激励

最理想的脉冲激励函数为单位脉冲函数 $\delta(t)$，其傅里叶频谱平直且延伸至无穷大频率，可以激起无穷多个模态。理论上，它的持续时间为零而力幅无穷大，这在实际中是绝对做不到的。

实际测试时一般用激振力锤敲击实验对象，使其产生一脉冲力，相应的时域波形近似为半个正弦波（见表 2-8）。对应的频谱如图 2-24 所示。

3）阶跃（张释）激励

通常采用阶跃激励的对象为尺寸大、刚度较小的试件（如航天器的太阳能电池板）以及细长高大杆系结构，如石油钻机井架、渤海抗冰实验平台（测量固有频率等模态参数）等。其中后者的具体做法为：选择激振点，用一根刚度大、质量轻的弦（绳）经过力传感器对被测结构施加张力，使之产生初始变形，然后突然切断弦绳，激起结构的振动。

阶跃激励的激振力函数频谱如图 2-25 所示。

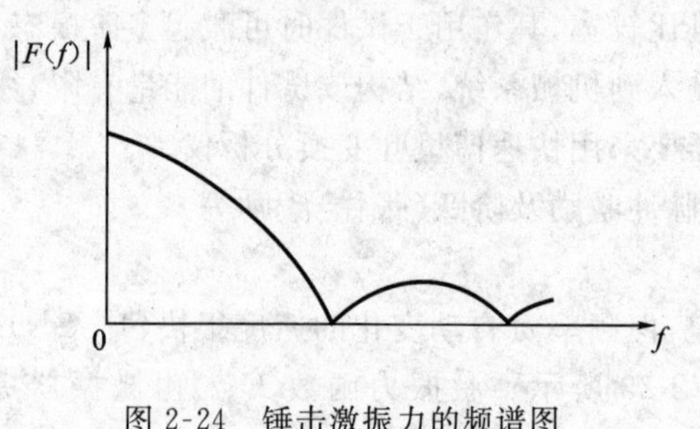

图 2-24　锤击激振力的频谱图

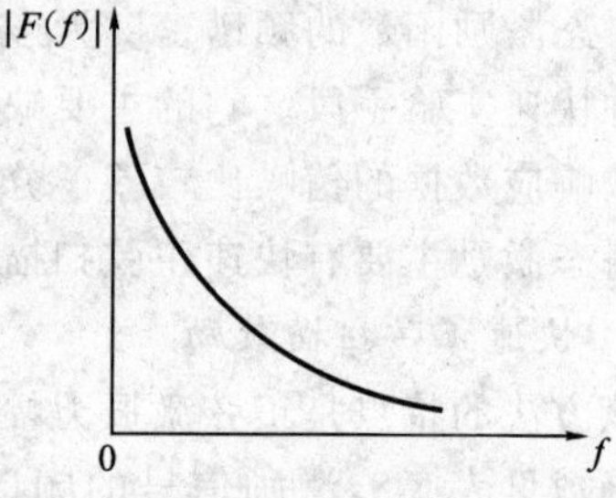

图 2-25　阶跃激振力函数的频谱图

4. 随机激励

随机激励信号主要有纯随机、伪随机、周期随机三种。

1）纯随机

理想的纯随机激励函数为高斯分布的白噪声，其自相关函数为 δ 函数，自功率谱密度曲线为延伸到无穷大频率的平直线，且方差为无穷大。实际测试所用的纯随机信号为有限带宽白噪声，即自功率谱曲线在某个频率范围内平直且不为零。它通常是由齐纳二极管(即稳压二极管)产生的。

2) 伪随机

伪随机激励函数各周期信息是重复的，是一种周期为 T 的随机信号。它对应的谱线是离散的，谱线间隙为对应周期的倒数。信号处理时，若采样时间与其周期相同，则可避免泄漏。该方法不适用于对非线性较强结构的激励，这是因为离散谱线输入到非线性结构会产生交叉调制失真。

3) 周期随机

周期随机激励函数由多段互不相关的伪随机激励函数所组成，介于纯随机和伪随机之间，集中了纯随机和伪随机的特点。

三种随机激励函数见表 2-8，其相应的激振力只能由激振器提供。

2.5 测振放大器

测振放大器是振动测量系统的重要组成部分。除大位移的振动信号可以直接观察或记录外，一般的测振传感器输出的电信号都是很微弱的，只有通过放大器放大后才能进行记录、显示或分析。

2.5.1 对测振放大器的基本要求

对测振放大器的基本要求是：

(1) 不消耗或基本不消耗信号源的能量，从而不改变原信号；

(2) 线性好，即放大器放大倍数不随信号大小而变，且有较高的放大倍数；

(3) 动态范围大，噪声小；

(4) 相移小或无相移；

(5) 幅频特性恒定；

(6) 输出量不受负载的影响。

测振放大器的种类很多，有交流放大器、直流放大器、前置放大器(如电压放大器、电荷放大器等)及功率放大器等。

下面重点介绍振动测量中常用的与压电传感器(包括压电加速度计、压电力传感器)相配套的电荷放大器。

2.5.2 电荷放大器

1. 测量原理

电荷放大器实质上是一种输出电压与输入电荷成正比的前置放大器。它主要由一个运算放大器和一个电压并联负反馈网络组成，等效电路如图 2-26 所示。

图中 C_f 为负反馈网络电容；H 为运算放大器的放大倍数(增益)；q，R_a 分别为传感器产生的电荷量、传感器的漏电阻(内阻)；C_a 为传感器的等效电容；C_c 为电缆对

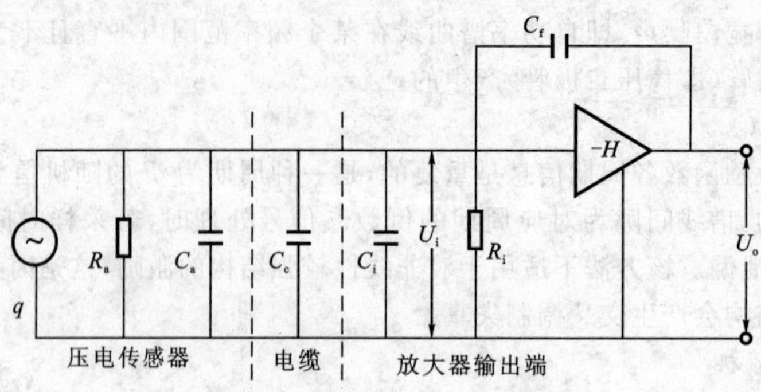

图 2-26 电荷放大器等效电路图

地电容；C_i，R_i 分别为放大器输入电容、输入电阻；U_i，U_o 分别为放大器的输入电压、输出电压。

通常加速度计等压电传感器的内阻 R_a 都很大，远远大于放大器的输入电阻。而且放大器的输入电阻也很大，故都可略去不计。根据图 2-26 和电路方程，电荷放大器的输入电压 U_i 为：

$$U_i=\frac{q}{C+(1+H)C_f} \tag{2-28}$$

式中，$C=C_a+C_i+C_c$。

而电荷放大器的输出电压 U_o 为：

$$U_o=-HU_i=-\frac{Hq}{C+(1+H)C_f} \tag{2-29}$$

因为电荷放大器是高增益，即 $H\gg1$，因此 $(1+H)C_f\gg C$，故有：

$$U_o=\left|-\frac{q}{C_f}\right|=\left|-\frac{S_q}{C_f}a\right| \tag{2-30}$$

式中 S_q——电荷灵敏度；

a——加速度。

由上式可知，电荷放大器的输出电压仅与传感器产生的电荷量 q 和负反馈网络的电容有关，而与连接电缆的分布电容无关，就如同电荷 q 直接加在一固定电容 C_f 上而建立的电压一样。由于电荷放大器的以上优点，在测量时电缆可以选用任意长度而不影响测量灵敏度。

电荷放大器的下限截止频率取决于负反馈网络的参数。为使放大器工作稳定，可在负反馈网络中跨接一个电阻 R_f，则此时电荷放大器的输出电压与传感器产生的电荷量的关系为：

$$U_o=-\frac{q}{C_f+\frac{G_f}{j\omega}} \tag{2-31}$$

式中 G_f——负反馈网络的电导，$G_f=\frac{1}{R_f}$；

ω——圆频率。

式(2-31)也可写成：

$$U_o=-\frac{q}{C_f}\frac{\omega R_f C_f}{\sqrt{1+(\omega R_f C_f)^2}}e^{j\varphi} \tag{2-32}$$

式中，$\varphi=\arctan\frac{1}{\omega R_f C_f}$

当 $\omega R_f C_f \gg 1$ 时，式(2-32)与式(2-30)是等价的；当 $\omega R_f C_f$ 不是很大时，将对低频起抑制作用，即起高通滤波的作用。高通的截止频率为输出电压下降到理想状态 $\frac{q}{C_f}$ 的 $\frac{1}{\sqrt{2}}$ 倍(即半功率点，称 -3 dB)，对应的低截止频率 $f_L(\omega R_f C_f=1)$ 为：

$$f_L=\frac{\omega}{2\pi}=\frac{1}{2\pi R_f C_f} \tag{2-33}$$

选择不同的 R_f 值可得到不同的下限截止频率。

电荷放大器的上限截止频率主要取决于运算放大器。

典型电荷放大器的电路框图如图 2-27 所示。电路各环节的功能说明如下：

(1) 电荷输入级设置了一组负反馈电容 C_f，用于改变增益(即放大倍数)，即不同的 C_f 可获得不同的电压输出。

(2) 电路设置了低通和高通滤波环节。这些环节在测量过程中可抑制所需频带外的高频噪声及低频晃动信号。不同的高通截止频率由一组并联反馈电阻 R_f 实现；低通截止频率则由低通滤波电路(如 RC 电路等)来实现。

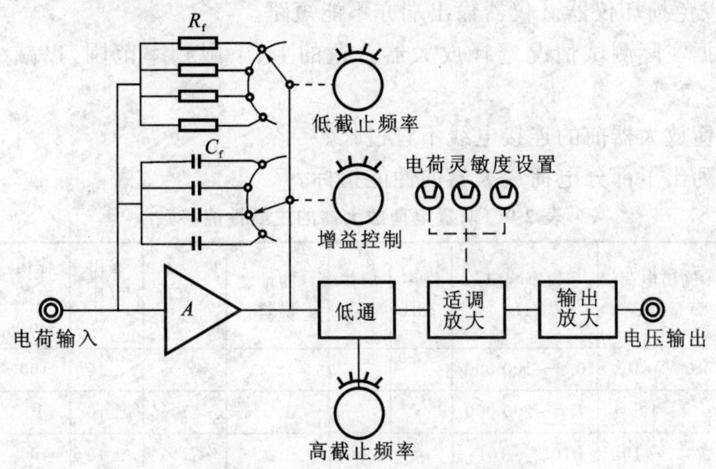

图 2-27　电荷放大器的电路框图

(3) 电路上设置了适调放大环节，它的作用是实现“归一化”功能。由于传感器的电荷灵敏度彼此不尽相同，为了在多点测量时数据处理方便，希望各通道具有相同的输出灵敏度，因此需要在电路上有一个能按传感器的电荷灵敏度调节其放大倍数的环节,也就是所说的适调放大环节。有了适调放大环节,无论传感器的灵敏度是多少,各通道都能输出具有同一灵敏度的电压信号,这就是归一化的含义。具体做法为:调整电荷灵敏度设置按钮指示为所用传感器的电荷灵敏度系数,则整个通道(测量系统)的灵敏度由增益控制钮唯一确定。

除了以上各环节外,有的电荷放大器还设置了积分环节,以实现对振动速度或振动位移的测量,如丹麦 B&K 公司的 2635 型电荷放大器及国产的部分电荷放大器都具有这些功能。

随着集成组件的发展,目前已制成超小型电荷放大器,它可以直接安装在封闭的传感器内部,称为 ICP 型传感器。这种内含电荷放大器的传感器作为机械设备、车辆、飞机等的振动监测不仅使用方便,而且也可以避免传感器至电荷放大器之间电缆晃动等带来的噪声干扰,具有较好的应用前景。

2. 电荷放大器使用注意事项

电荷放大器是一种精密仪器,必须严格按照说明书的规定进行使用和保养。一般要注意如下几点:

(1) 电荷放大器输入端严禁接磁电式传感器、信号发生器或直流电压一类的电压信号。

(2) 电荷放大器输入端绝缘电阻要求很高,因此要保证输入插座及电缆接头的清洁与干燥,甚至不允许用手触摸。

(3) 由于放大器的电荷输入端阻抗极高,故千万不能在仪器接通电源后再装卸输入插头,以免损坏仪器。仪器输出端亦不能短路。

(4) 根据实际测试情况选择放大器合适的上、下限频率范围,以减少噪声和干扰。

(5) 电荷放大器前的连接电线不宜过长。

表 2-9 列出了部分电荷放大器的性能指标。

表 2-9 前置电荷放大器的主要性能参数

型号	输出电荷量/pC	频率响应/Hz	噪声/dB	增益/dB	测量误差	失真度	输出电压/V	输出电流/mA	备注
FDH-4	$10^{-1}\sim10^{6}$	0.3~100 000				<1%	±10	100	扬州
FDH-5	$1\sim10^{5}$	1.0~200 000			<1.5%	<1%	±10	10	扬州
FDH-7	$10^{-3}\sim10^{7}$	$10^{-6}\sim10^{5}$				<1%	±10	100	扬州
FDH-8	10^{4}	1.0~10 000			≤1.5%	<1%	±10	10	扬州
FDH-9	10^{4}	0.03~10 000			≤1.5%	<1%	±10	10	扬州
DHF-2	$10^{-1}\sim10^{6}$	0.3~100 000			≤2.5%		±10	100	北京
DHF-3	$1\sim10^{6}$	0.3~100 000				<1%	±10	±5	北京

续表

型 号	输出电荷量/pC	频率响应/Hz	噪声/dB	增益/dB	测量误差	失真度	输出电压/V	输出电流/mA	备 注
DHF-4	10^{-1}～10^{6}	0.3～100 000			<2%		±10	±100	北 京
DHF-6	10^{6}	0.3～100 000	<10		≤2%	<1%	±10	50	北戴河
DHF-6A	10^{5}	0.3～100 000	<15	60	<2%	<1%	±10	50	北戴河
DHF-8	10～10^{5}	0.1～10 000	<1	40	<2%	<1%	±10	20	北戴河
DHF-9	10^{5}	0.1～10 000	<1	40	<2%	<1%	±10		北戴河
DHF-10	10^{5}	0.1～100 000	<2.5	40	<2%	<1%	±10	35	北戴河
DHF-12	10^{5}	0.1～200 000	<1.5		<2%	<1%	±10	15	北戴河
2626	10^{5}	0.3～100 000		60			±10		B&K(丹麦)
2634		1.0～200 000		20					B&K(丹麦)
2635	10^{5}	0.2～100 000		80			±10		B&K(丹麦)

2.6 振动信号的显示记录与分析设备

2.6.1 显示记录仪器

显示仪器是将振动参量转变为可以观测到的信号(如指针偏转、图形变化及数显管读数)的仪器设备。记录仪器则是将测量到的振动信号以图形、数字或磁信号等形式记录下来的仪器设备。

1. 显示记录仪器的分类

显示记录仪器分类如下：

- 显示记录仪器
  - 显示仪器
    - 光线示波器
    - 电子示波器(阴极射线示波器)
    - 数字示波器
  - 记录仪器
    - 笔式记录仪(X-Y 记录仪)
    - 自动平衡记录仪
    - 电平记录仪
    - 磁带记录仪

表 2-10 列出了常用的几种振动测量显示记录仪器的主要性能、特点及用途。

表 2-10 显示记录仪器主要性能、特点及用途

型 号	自动平衡记录仪	笔式记录仪	光线示波器	磁带记录仪	数字式显示器	阴极射线示波器
工作频率范围	0～3 Hz	0～70 Hz	0～5 000 Hz	0～100 kHz	显示五位	0～500 kHz

续表

型　号	自动平衡记录仪	笔式记录仪	光线示波器	磁带记录仪	数字式显示器	阴极射线示波器
灵敏度		决定于放大器			0.2～1 000 V	放大器输入 24 mV/cm
记录速度 /(m·s^{-1})	1	0.000 25～0.25	0.000 5～5	0.047 5～2	采样定时 20 ms ～2 s,人工按钮	
精度或线性度 /%	0.3～1	3～5	3～5	1	0.1～0.01，±2 字	
输入阻抗	3×10^4～3×10^6 Ω (不平衡时)	10 kΩ～10 MΩ	3～1 500 kΩ	10 kΩ～100 kΩ	4 kΩ～5 000 MΩ	1～2 MΩ
测量通道数	1～10	1～12	4～60	1～42	1	1
测量函数类型	$Y=f(x)$，$Y=f(t)$	$Y=f(t)$	$Y=f(t)$	$Y=f(t)$	$Y=f(t)$	$Y=f(x)$，$Y=f(t)$
记录方式	墨水记录,少数用电火花或热敏	墨水、电火花、热敏、刻划记录	感应记录	磁带记录	数字显示	波形显示
特　点	(1) 工作频带低,用于记录变化缓慢的低频过程；(2) 灵敏度高,记录幅度大；(3) 精度高	(1) 工作频带低,用于记录低频过程；(2) 直观性强,操作方便,价格低；(3) 可配用放大器提高灵敏度、工作频率、输入阻抗	(1) 工作频带宽,可记录瞬变过程；(2) 灵敏度高,很多情况下可不用放大器；(3) 可几个或几十个信号同时记录；(4) 结构紧凑,质量轻,适于野外特殊情况使用	(1) 工作频带宽；(2) 信号记录方便,便于长期保存,磁带可反复使用；(3) 能改变时基,可快记慢放、慢记快放；(4) 适于长时间记录,便于数据自动处理；(5) 精度高	(1) 直接显示读数,速度快,便于自动化；(2) 对参数输入多功能输出,输出可打印、穿孔、储存、接电子计算机	(1) 直接观察信号波形,可用高速照相机测量信号的瞬时值；(2) 输入阻值大,可作其他记录器的监测装置使用；(3) 测量频带宽；(4) 灵敏度高

磁带记录仪(亦称磁带机)有两类,即模拟磁带记录仪和数字磁带记录仪。前者用于记录模拟信号(如电压或电流等);后者用于记录数字量,一般用作计算机的辅助外存。在振动实验中,测量到的激励和响应信号等可以在实验现场实时分析处理,但大多数情况下要将振动信号记录下来,到实验室再进行离线分析。模拟磁带记录仪

可将记录下的振动信号重现出来，供其他数据处理设备作进一步的分析处理之用。这一突出优点是其他记录仪器不能相比的。另外，模拟磁带记录仪还具有信噪比较高、同时记录通道多、记录频带宽等优点，通过改变磁带记录和回放的速度，可以按比例地改变记录信号的频率，使不易处理的超低频信号或超高频信号变得容易处理。

2. 模拟磁带记录仪

模拟磁带记录仪的记录方式通常有直接记录方式（简称 DR 方式）和调频载波式记录方式（简称 FM 方式）两种。直接记录方式的低频特性差、信噪比小，通常用作语音等高频信号的记录。振动信号记录一般不采用直接式，而采用低频特性好（0～100 kHz）、信噪比高的调频载波式。

盒式磁带记录仪较盘式磁带记录仪更为轻便，携带使用方便，操作简单，且盒式带存放等也非常方便。国内外部分磁带记录仪的主要性能指标见表 2-11。

表 2-11　国内外部分磁带记录仪的主要性能指标

型　号	记录方式	通道	磁带速度 /(cm·s^{-1})	频响范围 /Hz	信噪比 /dB	输入阻抗 /kΩ	输入电压 /V	输出阻抗 /Ω	输出电压 /V	电源 /V	质量 /kg	厂　家
SZ_4	FM	4	9.5～76 （4 挡）	0～5 000	34	>30	±1.41 （峰值）	<50	±1.41 （峰值）	DC12	13	上海电表厂
SZ_7	FM	16	0.312 5	0～20	不补偿>28 补偿>37	>50	15,4.5, 1.5（有效值）	<50	1.5 （有效值）	AC220	80	上海电表厂
SCJ-1	FM DR	7	2.38～19.06 （4 挡）	0～5 000 200～3 200	50 26					DC12 AC220		北戴河无线电厂
R40	FM DR	4	4.75	0～625 100～10 000	40 >30		±10		±1	DC15 AC220		宝应电子研究所
R80A		7	2.38～19.05 （4 挡）	0～5 000	50					DC12 AC220	12	TEAC（日本）
XR-310	FM DR	8	1.19～76.20 （7 挡）	0～20 000 0.1～15 000	50 30					DC12 AC220	21	TEAC（日本）
XR-510	FM DR	15	1.19～76.20 （7 挡）	0～20 000 （7 挡）	50 30					DC12 AC220	22	TEAC（日本）
7005 (7006)	FM DR	4	3.81～381 （2 挡）	0～12 500 20～60 000	70				±1 （有效值）	DC12 AC220	8.8	B&K（丹麦）

1）工作原理

图 2-28 所示为调频载波式磁带记录仪的工作原理示意图。

2）特点

磁带记录仪的特点是：

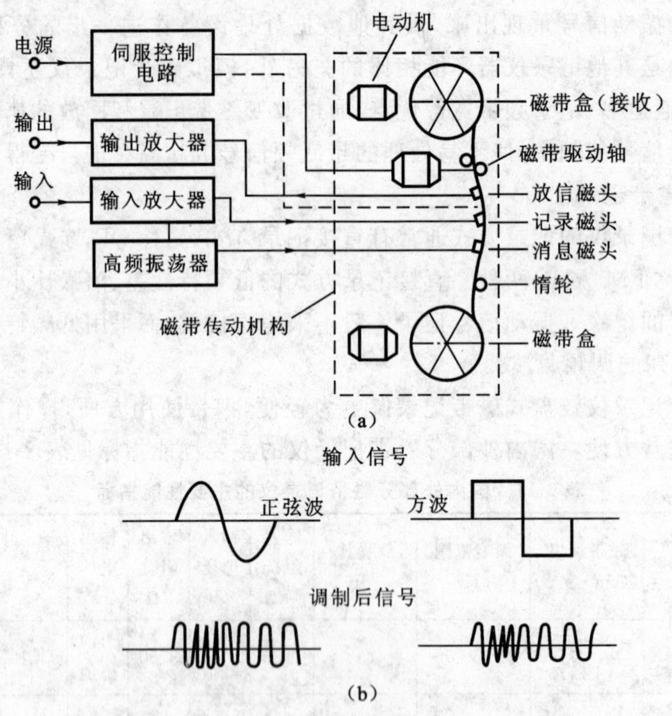

图 2-28　FM 方式磁带记录仪的工作原理示意图

(a) 工作原理示意图;(b) 频率调制原理示意图

(1) 能长期储存和再现记录信号,特别适合于长时间的连接记录。

(2) 具有很宽的工作频带,非常适合于高频交变信号的记录(FM 记录方式可记录 0～100 kHz 的交变信号;DR 记录方式可记录 50 Hz～2 MHz 的交变信号)。

(3) 能同时记录 1～42 通道的信息或更多通道的信息,并能保证这些信息间的时间和相位关系,适用于复杂振动的测试及大容量实验数据的记录。

(4) 具有改变时基的能力,可对高频信号采用快记慢放、对低频信号采用慢记快放,以便于在普通的信号分析仪上进行分析研究。

(5) 记录信息精度高,信噪比较高(一般大于 35 dB),且失真度小、线性好。

(6) 可做成磁带环循环重放。有时信号记录的时间非常短(如机械冲击或列车通过桥梁时的振动信号),此时可将记录信号做成磁带环反复重放,以便按正常的方法进行分析。

(7) 磁带重复利用率高。需要时记录信号可反复重放;不需要时可将记录的信号抹去后重新记录新信息,因而使用经济、方便。

(8) 磁带机前面可接放大器,后面可直接连接数据的分析处理设备,可使整个测试系统自动化,大大节省测试时间并能获得具有较高精度的结果。

3）使用中的注意事项

磁带记录仪在使用中应注意：

(1) 应根据测量信号的频率范围选择磁带速度。磁带记录仪的频率范围及对应的带速一般在说明书或前面板上都有说明。

(2) 校准信号的幅值和频率。为了准确录放数据，应该校准信号的幅值和频率，特别是对长期保存的磁带。

(3) 经常保持磁头的清洁。

(4) 磁带记录仪的输出端应与后续的数字数据分析设备相匹配，以保证较高的信噪比。

4）一般使用程序

磁带记录仪的一般使用程序是：

(1) 输入连接。磁带记录仪记录信号（输入）电压一般为±(1～10)V（峰值）。若输入信号电压超过此值，应采用衰减器；若输入电压信号微小，就要用放大器对信号进行放大，以使记录的电压信号峰值达到满幅度的80%～90%。

(2) 输出连接。磁带记录仪为高阻抗输出，适于与数字显示仪表、A/D转换器或动态信号分析仪配套。如需要与低阻抗负载（如光线示波器）相连接，中间要进行阻抗变换。

(3) 使用时打电标定信号。磁带记录仪打电标定信号的基本原理与应变仪的电标定基本相同。

(4) 记录过程。选择合适的带速，按下记录按钮即可。

(5) 重放过程。应调节好输出电平，连接好配套的仪器。

随着计算机技术的迅速发展，目前无论是现场测试还是在线连续监测，大都直接使用计算机的硬盘进行数据的存储，因此磁带记录仪已经很少使用。

2.6.2 振动信号的分析仪器系统

现代振动信号分析仪器系统多数为数字式。按照实现快速傅里叶变换（FFT）的方式不同，可分为专用振动信号分析仪和基于通用计算机的信号分析系统。前者用硬件实现FFT运算，并以专用软件为基础，对动态信号在幅值域、时域、频域、倒频域及传递域进行分析处理；后者则是以软件实现FFT的运算，并结合专用软件在通用计算机（微机）上对各类动态信号进行以上的分析处理。

专用振动信号分析仪器具有功能比较齐全、使用方便、实时性强、分析精度高等一系列优点，但价格比较昂贵。以软件实现FFT运算、基于通用计算机的振动信号分析系统，除了在信号处理速度上不及专用振动信号分析仪外，专用振动信号分析仪上的其他所有功能几乎都能在微机上实现，或者可以通过微机与少量外部设备结合来实现。由于用通用微机进行振动信号分析时多以软件来运行，比较灵活，便于开发，且微机性能稳定、价格低廉、操作简便，所以近年来越来越受到广大用户的欢迎。

振动信号分析仪器系统的工程应用领域为：

(1) 传感器和测量仪器的失真度检测；

(2) 机械故障的监测与诊断；

(3) 结构动力特性分析；

(4) 频谱分析、相干分析以及时域、幅值域分析(如相关分析、概率密度统计等)；

(5) 振动环境模拟实验的控制。

1. 专用振动信号分析仪

表 2-12 列出了国内外部分振动信号分析仪(系统)的主要技术指标和功能。

表 2-12　国内外部分振动信号分析仪(系统)的主要技术指标和功能

厂　商	日本 小野测器 公司	美国 HP 公司	美国 HP 公司	美国 科学亚特 兰大公司	丹麦 B&K 公司	英国 输力强公司	中国 南京无线 电仪器厂	美国 SRS 公司
型　号	CF-500 系列	5451C	5423A	SD375	2034	1250 (1254)	NW6270	SR760
分析频率 范围	0～20 kHz	0～50 kHz	0.016 Hz～ 25.6 kHz	1 Hz～100 kHz	0～25.6 kHz	100 Hz～50 kHz	0.4 Hz～26 kHz	0～100 kHz
动态范围	68 dB	75 dB	75 dB	70 dB	80 dB	80 dB	60 dB	90 dB
输入 通道数	2	2(4)	2	2	2	2(4)		1
A/D 转换器	12 bit	12 bit 100 kHz	12 bit 50 kHz	12 bit 256 kHz	12 bit 50 kHz	12 bit	12 bit 67 kHz	16 bit
抗混 滤波器	～120 dB/oct	脉动 ±(0.01～ 90)dB/oct	脉动 ±(0.01～ 90)dB/oct	～120 dB/oct				
实时分析 频率	5 kHz	9 kHz		单通道 4 kHz 双通道 2 kHz	2 kHz			50 kHz
频率 分辨率	400 线	32～ 1 024 线	自选分析带 宽 40 μHz～ 100 Hz	400 线	801 线		100 线(1/12 oct 分析时 196 线)	
平均方式	线性、 指数平 均，峰值 保持，平 均次数 2～256	线性、指 数加权 平均	线性、指 数平均， 峰值保 持，通道 保持	线性、指 数、峰值 平均	线性、指 数、峰值 平均	线性、指 数平均		

续表

厂　商	日本小野测器公司	美国HP公司	美国HP公司	美国科学亚特兰大公司	丹麦B&K公司	英国输力强公司	中国南京无线电仪器厂	美国SRS公司
型　号	CF-500系列	5451C	5423A	SD375	2034	1250(1254)	NW6270	SR760
提供窗函数		矩形窗、汉宁窗、P301窗		矩形窗、瞬态窗、平顶窗、汉宁窗	矩形窗、汉宁窗、瞬态窗、指数窗、平顶窗、凯撒-贝塞尔窗		矩形窗、汉宁窗	
基本功能	相关、功率谱、相干、传递函数、三维谱、1/3倍频程分析等	相关、功率谱、相干、传递函数、冲击响应谱、概率分布、瞬态捕捉等	自谱、互谱、传递函数、相干、相关、概率分布、瞬态捕捉等	相关、功率谱、相位谱、传递函数、相干、冲击响应谱、概率密度分布、瞬态捕捉等	相关、功率谱、传递函数	传递函数	频谱、三维谱、倍频程分析	频谱、振动噪声分析、电子设计与试验
特殊功能	CF-503可细化，CF-502可作声强分析	细化达256倍，模态、特征、振动控制、动振型	细化、模态、动振型	细化达100倍	倒谱、模态、振动控制、声强分析、动振型、动态修改		特征分析、声学分析	使用3.5 in软盘驱动器，直接硬拷贝打印和绘图

2. 基于微机的振动信号分析系统

与上述专用信号分析仪相比，基于微机的振动信号分析系统的性能价格比更占优势。它通常以通用计算机为基础，配以必要的硬件设备，用专用软件包来实现振动信号的分析与处理，有的还具有故障诊断功能。选用时可根据实际情况及所需功能查询相关资料选用。

2.7 测试方案制订及对测试系统的要求

2.7.1 测试方案的制订

为了保证测试任务顺利和有秩序地进行，每次测试之前必须详细地制订测试方案。制订测试方案的主要内容及大致步骤如下：

(1) 根据所要研究解决问题的性质和要求确定测试的详细内容及测试方法；选定测试条件：是现场实测（监测）还是在实验室做实物或模型模拟实验。如做模拟实验，还需进一步合理地设计模型以及有关的辅助装置。

（2）根据所测对象的情况（如尺寸、重量等）和频率范围，选用合适的激振设备及配套的仪器设备，选用激振点位置并考虑试件和激振器的安装方式、夹具和顶杆的传递特性等，最后确定激振方案（单点或多点激振、激振力函数等）。

（3）根据测量的需求确定测点数目、布置和位置，估计各测点的振动类型、频率范围、振级和环境条件等，以选用合适的传感器及配套仪器，同时还应考虑传感器的安装方式及其质量对振动的影响等。

（4）根据分析研究或监测的要求确定测试系统，选用合适的分析记录仪器，做好测量记录准备工作。对环境温度、电源参数、仪器型号、通道号、衰减挡等都必须做详细的记录，否则将会影响结果的分析。有些现场实测由于条件限制，若记录不全将很难补测，做好全面记录是顺利完成测试工作的关键一环。

（5）确定整个测试方案及绘制测试系统框图，标明仪器型号和规格，对整个测量系统（包括电缆）进行校准和标定。

2.7.2 对测试系统的要求

要完成测试（监测）任务，就应该对包括传感器、放大器、显示记录仪及分析仪器等在内的整套测试系统进行全面综合的考虑。

对测试（监测）系统的要求将因任务不同而异，但从总体方面考虑应注意以下几点：

（1）性能稳定可靠。要求测试系统的各个环节都具有时间稳定性。

（2）测量精度满足要求。要求测试系统适应恶劣环境，如耐高温、低温、抗振动与冲击，可防止有害气体、灰尘、水汽的侵蚀等。

（3）动态稳定性好。这对单次快速变化信号测量是非常必要的。抗干扰能力强，如抗电磁干扰、抗电火花干扰等，这对现场测量至关重要。

（4）多功能。除了只用于某种监测的专用系统外，对一般测试（监测）系统最好只要部分更换就可适应不同测试目的的要求。

（5）实时处理功能强。大量的数据有时需要在现场进行处理，以便及时判断被研究过程的性质。这通常要用专用的信号分析仪器或基于通用微机的信号分析系统来实现。

（6）能长期存储被测数据。如配备软盘驱动器或较大容量的硬盘、磁带记录仪、打印机等（这些都具有较大的记录容量）。如对系统的监测信号需连续长时间观测、记录，则需要配置可长时间连续工作数日的信号适调放大器、磁带记录仪、磁盘存储器以及能进行长期监测的记录仪表。

（7）测试系统的功耗低。可用多种电源供电，尤其对车船、飞机等交通运输机械。

2.7.3 测试系统的抗干扰技术

1. 测试系统的噪声源

测试系统中出现的无用电信号通称为噪声。测试系统中有用信号功率与噪声信号功率的比值的对数称为信噪比，即：

$$SNR=10\lg\frac{P_S}{P_N} \tag{2-34}$$

式中　SNR——信噪比，dB；

P_S——有用信号功率，W；

P_N——噪声信号功率，W。

测试系统的噪声源主要来自如下几个方面：

(1) 放电噪声源。该类噪声源是主要干扰源之一，包括火花放电源和电晕放电源。火花放电源以雷电为典型代表，其中还包括低气压、台风、寒带飞雪、火山喷烟、地震等可产生低频至 40 kHz 乃至甚高频干扰。电晕放电现象主要发生在超高压大功率输电线路和变压器、互感器等大功率高电压输变电设备上。电晕放电中产生的高频振荡是宽带强噪声干扰源。

(2) 电器噪声源。该类噪声源包括射频噪声源（广播、电视等），电子开关、脉冲发生器噪声源及工频噪声源等。

(3) 其他噪声源。包括机械振动或冲击会使系统产生的不可忽视的噪声；电缆运动因摩擦生电而产生的噪声；导线运动切割磁力线产生的电效应，振动使测量仪器指针偏转、磁带记录仪磁带抖动而造成的干扰等。另外，温度变化还会形成热噪声源，温度变化使电路元件、传感器件参数变化，造成温度电势等；电化学作用也会形成一种非常隐蔽的噪声源。

2. 噪声耦合途径

噪声主要通过电磁场耦合和导线传播等途径影响测试系统。

1) 电磁场耦合

电磁场耦合可分为近场（电磁感应耦合）及远场（辐射耦合）。

在距感应（辐射）源为$\frac{\lambda}{2\pi}$范围内为近场，此空间为感应场；在此范围外为辐射场。基于此，电磁场耦合又可分为电磁感应耦合和电磁辐射耦合。

当噪声源为大电流、低电压时，感应场主要表现为磁场；当噪声源为小电流、高电压时，感应场主要表现为电场。基于此，电磁感应耦合又可分为电场（电容性）耦合和磁场（电感性）耦合。

当测试系统距噪声源较远时，噪声主要是通过电磁场辐射传播给测试系统的。

2) 导线传播

通过导线直接进入测试系统的噪声主要包括如下几个方面：

(1) 电源传入噪声。例如，当多台用电设备共用同一电源时，若其中高电平电路的电流变化，可成为对其他电气设备的扰动噪声源。

(2) 共接地线阻抗噪声。几个电气测试系统或电气设备共用同一接地线，测试系统会耦合进其他电气设备对地电流变化而产生的噪声。

共接地线阻抗噪声还包括共模干扰。共模干扰是相对于接地点在信号接收器两输入端上同时出现的干扰。它在信号接收器输入参数不对称时将引起测量误差。

下述情况下常发生共模干扰：

① 测试系统附近有由绝缘不良而漏电的大功率电气设备；

② 在大型动力设备金属外壳上安装传感器但没有采取绝缘措施。

3. 测试系统的抗干扰技术

为保证测试系统正常工作，必须采取有效的抗干扰技术。常用的抗干扰技术是屏蔽和接地。

1) 屏蔽

屏蔽可分为电场屏蔽、电磁屏蔽和磁屏蔽三种。

(1) 用铜箔、铝箔及薄板、网将需要防护的部位包起来，以防止静电干扰的措施称为电场屏蔽。它的作用是利用与大地相连的、导电性良好的屏蔽层(导电板箔网)隔离两部分电力线，从而达到抗干扰的目的。电场屏蔽能防止电场间的相互影响。电源变压器的主、副绕组间的屏蔽，低噪声同轴电缆的金属屏蔽等都属电场屏蔽。

(2) 用高导磁材料作屏蔽层，可以将干扰磁力线限制在很小的屏蔽体内部，避免它对其他部分的影响。这种屏蔽称为磁屏蔽，在妥善接地后它也具有电屏蔽的功能。

(3) 用薄型铁磁材料罩住要保护的部位，既可防止磁场干扰，又可防止电干扰的屏蔽称为电磁屏蔽。它使用导电性良好的金属屏蔽层，利用高频干扰电磁场在金属屏蔽层内产生的涡流磁场来抵消高频干扰磁场的影响。电磁屏蔽妥善接地后将具有电场屏蔽和高频磁场屏蔽两种作用。

根据噪声源的不同，现场测试中需要采用不同的屏蔽措施。其中，最主要的是传感器输出导线的屏蔽和保护措施。

信号传输线应尽量采用专用的同轴电缆；对高阻抗测试系统，如压电测量系统，还要相对固定电缆；在干扰严重的场合，应采用专用金属导线(电缆)屏蔽管道，且管道应妥善接地；在某些复杂试验环境中，对测量仪表可采用双屏蔽措施；对某些强干扰源则需要采取电、磁屏蔽措施，以保证测试系统免受干扰。

2) 接地

采取有效的屏蔽措施后，若再正确运用接地技术，可基本解决测试系统的干扰问题。

(1) 为保证测试系统不受共模干扰，应将传感器“浮地”。例如，测量金属构件等时,传感器与被测构件间应采取绝缘措施。

(2) 采取单点接地法。单点接地是消除公共阻抗耦合干扰的一个简便而有效的方法。电测装置接地线有下述几种情况:

① 信号地线,它是测试系统信号零电位线;

② 信号源地线,传感器零信号电位基准线;

③ 交流供电电源地线;

④ 机架、机壳屏蔽层保护接地线。

使用时将上述四种地线分别引出,连接在一起单点接地。

2.8 噪声测试技术简介

振动是产生噪声的根源,噪声测量与分析也是故障诊断的重要手段之一。下面简单介绍噪声的基本概念及噪声测量常用仪器。

2.8.1 基本概念

1. 声波与噪声

物体的振动通过弹性介质(如空气)以波的形式传播就形成声波。一定频率范围的声波作用于人耳可产生声音的感觉。声波的特征用频率、周期、波长和声速等物理参量表示。按频率声波可分为可听声波(20～20 000 Hz)、次声波(<20 Hz)和超声波(>20 000 Hz)。从生理学来看,凡使人感到烦躁、厌恶、不希望存在的声音都通称为噪声。噪声是由许多彼此交替着的声波杂乱无章地组合而成的(在制订的各种噪声标准中,一般只将绝大多数人认为是不需要的声音才定为噪声)。噪声不仅污染环境,而且对人的健康也有害。

2. 声压

声压为有声波时媒质中的压力与静压的差值,单位为 Pa($1\ \mathrm{Pa}=1\ \mathrm{N/m^2}$)。

听阈声压为人耳刚能听到的 1 000 Hz 纯音的声压,记为 P。基准声压 P_0 为 20 μPa。

痛阈声压为人耳感觉到痛的声压,其值为 20 Pa。

3. 声强

声场中某处声强定义为与指定方向垂直的单位平面上单位时间内传过的声能,记为 I,单位为 $\mathrm{W/m^2}$。基准声强 I_0 为 $10^{-12}\ \mathrm{W/m^2}$。

4. 声功率

声功率定义为声源在单位时间内发出的总能量,记为 W,单位为 W。基准声功率 W_0 为 10^{-12} W。

以上声压、声强、声功率均为度量噪声的物理量。

5. 级和分贝

实测表明，人耳对声音强弱的响应接近于对数方式。另外，听阈声压与痛阈声压之比为 $1:10^6$，相差百万倍；听阈声强与痛阈声强之比为 $1:10^{12}$，相差亿万倍。因为直接采用声压或声强的绝对值表示声音强弱很不方便，故采用一个成倍比关系的对数量“级”来表示声音的强弱，即声压级、声强级和声功率级。“级”是相对量，无量纲，单位为分贝(dB)。

声压级 L_P：

$$L_P=10\lg\frac{P^2}{P_0^2}=20\lg\frac{P}{P_0} \tag{2-35}$$

式中 P_0——基准声压(对于空气介质，$P_0=20\ \mu\text{Pa}$)；

P——声压。

声强级 L_I：

$$L_I=10\lg\frac{I}{I_0} \tag{2-36}$$

式中 I_0——基准声强($I_0=10^{-12}\ \text{W/m}^2$)；

I——声强。

声功率级 L_W：

$$L_W=10\lg\frac{W}{W_0} \tag{2-37}$$

式中 W_0——基准声功率($W_0=10^{-12}\ \text{W}$)；

W——声功率。

6. 频带与噪声频谱

1) 频带(频程)

为便于测量，将可听声波频率范围(20～20 000 Hz)分成若干频段，每一频段称为频带或频程。

频带划分遵循下列关系式：

$$f_2=2^m f_1 \tag{2-38}$$

式中 f_1——任一频带下截止频率，Hz；

f_2——每一频带上截止频率，Hz；

m——倍频程数($m=1,1/2,1/3,1/5,1/6,\cdots$)。

每一频带(频程)的中心频率 f_0 为上下截止频率的比例中项，即：

$$f_0=\sqrt{f_1 f_2} \tag{2-39}$$

频带宽度 B 为：

$$B=f_2-f_1$$

常用的频带(频程)为 1 倍频程($m=1$)和 1/3 倍频程($m=1/3$)。

2）噪声频谱

以频率为横坐标，以声压级（或声强级、声功率级）为纵坐标绘出的图形称为噪声频谱。噪声频谱表示噪声强度随频率分布的情况，它是噪声分析与控制的重要依据。图 2-29 所示为噪声频谱图。

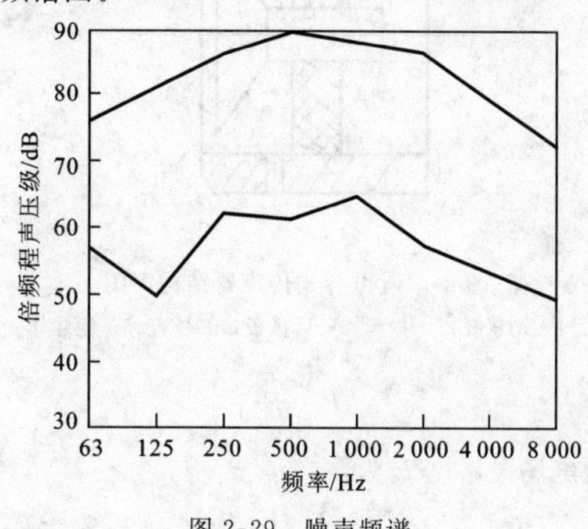

图 2-29 噪声频谱

2.8.2 噪声测量仪器

1. 噪声测量系统的组成

图 2-30 所示为噪声测量系统方框图。测量时噪声信号通过传感器（传声器）转换成电信号，馈入信号调节器对信号进行放大，调节后的信号被送至信号记录仪（计算机硬盘）或信号分析仪（如频谱（信号）分析仪、声级计的计权网格或检测器）进行记录或处理，处理后的信号可通过显示器（如指示仪表、自动记录仪或示波器）进行显示。

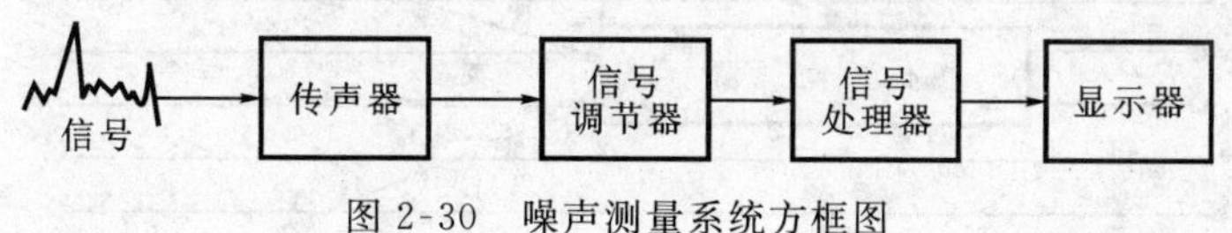

图 2-30 噪声测量系统方框图

2. 传声器

1）传声器类型

传声器是用于测量声波参数的传感器。它可分为如下类型：

(1) 电容式，一般配用精密声级计；

(2) 电压式、永电体式和动圈式，一般配用普通声级计。

电容式传声器结构如图 2-31 所示。

2）传声器频率响应灵敏度

压力响应的声压灵敏度 P 为：

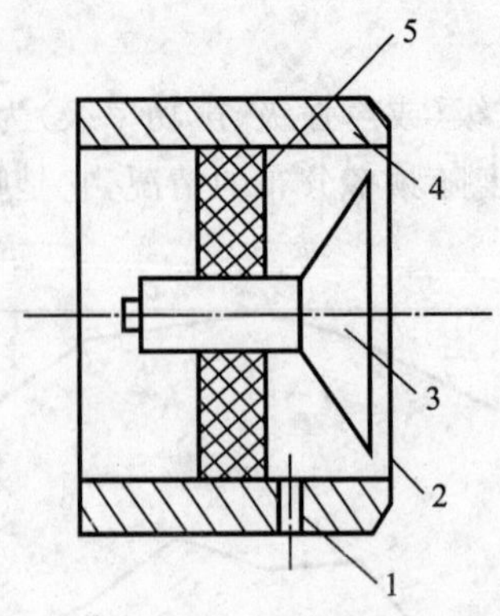

图 2-31 电容式传声器结构简图

1—均压孔；2—振膜；3—后极板；4—外壳；5—绝缘体

$$P=\frac{E}{P_1} \tag{2-40}$$

自由声场响应的声场灵敏度 F 为：

$$F=\frac{E}{P_0} \tag{2-41}$$

式中 E——传声器输出电压，V；

P_1——传声器振膜上受到的均布压力，Pa；

P_0——传声器置于声场前时传声器位置处的自由声场声压，Pa。

图 2-32 所示为传声器压力响应和自由声场响应示意图。不同传声器的参数及性能可参考相应的产品说明书。

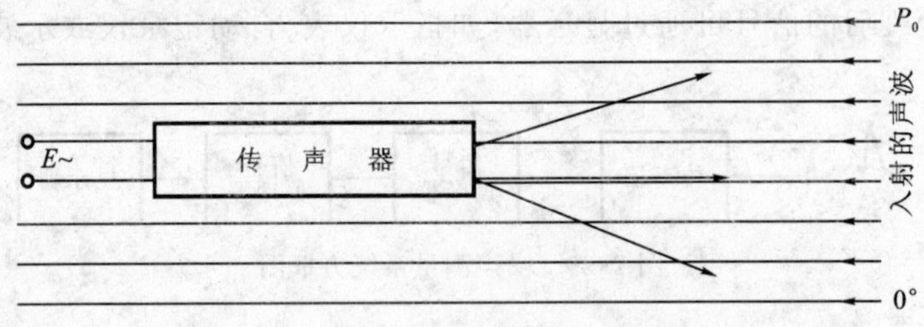

图 2-32 传声器压力响应和自由声场响应示意图

3. 声级计

声级计是一种测量现场噪声的基本仪器。按测量精度不同，它通常可分为：

(1) 普通声级计：工作频率 31.5～8 000 Hz，整机灵敏度小于±0.2 dB；

(2) 精密声级计：工作频率 20～12 500 Hz，整机灵敏度小于±1.0 dB。

声级计的工作原理如图 2-33 所示。各种声级计的参数及性能可参考相应的产品说明书。

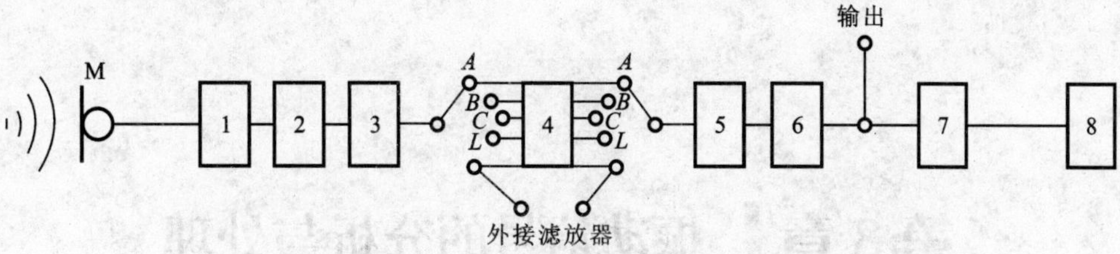

图 2-33 声级计工作原理

M—传声器；1—阴极输入器；2—输入衰减器；3—输入放大器；4—计权网络；
5—输出衰减器；6—输出放大器；7—均方根检波器；8—指示表头(dB)

第 3 章 振动信号的分析与处理

Chapter 3

在故障监测与诊断中，通过测试或监测所得到的动态波形虽然形式各异，但它们呈现的都是某物理量随时间变化的轨迹，一般称之为时域信号。从时域信号中虽然可以直接得到一些关于幅值、周期等物理量的信息，但往往不能直接找出更多有用的信息。为了获得更深入的信息，有必要对信号进行加工处理（即信号处理），也就是要将动态波形从以时间为坐标轴的时域转换到以频率为坐标轴的频域上进行分析。为了更全面、深刻地揭示动态信号所包含的信息，除频域分析方法外，还有幅值域（均值、方差、概率等）、时差域（自相关、互相关）、计数域（峰值计数）、转速域（幅值变化、阶次）及倒频域（倒频谱）分析方法等。由此可见，信号在不同域上进行分析时可以有多种函数。它们之间存在着内在的数理关系，可以相互转换。

对于不同类型的信号，其处理、分析的方法也是不同的。总的来说，无论是进行信号的分析还是处理，都需要讨论和解决如下问题：

(1) 信号的类型与特征；

(2) 描述各类信号特征的特征参数；

(3) 特征参数的获得方法；

(4) 如何保证所选特征参数的可靠性并评判其精度。

3.1 信号的类型、特点及预处理技术

依据信号随时间变化的规律，可将其分为确定性信号与非确定性信号两大类。

3.1.1 确定性信号

能用确定的时间函数来描述的信号称为确定性信号。确定性信号又分为周期性信号（包括简单周期性信号和复杂周期性信号）和非周期性信号（包括准周期性信号和瞬变信号）等。

1. 简单周期性信号

简单周期性信号是指信号随时间的变化规律为正弦波或余弦波。简单周期性信

号 $x(t)$的数学表达式为：

$$x(t)=x_0\sin(\omega t+\varphi)=x_0\sin(2\pi ft+\varphi) \tag{3-1}$$

或

$$x(t)=x_0\cos(\omega t+\varphi)=x_0\cos(2\pi ft+\varphi)$$

$$f=1/T$$

$$\omega=2\pi f$$

式中　x_0——信号的幅值；

f——频率；

ω——圆频率；

T——信号的周期；

φ——初始相位角。

显而易见，只要知道了信号的幅值、频率和初始相位角，就能将其随时间变化的规律描述清楚。

2. 复杂周期性信号

复杂周期性信号具有明显的周期性但又不是简单的正弦或余弦周期性。它通常由多个简单周期性信号叠加而成。其中，有一个正弦周期性信号的周期和该复杂周期性信号的周期相等，称为基波，其频率称为基频；其他各个正弦周期性信号的频率与基频之比为有理数，常为整数倍，称为高次谐波。

这类信号常见的波形有方波、三角波、锯齿波等，其时变函数可按傅里叶级数展开。

$$x(t)=x_0+\sum_{n=1}^{\infty}x_n\sin(2\pi nft+\varphi_n) \tag{3-2}$$

图 3-1(a)所示为方波信号，其时变函数为：

$$x(t)=\begin{cases}h & \left(0<t<\dfrac{T}{2}\right)\\ -h & \left(-\dfrac{T}{2}<t<0\right)\\ 0 & \left(t=0,\pm\dfrac{T}{2}\right)\end{cases} \tag{3-3}$$

式中　T——方波的周期；

h——方波的高度。

经傅里叶级数展开可表达为：

$$x(t)=\frac{4h}{\pi}\sum_{n=1}^{\infty}\frac{\sin[(2n-1)2\pi ft]}{2n-1} \tag{3-4}$$

图 3-1(b)所示为由此绘出的方波信号的频谱图。这个谱图由离散的谱线组成，称为离散谱。显然，对这类信号单从它的幅值大小和时间历程是不能很好地将它的性质描述清楚的，必须找出它是由哪几个频率分量所组成的、对应于某个频率的幅值

有多大、初始相位有多大。这个分析过程就称为频谱分析。

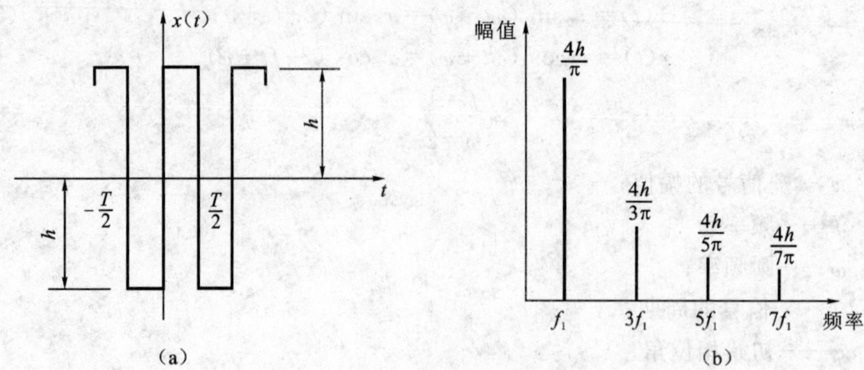

图 3-1　方波信号及频谱图

3. 准周期性信号

准周期性信号仍然由多个简单的周期性信号所组成。它的时变函数也可以写为：

$$x(t) = \sum_{n-1}^{\infty} z_n \sin(2\pi f_n t + \varphi_n) \tag{3-5}$$

它与复杂周期性信号的区别在于：组成复杂周期性信号的各个谐波频率之比为有理数，且往往是基频的整数倍，而准周期性信号的谐波频率之比为无理数。

例如，信号 $x(t)=x_1\sin(t+\varphi_1)+x_2\sin(3t+\varphi_2)+x_3\sin(\sqrt{50}\,t+\varphi_3)$中的某些频率$\frac{\sqrt{50}}{1}$，$\frac{\sqrt{50}}{3}$均不是有理数。因此，它虽然是由数个谐波叠加起来的，但信号不再呈现周期性。这样也需要用频谱图来描述它的特性，它的频谱图与复杂周期性信号的频谱一样，也是离散的。

4. 瞬变信号

瞬变信号仍然可以用时间函数式来描述，它的频谱图是一个连续的谱形，但不能用傅里叶级数展开而获得频谱图，需要用傅里叶积分来表达。

例如
$$x(t)=\begin{cases} Ae^{-at} & (t\geqslant 0) \\ 0 & (t<0) \end{cases}$$

其傅里叶积分为：

$$X(f) = \int_{-\infty}^{+\infty} x(t)e^{-j2\pi ft}\,dt \tag{3-6}$$

其时间函数图与幅值频谱图如图 3-2 所示，其中$|X(f)|$为 $X(f)$的模。

3.1.2　随机信号

随机信号无法用确定的时变函数来描述，故称为非确定性信号。由于这类信号的幅值大小何时出现无法预知，是随机的，因而又称为随机信号。

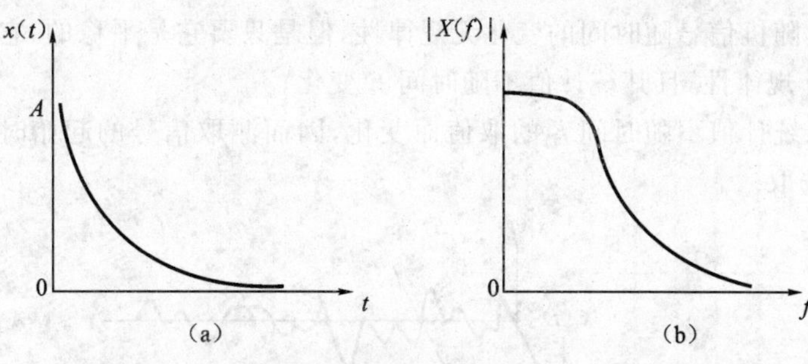

图 3-2　瞬变信号及频谱图

由于随机信号幅值大小出现的随机性，在监测时即使在相同条件下进行，也无法得到相同的结果。因此，要得到精确的表征随机信号特征的特征参数，必须进行无限长时间的测量。将无限次长时间测量所得信号的时间历程的总和称为随机信号的总体，而将某一次有限时间测量所得的时间历程称为样本。由于总体是由许多样本集合起来的，故又称总体为集合体，简称"集"。通常都是通过测定随机信号的样本去估计总体。

根据随机信号的特性，又可以将其分为以下几类：

- 随机信号
  - 平稳随机信号
    - 各态历经的随机信号
    - 非各态历经的随机信号
  - 非平稳随机信号

1. 平稳随机信号

平稳随机信号可以由图 3-3 来定义，图中由无限多个样本组合成总体。一般用符号"{ }"表示样本函数的总体。该总体在任一时间 t_i 时的总体平均值可用下式来计算：

$$\mu_x(t_i) = \lim_{N\to\infty} \frac{1}{N}\sum_{k=1}^{N} x_k(t_i) \tag{3-7}$$

它在 t_i 和 $t_i+\tau$ 两个时刻的自相关函数值可以用 t_i 和 $t_i+\tau$ 两个时刻瞬时值的乘积的总体平均而得到：

$$R_x(t_i, t_i+\tau) = \lim_{N\to\infty} \frac{1}{N}\sum_{k=1}^{N} x_k(t_i)x_k(t_i+\tau) \tag{3-8}$$

如果 $\mu_x(t_i)$和 $R_x(t_i,t_i+\tau)$不随 t_i 的取值变化而变化，则称该随机信号为弱平稳的或广义平稳的随机信号。如果能够证明该随机信号的所有高阶矩(如均方值)和联合矩(如自相关函数)都不随 t_i 的取值变化而变化，则称该随机信号为强平稳的或狭义平稳的随机信号。实际工程中绝大部分随机信号都是弱平稳的。如果不特别指明，本书所讨论的随机信号都将是弱平稳的。

由平稳的随机信号的定义，不难得出两个结论：

(1) 虽然随机信号随时间的变化无规律性，但是只要它是平稳的，它就总体上具有一定的统计规律性，且其统计值不随时间 t_i 变化；

(2) 由于统计值不随时间 t_i 的取值而变化，因而测取信号的起始时间和终了时间可以任意选取。

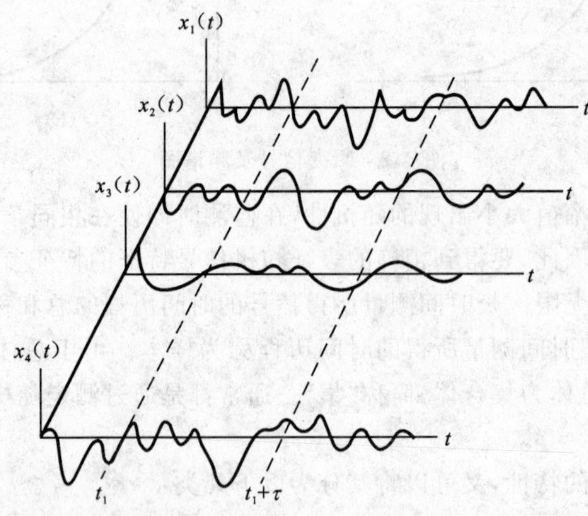

图 3-3 平稳随机信号的集合体

2. 各态历经的随机信号

如果一个随机信号 $x(t)$ 满足信号是平稳的和总体特征参数与样本的统计特征参数相同两个条件，则认为该随机信号是各态历经的。

例如，在图 3-3 中对于第 k 个样本函数，随机过程的均值 $\mu_x(k)$ 和自相关函数 $R_x(\tau,k)$ 分别为：

$$\mu_x(k)=\lim_{T\to\infty}\frac{1}{T}\int_0^T x_k(t)\mathrm{d}t \tag{3-9}$$

$$R_x(\tau,k)=\lim_{T\to\infty}\frac{1}{T}\int_0^T x_k(t)x(t+\tau)\mathrm{d}t \tag{3-10}$$

如果随机过程 $\{x(t)\}$ 是平稳的，而且用不同样本函数计算式(3-9)和式(3-10)中 $\mu_x(k)$ 和 $R_x(\tau,k)$ 的结果都一样，则称此随机过程为弱各态历经过程。

强各态历经过程一定是弱各态历经的，而弱各态历经过程则不一定是强各态历经的。

在工程应用中，由于往往只讨论随机过程的一阶和二阶统计特性，所以有时也不区分弱各态历经和强各态历经。

3. 非平稳随机信号

若随机信号的总体平均值 $\mu_x(t)$ 和其相关函数 $R_x(t_i,t_i+\tau)$ 随时间 t_i 的取值而变化，则该随机信号是非平稳的。

对于非平稳随机过程，统计特性只能由组成随机过程的各个样本函数的总体平均来确定。因为在实践中不容易得到足够数量的样本记录来精确地测量总体平均值，这就妨碍了非平稳随机过程实用测量和分析技术的发展。通常的办法是先将其平稳化，而后再进行处理和分析。

随着数据处理技术的发展，数据处理系统的容量更大，实时功能也更强，因而非平稳随机信号可以用谱阵图来描述。

要证明一个随机过程是否平稳、是否各态历经，需要做大量的数据收集和数据分析检验的工作。严格地讲，实际发生的随机过程大都是非平稳过程。在随机振动研究中，有许多实际问题可假定在振动过程中环境条件保持不变，故也可假定为平稳过程和各态历经过程。因此，各态历经过程是基本且重要的一类随机过程。

在实际测试分析工作中，从问题的物理特性往往可直接判断过程是否为各态历经，或者凭经验直视检查样本函数图形来判断平稳性和各态历经性。当然，在没有把握时还是应该做平稳性、各态历经性等各种数据检验工作，以确定过程的性质。

3.1.3　信号的预处理技术

对于采集到的信号原有波形，首先要除掉各种无意义且有害的噪声（干扰），同时加工成便于进行精密分析的信号，这就是信号的预处理。经过预处理的信号在时域和频域内作了分析后，可对诊断所需的各离散值进行计算。

信号的预处理方法常用的有：滤波、包络线处理、平均法及其他方法。

1. 滤波处理

图 3-4 所示为带通滤波器的原理。带通滤波器是一种放大器。对于所需的频带宽度 $f_l < f < f_h$，它的放大率为 1；对于其他的频带宽度，它的放大率为 0。这相当于通过带宽中心的 f_c 为中间频率，上限的 f_h 为高频截止频率，下限的 f_l 为低频截止频率。

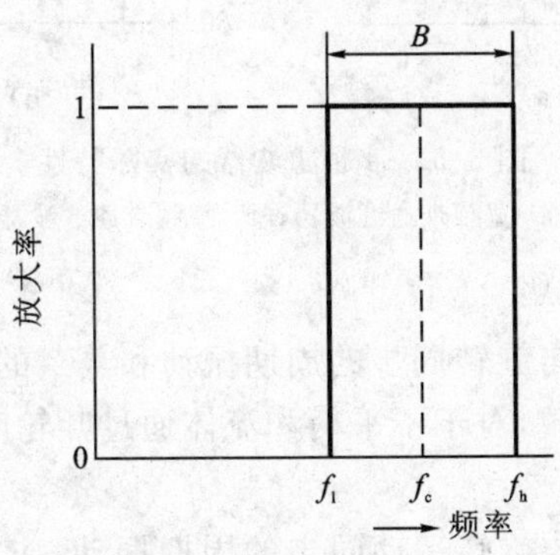

图 3-4　带通滤波器原理

当 f_h，f_l 和 f_c 之间存在如下关系

$$f_c = \sqrt{f_h f_l} \tag{3-11}$$

时，这个滤波器称为定比带通滤波器，常用于扫描型的频率分析等。通过频带 $B = f_h$

$-f_l$ 与中间频率 f_c 之比

$$\frac{B}{f_c}=\frac{f_h-f_l}{f_c} \tag{3-12}$$

意味着经常固定的比率。对于音响分析等经常用的倍频滤波器，$B/f_c \approx 0.7$。

此外，当 f_h，f_l 和 f_c 之间存在相加平均的关系，即：

$$f_c=\frac{f_h+f_l}{2} \tag{3-13}$$

时，这个滤波器称为定频带通滤波器。由于这种情况下频带宽 $B=f_h-f_l$ 保持一定，故对旋转机械的高次谐波分析非常方便。

如果带通滤波器的高频截止频率 f_h 无限大，即只定低频截止频率 f_l，则这种滤波器称为高通滤波器。这种滤掉低频的情况对于滚动轴承的故障诊断是非常需要的。反之，如果低频的截止频率 $f_l=0$，即只定高频截止频率 f_h，则这种滤波器称为低通滤波器。对于旋转机械的不平衡和不同轴（不对中）的诊断，常常需要这样来除掉高频信号。

使用各种滤波器时必须注意选择截止频率 f_h 和 f_l、中间频率 f_c、衰减特性及波形系数 S（见图 3-5），使之与目的相符。

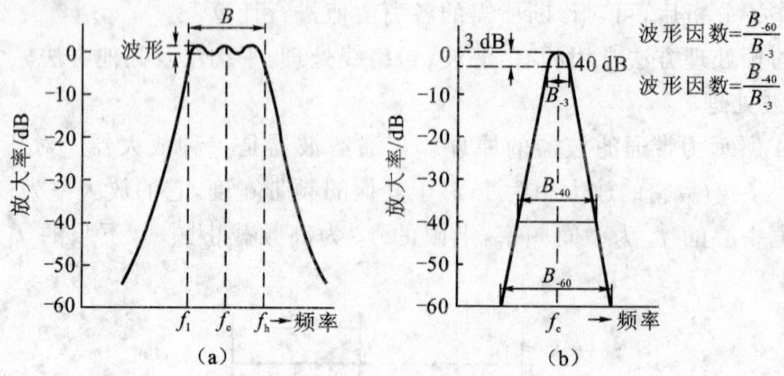

图 3-5 带通滤波器的实际特性

(a) 宽频带通滤波器；(b) 窄频带通滤波器

2. 相加平均法

旋转机械的振动是由与旋转同步的周期振动和复杂的随机振动叠加而成的。特别是泵和压缩机等流体机械，对于不平衡和流体通过叶轮时产生的振动，可看成是由于流体加上白噪声的波形。

诊断所需的振动只是与旋转运动同步的周期振动，应尽量设法除掉这种不规则性振动，即需要提高信噪比 SNR。在这种情况下，最有效且适用的信号处理技术就是相加平均法，其原理如图 3-6 所示。

图 3-6 的最上部的 P_s 为旋转机械的固有特性部分对标准静止部分每通过一次时所发生的同步脉冲，而旋转机械的振动中与旋转同步发生的周期成分 $d(t)$，$d(t-$

T)，它们与同步脉冲 P_s 具有一定相位关系的重复。结果如图 3-6 所示，各振动的同步脉冲在相同位置部分之和(在图中上下相加)中同步成分有 n 个，即为 n 倍，随机噪声则已知为$\sqrt{n}$倍，故信噪比 SNR 为：

$$SNR=\frac{n}{\sqrt{n}}=\sqrt{n} \tag{3-14}$$

即相加的次数越多，比值 SNR 就越高。

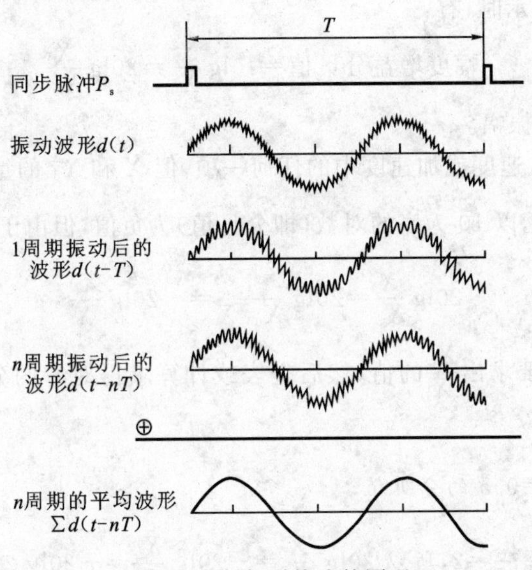

图 3-6 相加平均法的原理

如图 3-6 最下部所示，相加后平均的结果是随机的高频噪声被除掉，剩下的只是与旋转同步的周期成分。依次相加后平均，使比值 SNR 提高，通过频率分析等精密分析，就可以得到正确的诊断。

3. 包络线处理

在信号的预处理中，特别是当分析高频冲击振动时，包络线处理是一项重要而有效的技术。

一些具有高冲击性的随机信号以频率 f_c 为中心作不规则振动，其周期为 $T_s=\frac{1}{f_s}$。严格地说，这不是周期振动，而且在频谱图上也不出现明显的尖峰。由于在设备故障诊断中，很多情况都希望知道周期 T_s，于是可以将进行过绝对值处理的信号再通过低通滤波器进行包络线处理，这个信号大致具有 $d(t)=d(t+nT_s)$ 的性质，也就是成为周期振动，因而在 f_s，$2f_s$，$3f_s$ 等处出现了线性谱。

4. 分贝表示法

如果机械振动的振幅在共振点等处有较大变化(动态范围有时会超过 10 或 100)，这时常常不能按普通的线性标尺用图形表示测定结果。因为靠近 0 处的精度非常坏，而且大部分会“溢出”。

为了解决这个问题，可使用称为 dB 的对数标尺法。采用对数标尺时，微小部分可以放大，以提高精度；数值大的部分则被压缩，以避免“溢出”。其中

$$\text{功率增益分贝值}=10\lg\frac{W}{W_0} \tag{3-15}$$

式中 W_0——标准功率。

当以振幅 X 表示时，有：

$$\text{幅度增益分贝值}=10\lg\frac{X^2}{X_0^2}=20\lg\frac{X}{X_0} \tag{3-16}$$

式中 X_0——标准振幅。

X 可以是位移、速度或加速度中的任何一项，但 X 和 X_0 的量纲必须相同。

当$\frac{X}{X_0}$小于 1 时，以 10 为底的对数(即分贝值)为负值，但由于

$$20\lg\frac{X}{X_0}=20\lg\frac{1}{X_0/X}=-20\lg\frac{X_0}{X}$$

所以这种情况下只要求出$\frac{X_0}{X}$的值，然后查表或计算求得对应的分贝值，再加上负号就可以了。

例 3-1 求$\frac{X}{X_0}=0.5$的分贝值。

解 因为$\frac{X_0}{X}=\frac{1}{0.5}=2$，所以 $20\lg\frac{X}{X_0}=-20\lg\frac{X_0}{X}=-20\lg 2=-6$ dB。

例 3-2 求与 -3 dB 相对应的比值$\frac{X}{X_0}$。

解 因为$-20\lg\frac{X_0}{X}=-3$，所以 $\lg\frac{X_0}{X}=\frac{3}{20}=0.15$，即有$\frac{X_0}{X}=10^{\sqrt{0.15}}=1.413$，于是$\frac{X}{X_0}=\frac{1}{1.413}=0.708$。

3.2 信号的幅值域分析

在对平稳的各态历经信号的处理分析中，为了方便，一般将信号作为时间 t 的函数(时间坐标)来讨论。但在各种确定性的和随机的动力学参数的数据处理中，完整的描述需要从幅值域(幅域)、时间域(时域)和频率域(频域)三个领域进行分析。

对确定性信号的各种动态参量的数据处理是：通过幅域求得它们的各种幅值(峰值、有效值和平均绝对值)，通过时域求得它们的时间滞后、相位滞后和相位关系，通过频域求得各种频谱值和频率分布关系，然后再进行各种需要的实际分析。

随机信号的各种参量的数据处理是在分析确定性信号的基础上发展起来的。它

与确定性信号的分析方法除了有相似之处外，也有明显的区别。这主要是需要考虑概率和统计的因素，需要通过幅值统计平均计算概率密度，再通过相关分析和频谱分析在幅域、时域和频域中进行数据处理。通过幅域可求得六种主要的统计参数，即均值、均方值或均方根值、方差或均方差（标准差）、概率密度函数、概率分布函数、联合概率密度函数。除这六种主要的统计参数外，还有一些重要的幅域参数（如峭度、裕度指标等），它们在故障诊断中也有重要应用。

通过频域可求得四种统计参数，即自功率谱密度函数（自谱）、互功率谱密度函数（互谱）、相干函数（或称凝聚函数），以及通过频域分析求得的有重要应用价值的传递函数、频率响应函数和其他频域参数。

上述函数是随机动态信号分析中重要的和常见的函数。下面简要介绍它们的概念和计算方法，首先介绍幅域参数。

3.2.1 均值和标准差

用于幅域分析的主要参数的计算方法为：先设 x_i 为计算机采集的原始信号值（电压值），计算之前应首先将其物理量纲化，即：

$$x_j=\frac{d(x_i-2\ 048)}{2\ 048l}$$

式中 x_j——信号值；

d——采集时设置的电压范围；

l——标定的通道灵敏度。

式中$x_i-2\ 048$的目的是将计算机采集后储存的偏移二进制数据转化为不偏移的数据。

然后，对信号进行零均值化处理，即去掉零漂，其方法为：先求出所有信号的平均值，然后用每一信号值减去平均值，所得值即为零均值化后的信号值，记为 x_l：

$$x_l = x_j - \frac{1}{N}\sum_{j=1}^{-N} x_j$$

信号的最大值 $x_{\max}$ 和最小值 $x_{\min}$ 是信号的极值，它们给出了信号变化的范围，在数据处理和分析中应首先考虑。但信号的最大值和最小值只给定了信号变化的极限范围，没有给出信号的变化中心位置。图 3-7 所示的两个信号波形，虽然它们的最大峰值一样，但是信号波动中心很不一样（图中虚线所示）。因此，要描述信号波动中心，还必须给出其平均值。

然而，单给出平均值还不能说明信号在波动中心位置上波动的情况。如图 3-8 所示的两个波形，它们的均值是一样的，然而波动程度差异却很大。因此，在给出均值的同时，还要给出描述波动程度的方差 σ_x^2。方差的量纲是幅值的平方，为使其量纲与均值相一致，可将其开方，其中正平方根称为标准差 σ_x。

表 3-1 至表 3-3 列出了均值、方差和标准差的总体特征参数、样本统计值和总体估计值的计算公式。

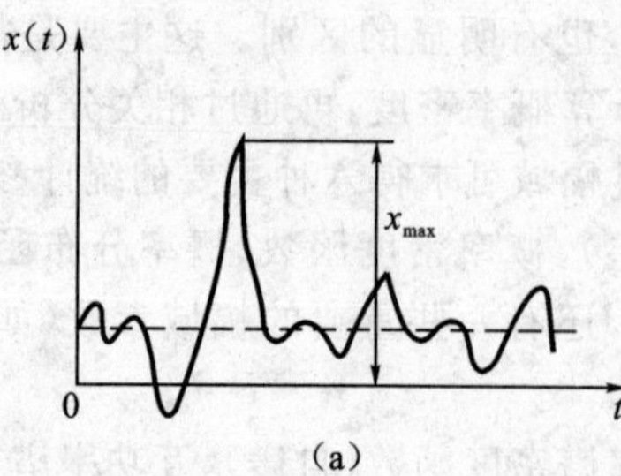

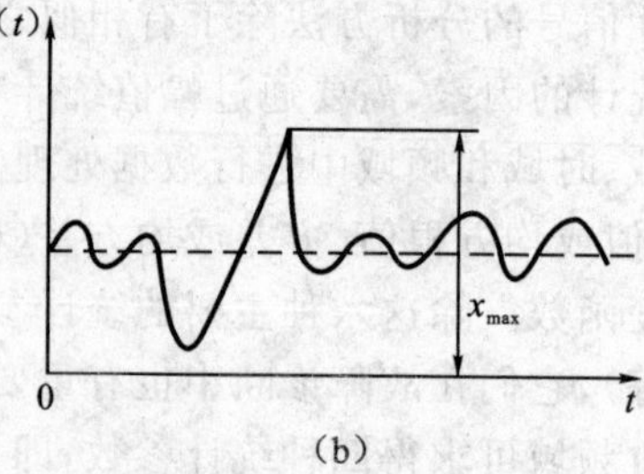

图 3-7 信号的波动中心

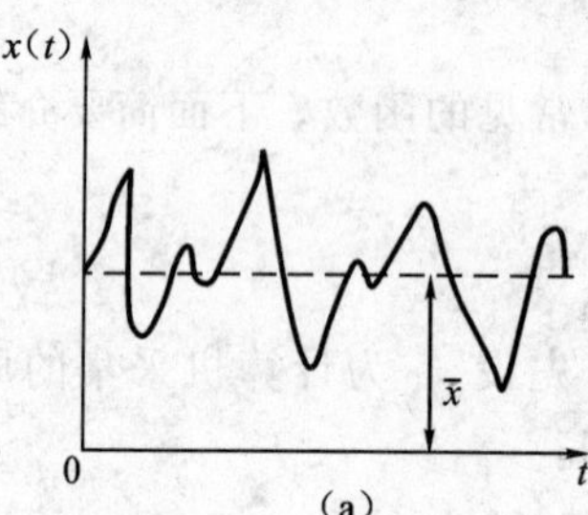

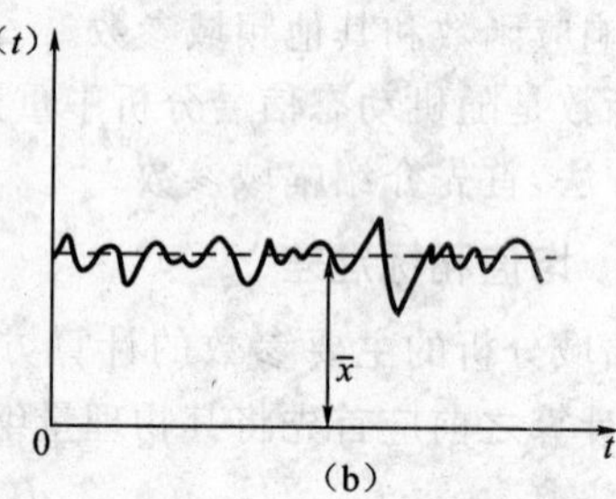

图 3-8 信号的波动程度

表 3-1 均值的计算公式

参数名称	信号数据形式	
	连续的波形 $x(t)$	离散的数据列 x_i
总体平均值 μ_x	$\mu_x = \lim\limits_{T\to\infty} \frac{1}{T}\int_0^T x(t)\mathrm{d}t$	$\mu_x = \lim\limits_{N\to\infty} \frac{1}{N}\sum\limits_{i=1}^{N} x_i$
样本平均值 $\overline{x}$	$\overline{x} = \frac{1}{T}\int_0^T x(t)\mathrm{d}t$	$\overline{x} = \frac{1}{N}\sum\limits_{i=1}^{N} x_i$
总体平均值的无偏估计值 $\hat{\mu}_x$	$\hat{\mu}_x = \overline{x}$	$\hat{\mu}_x = \overline{x}$

表 3-2 方差的计算公式

参数名称	信号数据形式	
	连续的波形 $x(t)$	离散的数据列 x_i
总体方差 σ_x^2	$\sigma_x^2 = \lim\limits_{T\to\infty} \frac{1}{T}\int_0^T [x(t)-\mu_x]^2\mathrm{d}t$	$\sigma_x^2 = \lim\limits_{N\to\infty} \frac{1}{N}\sum\limits_{i=1}^{N} (x_i-\mu_x)^2$
样本方差 S_x^2	$S_x^2 = \frac{1}{T}\int_0^T [x(t)-\overline{x}]^2\mathrm{d}t$	$S_x^2 = \frac{1}{N}\sum\limits_{i=1}^{N} (x_i-\overline{x})^2$
总体方差的无偏估计值 $\hat{\sigma}_x^2$	$\hat{\sigma}_x^2 = \frac{1}{T-1}\int_0^T [x(t)-\overline{x}]^2\mathrm{d}t$	$\hat{\sigma}_x^2 = \frac{1}{N-1}\sum\limits_{i=1}^{N} (x_i-\overline{x})^2$

表 3-3　标准差的计算公式

参数名称	信号数据形式	
	连续的波形 $x(t)$	离散的数据列 x_i
总体标准差 σ_x	$\sigma_x=\sqrt{\lim\limits_{T\to\infty}\frac{1}{T}\int_0^T[x(t)-\mu_x]^2\mathrm{d}t}$	$\sigma_x=\sqrt{\lim\limits_{N\to\infty}\frac{1}{N}\sum\limits_{i=1}^{N}(x_i-\mu_x)^2}$
样本标准差 S_x	$S_x=\sqrt{\frac{1}{T}\int_0^T[x(t)-\overline{x}]^2\mathrm{d}t}$	$S_x=\sqrt{\frac{1}{N}\sum\limits_{i=1}^{N}(x_i-\overline{x})^2}$
总体标准差的无偏估计值 $\hat{\sigma}_x$	$\hat{\sigma}_x=K_T\sqrt{\frac{1}{T-1}\int_0^T[x(t)-\overline{x}]^2\mathrm{d}t}$	$\hat{\sigma}_x=K_N\sqrt{\frac{1}{N-1}\sum\limits_{i=1}^{N}(x_i-\overline{x})^2}$

注：K_T 和 K_N 是与 T 有关的系数，接近于 1，计算时通常将其忽略。

3.2.2　均方值和有效值

用信号的均值和标准差联合表示它的特性时需要计算两个参数。为了用一个参数有效地表示信号的平均特性，出现了既包含前述两个参数又具有广义功率含义的均方值和具有能量等价概念的有效值两个特征参数。

信号通过传声器、放大器等测量仪器后变成电信号——电压信号 $u(t)$ 或电流信号 $I(t)$，从广义功率的含义而言，电功率的计算式为：

$$W(t)=u(t)I(t)=\frac{u^2(t)}{R}=RI^2(t)$$

式中　$W(t)$——瞬时功率。

由上式可知，当电路的电阻 R 是定值时，$W(t)$ 取决于 $u(t)$ 或 $I(t)$。假定 $R=1\ \Omega$，则 $W(t)=u^2(t)$ 或 $W(t)=I^2(t)$，而电压信号和电流信号取决于被测信号 $x(t)$，所以 $W(t)$ 也取决于 $x(t)$。当仪器的转换系数为 1 时，则 $W(t)=x^2(t)$。由于 $x(t)$ 随时间而变化，所以 $W(t)$ 的瞬时值也随时间而变化，这就要求求出 $W(t)$ 的平均值，我们称这个平均值为均方值。均方值的计算公式见表 3-4。

表 3-4　均方值的计算公式

信号形式 / 参数名称	连续的波形 $x(t)$	离散的数据列 x_i
总体均方值 ψ_x^2	$\psi_x^2=\lim\limits_{T\to\infty}\frac{1}{T}\int_0^T x^2(t)\mathrm{d}t$	$\psi_x^2=\lim\limits_{N\to\infty}\frac{1}{N}\sum\limits_{i=1}^{N}x_i^2$
样本的有效值 x^2	$x^2=\frac{1}{T}\int_0^T x^2(t)\mathrm{d}t$	$x^2=\frac{1}{N}\sum\limits_{i=1}^{N}x_i^2$
总体均方值的无偏估计值 $\hat{\psi}_x^2$	$\hat{\psi}_x^2=x^2$	$\hat{\psi}_x^2=x^2$

广义功率的量纲不一定是真功率的量纲，而是被测量信号物理量纲的平方。工程上经常希望用一个恒定的当量幅值来表示整个信号能量的大小，这就引出了有效值的概念。它是将均方值开方而得的，故又称为均方根值。有效值的计算公式见表 3-5。

表 3-5　有效值的计算公式

参数名称 \ 信号形式	连续的波形 $x(t)$	离散的数据列 x_i
总体有效值 ψ_x	$\psi_x=\sqrt{\lim\limits_{T\to\infty}\frac{1}{T}\int_0^T x^2(t)\mathrm{d}t}$	$\psi_x=\sqrt{\lim\limits_{N\to\infty}\frac{1}{N}\sum_{i=1}^N x_i^2}$
样本的有效值 x_{rms}	$x_{\mathrm{rms}}=\sqrt{\frac{1}{T}\int_0^T x^2(t)\mathrm{d}t}$	$x_{\mathrm{rms}}=\sqrt{\frac{1}{N}\sum_{i=1}^N x_i^2}$
总体有效值的无偏估计值 $\hat{\psi}_x$	$\hat{\psi}_x=x_{\mathrm{rms}}$	$\hat{\psi}_x=x_{\mathrm{rms}}$

均方值和均值、方差有一定的联系。由方差的计算公式可知：

$$\begin{aligned}\sigma_x^2&=E[(x_i-\mu_x)^2]=E[x_i^2-2\mu_x x_i+\mu_x^2]\\&=E[x_i^2]-2\mu_x E[x_i]+\mu_x^2=\psi_x^2-\mu_x^2\end{aligned} \tag{3-17}$$

显然，均方值既含均值 μ_x，又含标准差 σ_x 的信息，即：

$$\psi_x^2=\mu_x^2+\sigma_x^2 \tag{3-18}$$

3.2.3　其他幅域参数

幅域分析方法通过对时域信号的计算分析提取反映信号特征的统计量，在此基础上进行状态和故障识别。这些统计量除前面提及的六种主要统计参数外，还有一些重要参数(如峭度、裕度指标等)，它们在故障诊断中也有重要应用。

对计算机采集的信号进行预处理后，可得：

$$x_l=x_j-\frac{1}{N}\sum_{j=1}^N x_j$$

由此可求得下述统计量：

有效值
$$x_{\mathrm{rms}}=\sqrt{\frac{1}{N}\sum_{l=1}^N x_l^2} \tag{3-19}$$

斜度
$$\alpha=\frac{1}{N}\sum_{l=1}^N x_l^3 \tag{3-20}$$

峭度
$$\beta=\frac{1}{N}\sum_{l=1}^N x_l^4 \tag{3-21}$$

波形指标
$$C_{\mathrm{p}}=\frac{x_{\mathrm{peak}}}{x_{\mathrm{a}}} \tag{3-22}$$

峰值指标
$$C_{\mathrm{f}}=\frac{x_{\max}}{x_{\mathrm{rms}}} \tag{3-23}$$

脉冲指标
$$I_{\mathrm{f}}=\frac{x_{\max}}{x_{\mathrm{a}}} \tag{3-24}$$

裕度指标
$$CL_{\mathrm{f}}=\frac{x_{\max}}{x_{\mathrm{s}}} \tag{3-25}$$

峭度指标
$$K_{\mathrm{v}}=\frac{\beta}{x_{\mathrm{rms}}^4} \tag{3-26}$$

K 因子　　$$K=x_{\mathrm{rms}}x_{\max} \tag{3-27}$$

偏态系数　　$$C_0=\frac{\alpha}{\sigma^3} \tag{3-28}$$

歪度　　$$S_{\mathrm{r}}=\frac{\sum_{i=1}^{N}|x_i|^3}{Nx_{\mathrm{rms}}^3} \tag{3-29}$$

$$x_{\max}=\max\{|x_l|\}\quad(l=1,2,\cdots,N)$$

$$x_{\mathrm{a}}=\frac{1}{N}\sum_{l=1}^{N}|x_l|$$

$$x_{\mathrm{s}}=(\frac{1}{N}\sum_{l=1}^{N}\sqrt{|x_l|})^2$$

式中　x_{peak}——峰值的平均值；

x_{a}——绝对均值；

x_{s}——方根幅值；

N——数据点数。

以上统计量参数中，有效值、斜度、峭度、K 因子、歪度为有量纲参数，波形指标、峰值指标、脉冲指标、裕度指标、峭度指标、偏态系数为无量纲参数。其中，有效值表明信号振动量的大小，无量纲参数可描述信号中冲击量成分的大小。这些指标在机械设备的状态监测与故障诊断研究工作中大都有重要应用。

3.2.4　幅值的概率分布函数和概率密度函数

在工程中还必须知道幅值大小出现的次数，即幅值大小的分布情况。从数学角度来表示幅值分布情况的有幅值的概率分布函数和概率密度函数。

1. 幅值概率分布函数

随机振动现象的集合称为总体，其表达式称为总体函数，记作

$$x[t]=\{x_1(t),x_2(t),\cdots,x_n(t)\}$$

其中，$x_1(t)$，$x_2(t)$，…，$x_n(t)$分别为从某一次时间历程所获得的函数，称为采样函数。每个采样函数的图线如图 3-9 所示。

从总体函数中取出的某一个采样称为子样。若采样 N 次，就有 N 个采样函数。选时刻 t_1，横截各采样函数，得相应的值 $x_1(t)$，$x_2(t)$，…，$x_n(t)$，然后选一特定值 x，将 $x_1(t)$，$x_2(t)$，…，$x_n(t)$与 x 进行比较，若其中不大于 x 值的值有 m 个，则有比值 m/N，这个比值是在子样中于时刻 t_1 时出现不大于 x 这一事件的频度。

从大量子样来看，这一频度将稳定在某个数值附近，这个数值就叫做总体函数 $x[t]$于时刻 t_1 不大于 x 的概率 $P\{x[t_1]\leqslant x\}$，也称随机变量 $x[t]$于时刻 t_1 的一维概率分布函数，记作 $F(x,t_1)$。

$$F(x,t_1)=P\{x[t_1]\leqslant x\} \tag{3-30}$$

同理，对于时刻 t_2，t_3，…，都有不大于特定值 x 的概率 $P\{x[t_2]\leqslant x\}$，$P\{x[t_3]\leqslant$

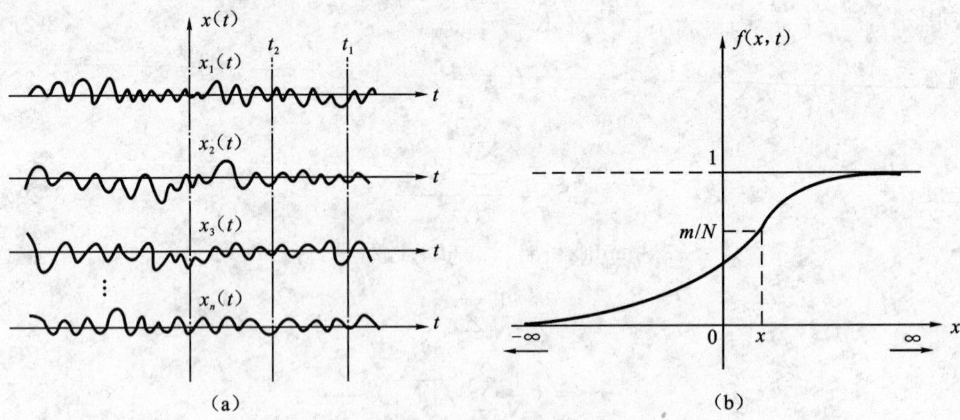

图 3-9　采样函数的图线及幅值概率分布函数

$x\}$，…，与之对应的有概率分布函数 $F(x,t_2)$，$F(x,t_3)$，…，即有：

$$F(x,t_1)=P\{x[t_1]\leqslant x\}$$
$$F(x,t_2)=P\{x[t_2]\leqslant x\}$$
$$F(x,t_3)=P\{x[t_3]\leqslant x\}$$
$$\vdots$$

2. 幅值概率密度函数

概率密度是指单位幅值区间内的概率，它是幅值的函数，称为概率密度函数。

随机振动的幅值概率密度 $p(x)$ 是幅值的瞬时值出现于某一幅值区间 Δx 内的概率。

图 3-10 所示为一实测的幅值的时间历程。x 为任一选定的幅值，T 表示所分析的总时间，幅值 $x(t)<x$ 的概率为：

$$P\{x(t)<x\}=\frac{t_1+t_2+\cdots}{T}$$

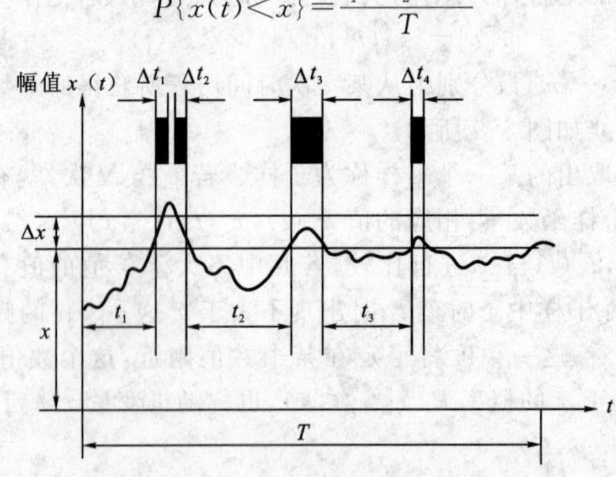

图 3-10　实测幅值的时间历程

幅值 $x(t)<x+\Delta x$ 的概率为：

$$P\{x(t)<x+\Delta x\}=\frac{t_1+\Delta t_1+\Delta t_2+t_2+\Delta t_3+t_3+\Delta t_4+\cdots}{T}$$

幅值出现在比 x 大而比 $x+\Delta x$ 小的概率为：

$$\begin{aligned}P\{x<x(t)<x+\Delta x\}&=P\{x(t)<x+\Delta x\}-P\{x(t)<x\}\\&=\frac{\Delta t_1+\Delta t_2+\cdots}{T}=\frac{1}{T}\sum_{i=1}^{N}\Delta t_i\end{aligned}$$

$P\{x(t)<x+\Delta x\}-P\{x(t)<x\}$ 是幅值概率的改变量，它与幅值改变量 Δx 的比值为：

$$\frac{P\{x(t)<x+\Delta x\}-P\{x(t)<x\}}{\Delta x}$$

此比值叫做平均概率密度函数。

当 $\Delta x\to 0$ 时，上式取极限，可得对于确定值 x 的概率密度函数为：

$$p(x)=\lim_{\Delta x\to 0}\frac{P\{x<x(t)<x+\Delta x\}}{\Delta x}=\lim_{\Delta x\to 0}\frac{P(x+\Delta x)-P(x)}{\Delta x}=\frac{\mathrm{d}P(x)}{\mathrm{d}x} \tag{3-31}$$

幅值概率密度函数有如下性质：

(1) $p(x)\geqslant 0$，即幅值概率密度函数恒为正值；

(2) $\int_{-\infty}^{+\infty}p(x)\mathrm{d}x=1$，即各种可能出现的幅值之和等于 1。

图 3-11 所示为概率密度函数与概率分布函数的差异和联系。根据定义，x_1 的累计概率值为 $P(x_1)=\int_{-\infty}^{x_1}p(x)\mathrm{d}x$，它在概率密度函数图上为 x_1 左边部分 $p(x)$ 曲线下的面积，在概率分布函数图上是 x_1 处纵坐标的高度 $p(x_1)$。同样，x_2 点的累计概率值为 $P(x_2)=\int_{-\infty}^{x_2}p(x)\mathrm{d}x$，它在概率密度函数图上是 x_2 左边部分 $p(x)$ 曲线下的面积，在概率分布函数图上是 x_2 处纵坐标的高度 $p(x_2)$。任意两个信号幅值区间 $[x_1,x_2]$ 的概率在概率密度图上是以上两个面积之差，即 $p(x)$ 曲线在 x_1 和 x_2 区间内所包围的面积，如图 3-11(a)中阴影部分所示。在概率分布图上则为 $p(x_2)$ 和 $p(x_1)$ 的高度之差，如果用数学式来表示，则有：

$$\begin{aligned}P\{x_1\leqslant x(t)\leqslant x_2\}&=P(x_2)-P(x_1)\\&=\int_{-\infty}^{x_2}p(x)\mathrm{d}x-\int_{-\infty}^{x_1}p(x)\mathrm{d}x=\int_{x_1}^{x_2}p(x)\mathrm{d}x\end{aligned} \tag{3-32}$$

由以上分析可知，对于任一个指定值而言，在概率密度曲线上是没有概率可言的。指定点只存在着概率密度，只有概率密度乘上区间才有概率的意义，即概率是概率密度曲线下的面积。

3．正态分布概率密度函数

与实际物理现象相联系的真正概率密度函数在数量上非常之多。一些特殊的概

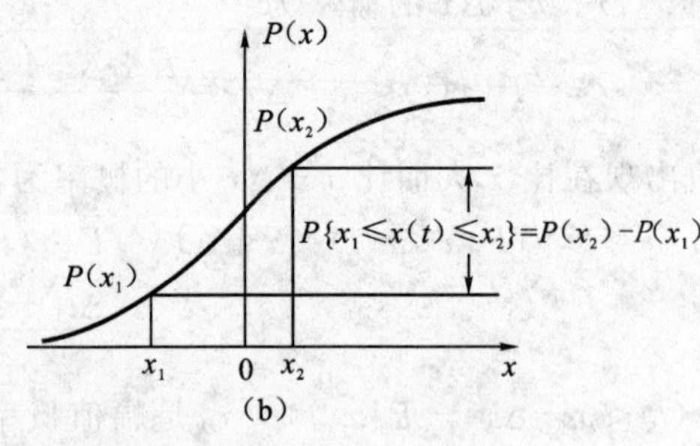

图 3-11　概率密度和概率分布图

率密度函数列于表 3-6 和表 3-7 中，其中应用最多的是正态分布函数。

表 3-6　常见的分布曲线及其数学式

分布名称	概率密度函数 $p(x)$	概率密度函数图形	均值 μ_x	方差 σ_x^2
单点分布	$p(x)=\delta(x-c)$		$\mu_x=c$	$\sigma_x^2=0$
均匀分布	$p(x)=\begin{cases}\dfrac{1}{b-a}, a\leqslant x\leqslant b\\ 0,其他\end{cases}$		$\mu_x=\dfrac{a+b}{2}$	$\sigma_x^2=\dfrac{(b-a)^2}{12}$
正弦分布	$p(x)=\begin{cases}(\pi\sqrt{A^2-x^2})^{-1}, \lvert x\rvert<A\\ 0,其他\end{cases}$		$\mu_x=0$	$\sigma_x^2=\dfrac{A^2}{2}$
指数分布	$p(x)=\begin{cases}b\mathrm{e}^{-bx}, x\geqslant 0\\ 0, x<0\end{cases}$ （$b>0$ 且为常数）		$\mu_x=\dfrac{1}{b}$	$\sigma_x^2=\dfrac{1}{b^2}$
正态分布	$p(x)=\dfrac{1}{\sqrt{2\pi}\sigma}\mathrm{e}^{-\frac{(x-a)^2}{2\sigma^2}}$ （a 及 $\sigma>0$ 且为常数）		$\mu_x=a$	$\sigma_x^2=\sigma^2$
x_n^2 分布	$p(x_n^2)=\dfrac{(x_n^2)^{(n/2-1)}}{2^{n/2}\Gamma(n/2)}\mathrm{e}^{-\frac{x_n^2}{2}}$ （$x>0$，n 为正整数）		$\mu_{x_n}^2=n$	$\sigma_{x_n}^2=2n$
韦布尔分布	$p(x)=\begin{cases}\dfrac{m}{\alpha}(x-\gamma)^{m-1}\mathrm{e}^{-\frac{(x-\gamma)m}{\alpha}}, x\geqslant\gamma\\ 0, x<0, x<\gamma\end{cases}$ （形状参数 $m>0$，尺度参数 $\alpha>0$，位置参数 γ）		$\mu_x=\alpha^{\frac{1}{m}}\Gamma\left(1+\dfrac{1}{m}\right)+\gamma$	$\sigma_x^2=\alpha^{\frac{2}{m}}\times\left[\Gamma\left(1+\dfrac{2}{m}\right)-\Gamma^2\left(1+\dfrac{1}{m}\right)\right]$

续表

分布名称	概率密度函数 $p(x)$	概率密度函数图形	均值 μ_x	方差 σ_x^2
对数正态分布	$p(x)=\frac{1}{x\sigma\sqrt{2\pi}}\mathrm{e}^{\frac{(\ln x-a)^2}{2\sigma^2}}$ ($x>0$, $-\infty<a<+\infty,\sigma>0$)		$\mu_x=\mathrm{e}^{a+\sigma^2/2}$	$\sigma_x^2=\mathrm{e}^{2a+\sigma^2}\times(\mathrm{e}^{\sigma^2}-1)$

表 3-7 常见时域函数的概率密度和概率分布函数图

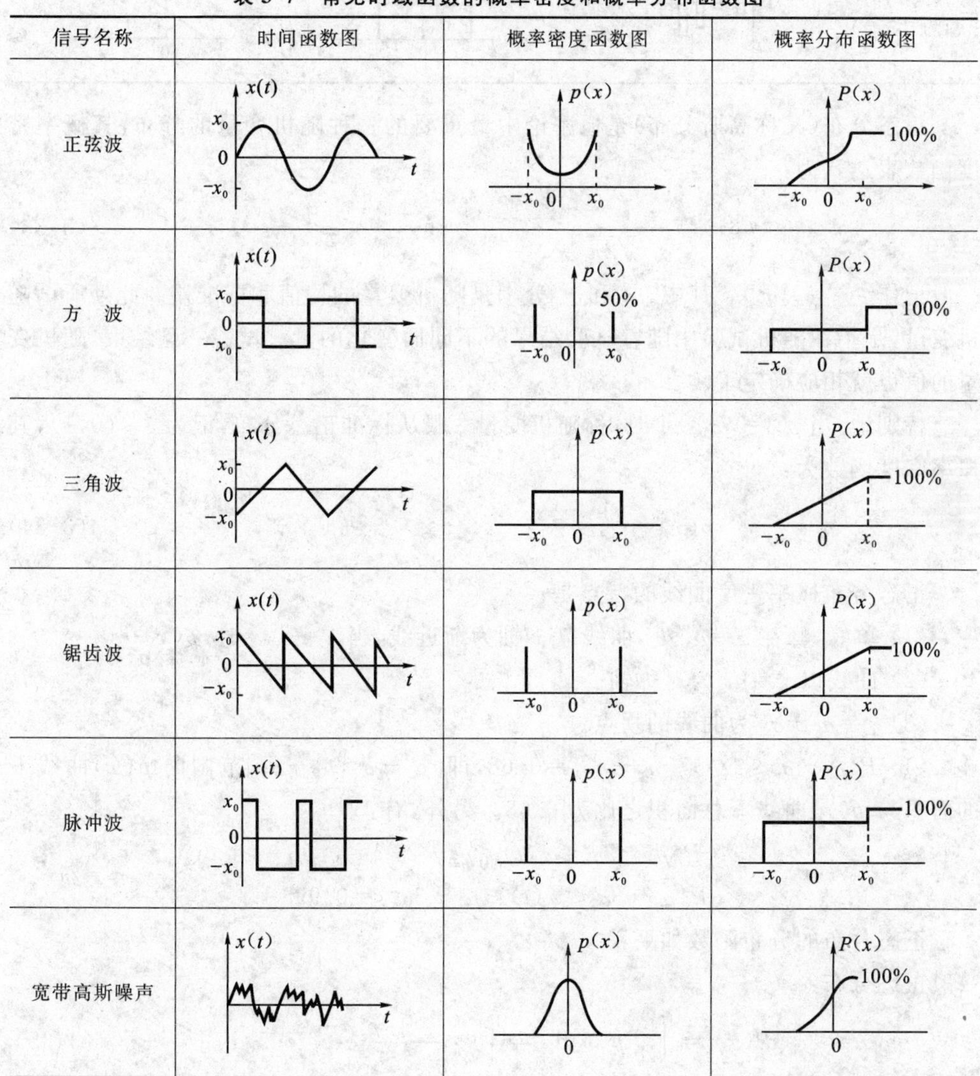

续表

信号名称	时间函数图	概率密度函数图	概率分布函数图
带限噪声（滤波）	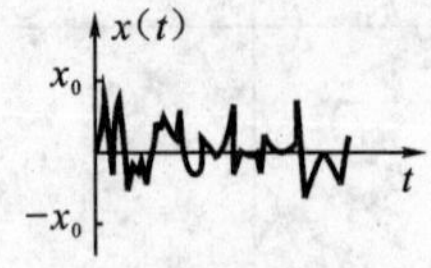 $x(t)$; x_0; $-x_0$; t	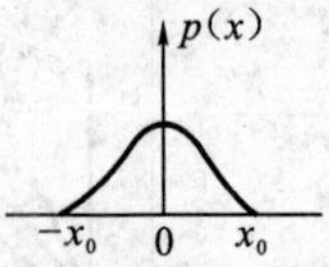 $p(x)$; $-x_0$; 0; x_0	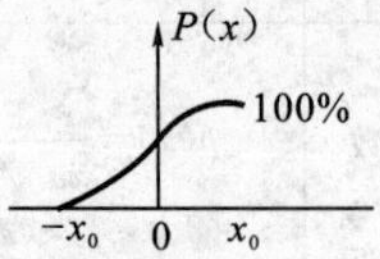 $P(x)$; 100%; $-x_0$; 0; x_0
伪随机二进制电平噪声（均匀分布）	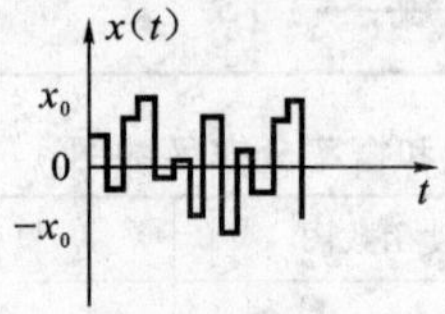 $x(t)$; x_0; 0; $-x_0$; t	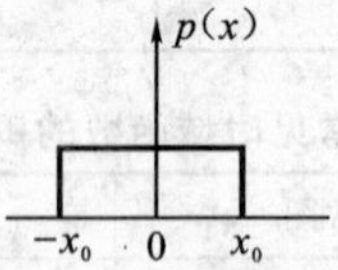 $p(x)$; $-x_0$; 0; x_0	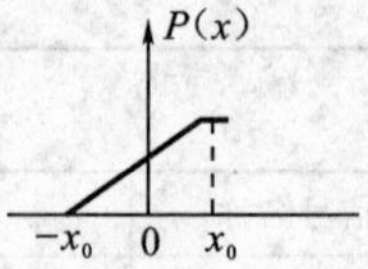 $P(x)$; $-x_0$; 0; x_0

正态分布（又称高斯分布）是概率论中最重要的一种随机变量的分布，其概率密度函数表达式为：

$$p(x)=\frac{1}{\sigma_x\sqrt{2\pi}}e^{-\frac{(x-\mu_x)^2}{2\sigma_x^2}}\qquad(-\infty<x<+\infty)\tag{3-33}$$

一般记作 $\xi\sim(\mu_x,\sigma_x^2)$。其中，$\mu_x$ 和 σ_x 分别是随机变量的均值和标准差。此处所谓随机变量，是指在随机试验中随着试验结果的不同而变化的量。试验一旦结束，随机变量的值也就相应确定了。

特别地，当 $\mu_x=0,\sigma_x=1$ 时，称随机变量 ξ 服从标准正态分布，记为 $\xi\sim(0,1)$，其概率密度函数为：

$$p(x)=\frac{1}{\sqrt{2\pi}}e^{\frac{-x^2}{2}}\qquad(-\infty<x<+\infty)\tag{3-34}$$

正态分布概率密度曲线的特点是：

(1) 单峰，峰在 $x=\mu_x$ 处，曲线以 x 轴为渐近线，当 $x\to\pm\infty$ 时，$p(x)\to 0$。

(2) 曲线以 $x=\mu_x$ 为对称轴。

(3) $x=\mu_x\pm\sigma_x$ 为曲线的拐点。

(4) $P\{\mu_x-\sigma_x\leqslant x(t)\leqslant\mu_x+\sigma_x\}=0.68$，即$[\mu_x-\sigma_x,\mu_x+\sigma_x]$范围内 $p(x)$曲线下的面积与 $p(x)$曲线下总面积之比为 0.68。另外，有：

$$P\{\mu_x-2\sigma_x\leqslant x(t)<\mu_x+2\sigma_x\}=0.95$$

$$P\{\mu_x-3\sigma_x\leqslant x(t)<\mu_x+3\sigma_x\}=0.995$$

正态分布的分布函数如下：

一般正态分布：

$$P(x)=\int_{-\infty}^{x}p(y)\mathrm{d}y=\int_{-\infty}^{x}\frac{1}{\sigma_x\sqrt{2\pi}}e^{-\frac{1}{2\sigma_x^2}(y-\mu_x)^2}\mathrm{d}y\tag{3-35}$$

标准正态分布：

$$\Phi(x)=\int_{-\infty}^{x}\varphi(y)\mathrm{d}y=\int_{-\infty}^{x}\frac{1}{\sqrt{2\pi}}\mathrm{e}^{-\frac{y^2}{2}}\mathrm{d}y \tag{3-36}$$

若引入置换变量 $t=\dfrac{y-\mu_x}{\sigma_x}$，则一般正态分布函数 $P(x)$ 与标准正态分布函数 $\Phi(x)$ 存在下列关系：

$$\begin{aligned}P(x)&=\int_{-\infty}^{x}\frac{1}{\sigma_x\sqrt{2\pi}}\mathrm{e}^{-\frac{1}{2\sigma_x^2}(y-\mu_x)^2}\mathrm{d}y=\int_{-\infty}^{x}\frac{1}{\sqrt{2\pi}}\mathrm{e}^{-\frac{1}{2}(\frac{y-\mu_x}{\sigma_x})^2}\mathrm{d}(\frac{y-\mu_x}{\sigma_x})\\&=\int_{-\infty}^{\frac{x-\mu_x}{\sigma_x}}\frac{1}{\sqrt{2\pi}}\mathrm{e}^{-\frac{t^2}{2}}\mathrm{d}t=\Phi(\frac{x-\mu_x}{\sigma_x})\end{aligned} \tag{3-37}$$

于是，求 $P(x)$ 可转化为计算 $\Phi(\dfrac{x-\mu_x}{\sigma_x})$，然后通过查正态概率积分表 $\Phi(x)$ 就可得到结果。

正态分布的重要性来自统计学中实际成立的中心极限定理。这个定理的一般表述为：如果一个随机变量 $x(t)$ 实际上纯粹是 n 个统计独立随机变量 $x_1,x_2,\cdots,x_n$ 的线性和，则无论这些变量的概率密度函数如何，$x=x_1+x_2+\cdots+x_n$ 的概率密度在 n 趋于无穷时将趋于正态形式。由于大多数物理现象是许多随机事件之和，因此正态分布可为随机数据的概率密度函数提供一个合理的近似形式。

3.3　傅里叶级数及傅里叶变换

由信号的类型和性质可知，在时域内可对信号进行多种分析，如求取信号幅值的均值、均方差、方差等，但时域分析不能表明信号中所包含的频率成分，不能描述能量沿频率的分布规律，因此需将时间历程通过傅里叶变换转化为频率域函数进行频谱分析。傅里叶级数和傅里叶变换是进行信号时域与频域转换的有力工具。

3.3.1　傅里叶级数

一个周期信号（函数）可以通过傅里叶级数展开成为三角函数或复指数函数。

1. 三角形式

考虑一个以 T 为周期的函数 $x(t)$，如果在 $[-T/2,T/2]$ 上满足狄利克雷条件（绝对可积），那么在 $[-T/2,T/2]$ 上就可以展开成傅里叶级数。在 $x(t)$ 的连续点处，级数和的三角形式为：

$$\begin{aligned}x(t)&=\frac{a_0}{2}+\sum_{n=1}^{\infty}(a_n\cos n\omega_0 t+b_n\sin n\omega_0 t)\\&=\frac{a_0}{2}+\sum_{n=1}^{\infty}(a_n\cos\frac{2\pi n}{T}t+b_n\sin\frac{2\pi n}{T}t)\end{aligned} \tag{3-38}$$

式中 a_0—— 常值分量；

a_n—— 余弦分量的幅值；

b_n—— 正弦分量的幅值；

T—— 周期；

ω_0—— 圆频率。

$$\omega_0 = 2\pi/T$$

$$\left.\begin{aligned} a_0 &= \frac{2}{T}\int_{-\frac{T}{2}}^{\frac{T}{2}} x(t)\,\mathrm{d}t \\ a_n &= \frac{2}{T}\int_{-\frac{T}{2}}^{\frac{T}{2}} x(t)\cos\frac{2\pi n}{T}t\,\mathrm{d}t \\ b_n &= \frac{2}{T}\int_{-\frac{T}{2}}^{\frac{T}{2}} x(t)\sin\frac{2\pi n}{T}t\,\mathrm{d}t \end{aligned}\right\} \tag{3-39}$$

将式(3-38)中相同的频率合并，可以写成：

$$x(t) = \frac{a_0}{2} + \sum_{n=1}^{\infty} A_n \sin\,(n\omega_0 t + \varphi_n) \tag{3-40}$$

$$A_n = \sqrt{a_n^2 + b_n^2} \tag{3-41}$$

$$\tan\,\varphi_n = \frac{a_n}{b_n} \tag{3-42}$$

由式(3-40)可见，周期信号是由无穷多个不同频率的谐波叠加而成的。以圆频率 ω 为横坐标，以幅值 A_n 或相角 φ_n 为纵坐标所作的图称为频谱图。A_n-ω 图称为幅值频谱图，φ_n-ω 图称为相位频谱图。由于 n 是整数序列，相邻两频谱之间的间隔 $\Delta\omega = \omega_0 = \frac{2\pi}{T}$，即各频率成分都是 ω_0 的整倍数，因而谱线是离散的，故称为离散频谱。ω_0 称为基频，n 次倍频成分 $A_n \sin\,(n\omega_0 t + \varphi_n)$ 称为 n 次谐波。

每一根谱线代表了其中的一个谐波成分。频谱就是构成信号 $x(t)$ 的各频率分量的集合，它完整地表示了信号的频率结构。

2. 复数形式

工程上傅里叶级数还常用复指数的形式来描述。由欧拉公式可知：

$$\mathrm{e}^{\pm \mathrm{j}2\pi nt/T} = \cos\frac{2\pi nt}{T} \pm \mathrm{j}\sin\frac{2\pi nt}{T}$$

即有：

$$\cos\frac{2\pi nt}{T} = \frac{\mathrm{e}^{\frac{\mathrm{j}2\pi nt}{T}} + \mathrm{e}^{\frac{-\mathrm{j}2\pi nt}{T}}}{2}$$

$$\sin\frac{2\pi nt}{T} = \frac{-\mathrm{j}(\mathrm{e}^{\frac{\mathrm{j}\pi nt}{T}} + \mathrm{e}^{\frac{-\mathrm{j}2\pi nt}{T}})}{2}$$

将它们代入式(3-38)，得：

$$x(t)=\frac{a_0}{2}+\sum_{n=1}^{\infty}\left(a_n\frac{e^{\frac{j2\pi nt}{T}}+e^{\frac{-j2\pi nt}{T}}}{2}-jb_n\frac{e^{\frac{j2\pi nt}{T}}-e^{\frac{-j2\pi nt}{T}}}{2}\right)$$

$$=\frac{a_0}{2}+\sum_{n=1}^{\infty}\left(\frac{a_n-jb_n}{2}e^{\frac{j2\pi nt}{T}}+\frac{a_n+jb_n}{2}e^{\frac{-j2\pi nt}{T}}\right)$$

令 $C_0=\frac{a_0}{2},C_n=\frac{a_n-jb_n}{2},C_{-n}=\frac{a_n+jb_n}{2}$ 则有：

$$x(t)=C_0+\sum_{n=1}^{\infty}(C_n e^{j\frac{2\pi nt}{T}}+C_{-n}e^{-j\frac{2\pi nt}{T}})=\sum_{n=-\infty}^{\infty}C_n e^{j\frac{2\pi nt}{T}} \tag{3-43}$$

式中，C_n 和 C_{-n} 是一对共轭复数，也可以表示为：

$$C_n=|C_n|e^{j\theta_n} \tag{3-44}$$

$$\theta_n=\arctan\frac{\mathrm{Im}\,C_n}{\mathrm{Re}\,C_n} \tag{3-45}$$

式中　$\mathrm{Im}\,C_n$——C_n 的虚部；

$\mathrm{Re}\,C_n$——C_n 的实部；

$|C_n|$——C_n 的模。

式(3-40)和(3-43)是一对等价的表达式，说明任一个复杂的周期性信号都可用傅里叶级数展开进行频率分解，其中 x_n 和 C_n 都反映各次谐波振幅的大小。若以谐波频率为横坐标，以 x_n 或 C_n 为纵坐标可得到幅值频谱图，以相位 θ_n 或 φ_n 为纵坐标可得到相位频谱图。

3. 实例

例 3-3　求图 3-12 所示周期性三角波的傅里叶级数。

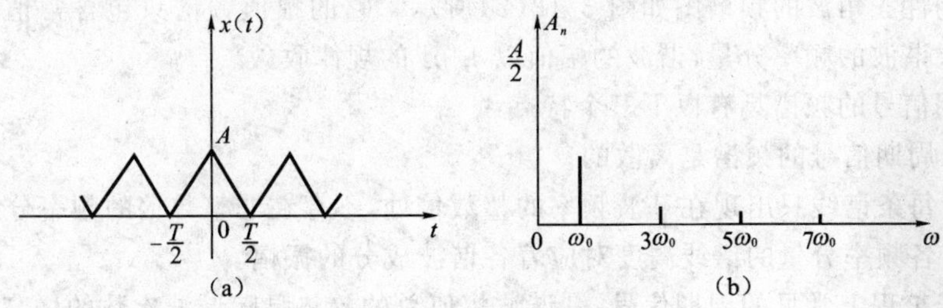

图 3-12　周期性三角波

解　在 $x(t)$ 的一个周期中可以表示为：

$$x(t)=\begin{cases}A+\frac{2A}{T}t & \left(-\frac{T}{2}\leqslant t\leqslant 0\right)\\ A-\frac{2A}{T}t & \left(0\leqslant t\leqslant\frac{T}{2}\right)\end{cases}$$

常值分量为：

$$a_0=\frac{2}{T}\int_{-\frac{T}{2}}^{\frac{T}{2}}x(t)\mathrm{d}t=\frac{2}{T}\int_{-\frac{T}{2}}^{0}(A+\frac{2A}{T})\mathrm{d}t+\frac{2}{T}\int_{0}^{\frac{T}{2}}(A-\frac{2A}{T})\mathrm{d}t$$

$$= \frac{2}{T}\left\{[At + \frac{A}{T}(t)^2]_{-\frac{T}{2}}^{0} + [At - \frac{A}{T}(t)^2]_{0}^{\frac{T}{2}}\right\}$$

$$= \frac{2}{T}\left\{-[A(-\frac{T}{2}) + \frac{A}{T}(-\frac{T}{2})^2] + [A(\frac{T}{2}) - \frac{A}{T}(\frac{T}{2})^2]\right\}$$

$$= \frac{2}{T}\left\{\frac{TA}{2} + \frac{TA}{2} - \frac{TA}{4} - \frac{TA}{4}\right\} = A$$

$$b_n = \frac{2}{T}\int_{-\frac{T}{2}}^{\frac{T}{2}} x(t)\sin n\omega_0 t\mathrm{d}t = 0$$

$$a_n = \frac{2}{T}\int_{-\frac{T}{2}}^{\frac{T}{2}} x(t)\cos n\omega_0 t\mathrm{d}t$$

$$= \frac{2}{T}[\int_{-\frac{T}{2}}^{0}(A + \frac{2A}{T}t)\cos n\omega_0 t\mathrm{d}t + \int_{0}^{\frac{T}{2}}(A - \frac{2A}{T}t)\cos n\omega_0 t\mathrm{d}t]$$

$$= \frac{4A}{n^2\pi^2}\sin^2\frac{n\pi}{2} = \begin{cases}\frac{4A}{n^2\pi^2} & (n = 1,3,5,\cdots)\\ 0 & (n = 2,4,6,\cdots)\end{cases}$$

于是该周期性三角波的傅里叶级数展开式为：

$$x(t) = \frac{A}{2} + \frac{4A}{\pi^2}(\cos\omega_0 t + \frac{1}{3^2}\cos\omega_0 t + \frac{1}{5^2}\cos 5\omega_0 t + \cdots)$$

$$= \frac{A}{2} + \frac{4A}{\pi^2}\sum_{n=1}^{\infty}\frac{1}{n^2}\cos n\omega_0 t$$

$$= \frac{A}{2} + \frac{4A}{\pi^2}\sum_{n=1}^{\infty}\frac{1}{n^2}\sin(n\omega_0 t + \frac{\pi}{2}) \qquad (n = 1,3,5,\cdots)$$

周期性三角波的频谱图如图 3-12(b)所示。它的幅值频谱只包含常值分量、基波和奇次谐波的频率分量，谐波的幅值以 $1/n^2$ 的规律收敛。

周期信号的频谱具有以下三个特点：

(1) 周期信号的频谱是离散的；

(2) 每条谱线只出现在基波频率的整数倍处，不存在非整数倍的频率分量；

(3) 各频率分量的谱线高度对应着各谐波成分的振幅。

对于工程上常见的周期信号，其谐波幅值总的趋势是随谐波次数的增高而减小。

3.3.2 傅里叶积分与傅里叶变换

1. 傅里叶积分

对于周期为 T 的信号 $x(t)$，其频谱是离散的。当 $x(t)$ 的周期 T 趋于无穷大时，信号就成为非周期信号。非周期信号的频谱是连续的，称为连续频谱，此时必须用傅里叶积分来描述。

设有一个周期信号 $x(t)$，在$[-T/2,T/2]$区间的傅里叶级数可表示为：

$$x(t) = \sum_{n=-\infty}^{+\infty} C_n \mathrm{e}^{\mathrm{j}n\omega_0 t}$$

式中的 $C_n=\frac{1}{T}\int_{-\frac{T}{2}}^{\frac{T}{2}}x(\tau)\mathrm{e}^{-\mathrm{j}n\omega_0\tau}\mathrm{d}\tau$，将 C_n 代入上式，则得：

$$x(t)=\sum_{n=-\infty}^{+\infty}\left[\frac{1}{T}\int_{-\frac{T}{2}}^{\frac{T}{2}}x(\tau)\mathrm{e}^{-\mathrm{j}n\omega_0\tau}\mathrm{d}\tau\right]\mathrm{e}^{\mathrm{j}n\omega_0 t}$$

当 T 趋于无穷大时，频率间隔 $\Delta\omega=2\pi/T$ 趋于 $\mathrm{d}\omega$，离散频谱中相邻的谱线会紧靠在一起，$n\omega_0$ 变成为连续变量 ω，求和符号 $\sum$ 变成为积分符号 $\int$，于是有：

$$\begin{aligned}x(t)&=\int_{-\infty}^{+\infty}\frac{\mathrm{d}\omega}{2\pi}\left[\int_{-\infty}^{+\infty}x(\tau)\mathrm{e}^{-\mathrm{j}\omega\tau}\mathrm{d}\tau\right]\mathrm{e}^{\mathrm{j}\omega t}\\&=\int_{-\infty}^{+\infty}\left[\frac{1}{2\pi}\int_{-\infty}^{+\infty}x(\tau)\mathrm{e}^{-\mathrm{j}\omega\tau}\mathrm{d}\tau\right]\mathrm{e}^{\mathrm{j}\omega t}\mathrm{d}\omega\end{aligned}\tag{3-46}$$

式(3-46)称为函数 $x(t)$ 的傅里叶积分公式。

利用欧拉公式，还可将式(3-46)转化为三角形式：

$$\begin{aligned}x(t)&=\frac{1}{2\pi}\int_{-\infty}^{+\infty}\left[\int_{-\infty}^{+\infty}x(\tau)\mathrm{e}^{-\mathrm{j}\omega\tau}\mathrm{d}\tau\right]\mathrm{e}^{\mathrm{j}\omega t}\mathrm{d}\omega\\&=\frac{1}{2\pi}\int_{-\infty}^{+\infty}\left[\int_{-\infty}^{+\infty}x(\tau)\mathrm{e}^{-\mathrm{j}\omega(t-\tau)}\mathrm{d}\tau\right]\mathrm{d}\omega\\&=\frac{1}{2\pi}\int_{-\infty}^{+\infty}\left[\int_{-\infty}^{+\infty}x(\tau)\cos\omega(t-\tau)\mathrm{d}\tau+\mathrm{j}\int_{-\infty}^{+\infty}x(\tau)\sin\omega(t-\tau)\mathrm{d}\tau\right]\mathrm{d}\omega\end{aligned}\tag{3-47}$$

2. 傅里叶变换

数学上将一个函数与另一个函数的一一对应关系称为变换。

若函数 $x(t)$ 满足傅里叶积分定理中的条件，则在 $x(t)$ 的连续点处便有傅里叶积分式(3-47)成立。若在此式中设

$$X(\omega)=\int_{-\infty}^{+\infty}x(\tau)\mathrm{e}^{-\mathrm{j}\omega\tau}\mathrm{d}\tau\tag{3-48}$$

则有：

$$x(t)=\frac{1}{2\pi}\int_{-\infty}^{+\infty}X(\omega)\mathrm{e}^{\mathrm{j}\omega t}\mathrm{d}\omega\tag{3-49}$$

从上面两式可以看出，$x(t)$ 和 $X(\omega)$ 可以通过积分相互表达。$X(\omega)$ 称为 $x(t)$ 的傅里叶变换式，可记作

$$X(\omega)=F[x(t)]$$

式(3-49)称为 $X(\omega)$ 的傅里叶逆变换式，可记作

$$x(t)=F^{-1}[X(\omega)]$$

$X(\omega)$ 叫做 $x(t)$ 的象函数，$x(t)$ 叫做 $X(\omega)$ 的象原函数，它们构成了一个傅里叶变换对。若将 $\omega=2\pi f$ 代入，则式(3-48)和式(3-49)分别变为：

$$X(f)=\int_{-\infty}^{+\infty}x(t)\mathrm{e}^{-\mathrm{j}2\pi ft}\mathrm{d}t\tag{3-50}$$

$$x(t)=\int_{-\infty}^{+\infty}X(f)\mathrm{e}^{\mathrm{j}2\pi ft}\mathrm{d}f \tag{3-51}$$

这样就避免了在傅里叶变换中出现$\frac{1}{2\pi}$的常数因子，可使公式简化。式(3-48)中的$X(\omega)$与式(3-51)中的$X(f)$之间的关系为：

$$X(f)=2\pi X(\omega) \tag{3-52}$$

一般$X(f)$是实变量f的复函数，可以写成：

$$X(f)=|X(f)|\mathrm{e}^{\mathrm{j}\theta(f)}$$

式中 $|X(f)|$——信号$x(t)$的连续幅值谱；

$\theta(f)$——信号$x(t)$的连续相位谱。

必须指出，虽然非周期信号的幅值谱$|X(f)|$与周期信号的幅值谱$|C_n|$很相似，但两者是有差别的。$|C_n|$的量纲与信号幅值的量纲一致，而$|X(f)|$的量纲却与信号幅值的量纲不一样，它是单位频宽上的幅值，有密度含义。

傅里叶变换对于问题的简化特别有用，是振动故障诊断中一种不可缺少的有效方法。例如，相关函数经过傅里叶变换后成为功率谱密度函数、脉冲响应函数经过傅里叶变换后成为复频响应函数、截断函数经过傅里叶变换后成为谱窗函数等。

总之，一个信号波形的傅里叶变换的实质是将这个信号波形分解成一系列不同频率的正弦波之和。如果这些正弦波加起来就成为原来的波形，则就确定了这个波形的傅里叶变换。

3. 实例

例 3-4 已知一非周期函数为：

$$x(t)=\begin{cases}0 & (t<0)\\ \mathrm{e}^{-\beta t} & (t\geqslant 0,\beta>0)\end{cases}$$

求$x(t)$的傅里叶变换及其积分表达式。

解 $x(t)$为指数衰减函数，其时间历程如图3-13(a)所示。

(1) 求$x(t)$的傅里叶变换。

$$X(\omega)=F[x(t)]=\int_{-\infty}^{+\infty}x(t)\mathrm{e}^{-\mathrm{j}\omega t}\mathrm{d}t=\int_{0}^{+\infty}\mathrm{e}^{-\beta t}\mathrm{e}^{-\mathrm{j}\omega t}\mathrm{d}t$$

$$=\int_{0}^{+\infty}\mathrm{e}^{-(\beta+\mathrm{j}\omega)t}\mathrm{d}t=\frac{1}{\beta+\mathrm{j}\omega}=\frac{\beta-\mathrm{j}\omega}{\beta^2+\omega^2}$$

(2) 求积分表达式(傅里叶逆变换式)。

$$x(t)=F^{-1}[X(\omega)]=\frac{1}{2\pi}\int_{-\infty}^{+\infty}X(\omega)\mathrm{e}^{\mathrm{j}\omega t}\mathrm{d}\omega$$

$$=\frac{1}{2\pi}\int_{-\infty}^{+\infty}\frac{\beta-\mathrm{j}\omega}{\beta^2+\omega^2}\mathrm{e}^{\mathrm{j}\omega t}\mathrm{d}\omega=\frac{1}{2\pi}\int_{-\infty}^{+\infty}\frac{(\beta-\mathrm{j}\omega)(\cos\omega t+\mathrm{j}\sin\omega t)}{\beta^2+\omega^2}\mathrm{d}\omega$$

$$=\frac{1}{2\pi}\int_{-\infty}^{+\infty}\frac{\beta\cos\omega t+\omega\sin\omega t+\mathrm{j}\beta\sin\omega t-\mathrm{j}\omega\cos\omega t}{\beta^2+\omega^2}\mathrm{d}\omega$$

$$= \frac{1}{\pi}\int_{0}^{+\infty} \frac{\beta\cos\omega t + \omega\sin\omega t + j\beta\sin\omega t - j\omega\cos\omega t}{\beta^2+\omega^2}d\omega$$

(3) 分析。

实部
$$\mathrm{Re}\,X(\omega) = \frac{\beta}{\beta^2+\omega^2}$$

虚部
$$\mathrm{Im}\,X(\omega) = \frac{-\omega}{\beta^2+\omega^2}$$

模
$$|X(\omega)| = \sqrt{\left(\frac{\beta}{\beta^2+\omega^2}\right)^2 + \left(\frac{-\omega}{\beta^2+\omega^2}\right)^2} = \sqrt{\frac{\beta^2+\omega^2}{(\beta^2+\omega^2)^2}} = \frac{1}{\sqrt{\beta^2+\omega^2}}$$

相角
$$\theta(\omega) = \arctan\frac{\mathrm{Im}\,X(\omega)}{\mathrm{Re}\,X(\omega)} = \arctan\frac{-\omega}{\beta}$$

图 3-13(b)所示为其幅频图和相频图,图 3-13(c)所示为实频图和虚频图。

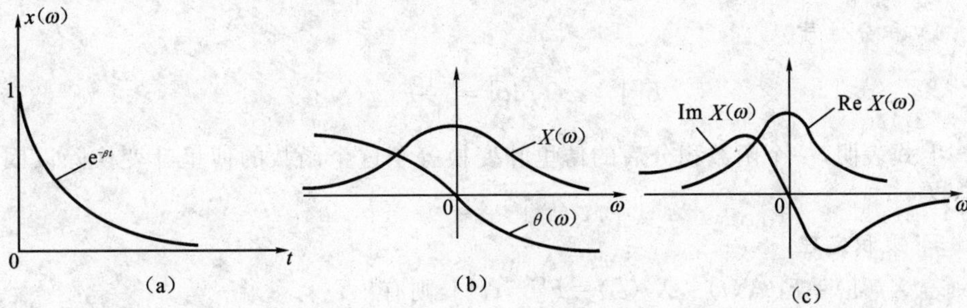

图 3-13 指数衰减函数及频谱图

4. 傅里叶变换的性质

傅里叶变换在信号分析中应用很广,它具有一些重要性质。灵活运用这些性质可以较快地求出许多复杂信号的频谱,或由频谱求出原信号。下面简单介绍其中较为重要的性质。

1) 线性性质

若 $X_1(\omega)=F[x_1(t)]$,$X_2(\omega)=F[x_2(t)]$,则有:

$$X_1(\omega)+X_2(\omega)=F[x_1(t)+x_2(t)] \tag{3-53}$$

又有

$$F[\alpha x_1(t)+\beta x_2(t)]=\alpha X_1(\omega)+\beta X_2(\omega) \tag{3-54}$$

式中 α,β——常数。

同理有:

$$F^{-1}[\alpha X_1(\omega)+\beta X_2(\omega)]=\alpha x_1(t)+\beta x_2(t) \tag{3-55}$$

上式表明:函数线性组合的傅里叶变换等同于各函数傅里叶变换的线性组合。

2) 位移性质

$$F[x(t\pm t_0)]=e^{\pm j\omega t_0}F[x(t)] \tag{3-56}$$

上式表明,时间函数 $x(t)$ 沿 t 轴向左或向右位移 t_0,相当于它的傅里叶变换乘以因子 $e^{j\omega t_0}$ 或 $e^{-j\omega t_0}$。

同理有：

$$F^{-1}[X(\omega\pm\omega_0)]=e^{\pm j\omega_0 t}x(t) \tag{3-57}$$

上式表明，$x(t)$的频谱函数 $X(\omega)$沿 ω 轴位移 ω_0，相当于原来的函数乘以因子 $e^{j\omega_0 t}$。

3）导数性质

$$F[x'(t)]=j\omega F[x(t)] \tag{3-58}$$

上式表明，一个函数的导数的傅里叶变换等于该函数的傅里叶变换乘以因子 $j\omega$。

推论：

$$F[x''(t)]=-\omega^2 F[x(t)]$$

$$F[x^{(n)}(t)]=(j\omega)^n F[x(t)] \tag{3-59}$$

4）积分性质

$$F\left[\int_{-\infty}^{t} x(t)\mathrm{d}t\right]=\frac{1}{j\omega}F[x(t)] \tag{3-60}$$

上式表明，一个函数积分后的傅里叶变换等于这个函数的傅里叶变换除以因子 $j\omega$。

5）乘积定理

若 $X_1(\omega)=F[x_1(t)]$，$X_2(\omega)=F[x_2(t)]$，则有：

$$\begin{aligned}\int_{-\infty}^{+\infty} x_1(t)x_2(t)\mathrm{d}t &= \frac{1}{2\pi}\int_{-\infty}^{+\infty}\overline{X_1(\omega)}X_2(\omega)\mathrm{d}\omega \\ &= \frac{1}{2\pi}\int_{-\infty}^{+\infty}X_1(\omega)\overline{X_2(\omega)}\mathrm{d}\omega\end{aligned} \tag{3-61}$$

式中　$\overline{X_1(\omega)}$，$\overline{X_2(\omega)}$——分别为 $X_1(\omega)$，$X_2(\omega)$的共轭函数。

6）卷积定理

若已知函数 $x_1(t)$，$x_2(t)$，则积分$\int_{-\infty}^{+\infty}x_1(\tau)x_2(t-\tau)\mathrm{d}\tau$称为函数 $x_1(t)$和 $x_2(t)$的卷积，记作 $x_1(t)*x_2(t)$。

$$y(t)=\int_{-\infty}^{+\infty}x_1(t)x_2(t-\tau)\mathrm{d}\tau=x_1(t)*x_2(t)$$

$$y(t)=\int_{-\infty}^{+\infty}x_2(t)x_1(t-\tau)\mathrm{d}\tau=x_2(t)*x_1(t)$$

卷积定理：如果 $x_1(t)$，$x_2(t)$都满足傅里叶积分定理中的条件，且 $F[x_1(t)]=X_1(\omega)$，$F[x_2(t)]=X_2(\omega)$，则有：

$$F[x_1(t)*x_2(t)]=X_1(\omega)X_2(\omega) \tag{3-62}$$

或

$$F^{-1}[X_1(\omega)X_2(\omega)]=x_1(t)*x_2(t) \tag{3-63}$$

卷积定理表明两个信号函数的卷积的傅里叶变换等于这两个函数傅里叶变换的

乘积。

同理可得：

$$F[x_1(t)x_2(t)]=\frac{1}{2\pi}F_1(\omega)*F_2(\omega) \tag{3-64}$$

即两个函数乘积的傅里叶变换等于这两个函数各自的傅里叶变换的卷积除以$\frac{1}{2\pi}$。

3.4 拉普拉斯变换

3.4.1 拉普拉斯变换的定义

前面介绍的傅里叶变换有两个条件：

(1) 一个函数除满足狄利克雷条件之外，还在$(-\infty,+\infty)$内满足绝对可积的条件；

(2) 这个函数必须在整个数轴上有定义。

由于许多函数不符合绝对可积的条件(如单位函数、正弦、余弦函数等)，还有许多函数在时间$t<0$范围内无意义，所以傅里叶变换的应用范围受到相当大的限制。

对于任意一个函数$\varphi(t)$，通常希望经过适当改造后能使其进行傅里叶变换，而不受上述两个条件的限制。考虑单位函数$u(t)=\begin{cases}0 & (t<0)\\1 & (t\geqslant 0)\end{cases}$和指数衰减函数$e^{-\beta t}$ $(\beta>0)$，用前者乘$\varphi(t)$可使积分区间从$(-\infty,+\infty)$换成$[0,+\infty)$，用后者乘$\varphi(t)$就可能使其变得绝对可积，于是就有：

$$\varphi(t)u(t)e^{-\beta t} \qquad (\beta>0)$$

结果发现，只要β选得恰当，则一般来说这个函数的傅里叶变换总是存在的。对$\varphi(t)$先乘以$u(t)e^{-\beta t}(\beta>0)$，再进行傅里叶变换的运算，就产生了拉普拉斯(Laplace)变换。

对$\varphi(t)u(t)e^{-\beta t}$进行傅里叶变换，可得：

$$F_\beta(\omega)=\int_{-\infty}^{+\infty}\varphi(t)u(t)e^{-\beta t}e^{-j\omega t}dt=\int_0^{+\infty}f(t)e^{-(\beta+j\omega)t}dt=\int_0^{+\infty}f(t)e^{-St}dt$$

$$S=\beta+j\omega$$

$$f(t)=\varphi(t)u(t)$$

若再设$F(S)=F_\beta(\frac{S-\beta}{j})$，则得到：

$$F(S)=\int_0^{+\infty}f(t)e^{-St}dt \tag{3-65}$$

由此式所确定的函数$F(S)$实际上是由$f(t)$通过一种新的变换得来的，这种变换就是拉普拉斯变换。

通常记

$$F(S)=L[f(t)] \tag{3-66}$$

$F(S)$称为 $f(t)$的拉普拉斯变换(或称为象函数)。若 $F(S)$是 $f(t)$的拉普拉斯变换，则称$f(t)$为 $F(S)$的拉普拉斯逆变换(或称为象原函数),记为:

$$f(t)=L^{-1}[F(S)] \tag{3-67}$$

$f(t)(t\geqslant0)$的拉普拉斯变换式实际上就是 $f(t)u(t)\mathrm{e}^{-\beta t}$的傅里叶变换式。

例 3-5 求单位函数 $u(t)=\begin{cases}0 & (t<0)\\ 1 & (t\geqslant 0)\end{cases}$ 的拉普拉斯变换。

解 根据拉普拉斯变换的定义,当 Re $S>0$ 时积分收敛,故有:

$$L[u(t)]=\int_0^{+\infty}u(t)\mathrm{e}^{-St}\mathrm{d}t=\int_0^{+\infty}\mathrm{e}^{-St}\mathrm{d}t=-\frac{1}{S}\mathrm{e}^{-St}\Big|_0^{+\infty}=\frac{1}{S}\qquad(\mathrm{Re}\,S>0)$$

例 3-6 求 $f(t)=\sin at$ 的拉普拉斯变换。

解 由拉普拉斯变换的定义有:

$$L[f(t)]=L[\sin at]=\int_0^{+\infty}\sin at\,\mathrm{e}^{-St}\mathrm{d}t=\int_0^{+\infty}\frac{\mathrm{e}^{\mathrm{j}at}-\mathrm{e}^{-\mathrm{j}at}}{2\mathrm{j}}\mathrm{e}^{-St}\mathrm{d}t$$

$$=\frac{1}{2\mathrm{j}}\left(\frac{1}{S-\mathrm{j}a}-\frac{1}{S+\mathrm{j}a}\right)=\frac{a}{S^2+a^2}\qquad(\mathrm{Re}\,S>0)$$

例 3-7 求 $f(t)=\mathrm{e}^{kt}$ 的拉普拉斯变换(k 为实数)。

解

$$L[f(t)]=L[\mathrm{e}^{kt}]=\int_0^{+\infty}\mathrm{e}^{kt}\mathrm{e}^{-St}\mathrm{d}t=\int_0^{+\infty}\mathrm{e}^{-(S-k)t}\mathrm{d}t$$

此积分在 Re $S>k$ 时收敛,且有:

$$\int_0^{+\infty}\mathrm{e}^{-(S-k)t}\mathrm{d}t=\frac{-1}{S-k}\mathrm{e}^{-(S-k)t}\Big|_0^{\infty}=\frac{1}{S-k}$$

$$L[\mathrm{e}^{kt}]=\frac{1}{S-k}\qquad(\mathrm{Re}\,S>k)$$

在实际计算中,一些基本函数的拉普拉斯变换有现成的拉普拉斯变换表可查。

3.4.2 拉普拉斯变换的性质

1) 线性性质

若 α,β 为常数, $L[f_1(t)]=F_1(S)$, $L[f_2(t)]=F_2(S)$,则有:

$$L[\alpha f_1(t)+\beta f_2(t)]=\alpha L[f_1(t)]+\beta L[f_2(t)]=\alpha F_1(S)+\beta F_2(S) \tag{3-68}$$

上式表明,函数线性组合的拉普拉斯变换等于各函数拉普拉斯变换的线性组合。

2) 微分性质

若 $L[f(t)]=F(S)$,则有:

$$L[f'(t)]=SF(S)-f(0)$$

推论:若 $L[f(t)]=F(S)$,则有:

$$L[f^{(n)}(t)]=S^nF(S)-S^{n-1}f(0)-S^{n-2}f'(0)-\cdots-f^{n-1}(0)\qquad(\mathrm{Re}\,S>c) \tag{3-69}$$

3）积分性质

若 $L[f(t)]=F(S)$，则有：

$$L[\int_0^t f(t)\mathrm{d}t] = \frac{1}{S}F(S)$$

重复应用上式，可得：

$$L[\int_0^t \mathrm{d}t\int_0^t \mathrm{d}t\cdots\int_0^t f(t)\mathrm{d}t] = \frac{1}{S^n}F(S) \tag{3-70}$$

4）位移性质

若 $L[f(t)]=F(S)$，则有：

$$L[\mathrm{e}^{at}f(t)]=F(S-a) \qquad (\mathrm{Re}\, S>c) \tag{3-71}$$

其中，c 为实常数。

5）延时性质

若 $L[f(t)]=F(S)$，且 $t<0$ 时 $f(t)=0$，则对于任一实数 τ，有：

$$L[f(t-\tau)]=\mathrm{e}^{-S\tau}F(S) \tag{3-72}$$

6）初值定理

若 $L[f(t)]=F(S)$，且 $\lim\limits_{S\to\infty} SF(S)$ 存在，则有：

$$\lim_{t\to 0} f(t)=\lim_{S\to\infty} SF(S) \quad 或 \quad f(0)=\lim_{S\to\infty} SF(S) \tag{3-73}$$

7）终值定理

若 $L[f(t)]=F(S)$，且 $\lim\limits_{t\to\infty} f(t)$ 存在，则有：

$$\lim_{t\to\infty} f(t)=\lim_{S\to 0} SF(S) \quad 或 \quad f(\infty)=\lim_{S\to 0} SF(S) \tag{3-74}$$

8）卷积定理

假定 $f_1(t)$，$f_2(t)$ 满足拉普拉斯变换存在定理中的条件，且 $L[f_1(t)]=F_1(S)$，$L[f_2(t)]=F_2(S)$，则 $f_1(t)*f_2(t)$ 的拉普拉斯变换一定存在，且有：

$$L[f_1(t)*f_2(t)]=F_1(S)F_2(S) \tag{3-75}$$

或

$$L^{-1}[F_1(S)F_2(S)]=f_1(t)*f_2(t) \tag{3-76}$$

这个性质表明，两个函数卷积的拉普拉斯变换等于这两个函数的拉普拉斯变换的乘积。利用此性质可以求一些函数的逆变换。

3.4.3 拉普拉斯逆变换

拉普拉斯变换是已知函数 $f(t)$ 而求它的象函数 $F(S)$，而拉普拉斯逆变换是已知象函数 $F(S)$ 求它的象原函数 $f(t)$。

1. 几个基本概念

1）孤立奇点

如果函数 $f(z)$ 虽然在 z_0 处不解析，但是在 z_0 的某一个邻域 $0<|z-z_0|<\delta$ 内处处解析，则称 z_0 为 $f(z)$ 的孤立奇点。

2) 函数的零点与极点的关系

对于函数 $f(z)=(z-z_0)^m\varphi(z)$，若 $\varphi(z)$ 在 z_0 处解析且 $\varphi(z_0)\neq 0$，则称 z_0 为 $f(z)$ 的 m 级零点。

若 $\lim\limits_{z\to z_0} f(z)=\infty$，则称 z_0 为 $f(z)$ 的极点。若 z_0 是 $f(z)$ 的 m 级极点，则 z_0 就是 $\dfrac{1}{f(z)}$ 的 m 级零点；反过来也成立。

3) 留数

设 z_0 是 $f(z)$ 的孤立奇点，则积分 $\int_C f(z)\mathrm{d}z$（其中 C 为在 z_0 的足够小邻域内且包含 z_0 于其内部的任何一条正向简单闭曲线）为与 C 无关的定值。以 $2\pi\mathrm{j}$ 除这个积分的值所得的数叫做 $f(z)$ 在 z_0 的留数，记作：

$$\mathrm{Re}\,S[f(z),z_0]=\frac{1}{2\pi\mathrm{j}}\int_C f(z)\mathrm{d}z \tag{3-77}$$

2. 留数定理与拉普拉斯逆变换

拉普拉斯逆变换的一般公式为：

$$f(t)=\frac{1}{2\pi\mathrm{j}}\int_{\beta-\mathrm{j}\infty}^{\beta+\mathrm{j}\infty} F(S)\mathrm{e}^{St}\mathrm{d}S \qquad (t\geqslant 0,\beta\geqslant 0) \tag{3-78}$$

式(3-78)右端是一个复函数积分，称为拉普拉斯反演积分。当 $F(S)$ 满足一定条件时，可用留数方法来计算。

留数定理：若 $S_1,S_2,\cdots,S_n$ 是函数 $F(S)$ 的所有奇点（适当选取 β 使这些奇点全在 $\mathrm{Re}\,S<\beta$ 的范围内），且当 $S\to\infty$ 时，$F(S)\to 0$，则有：

$$f(t)=\frac{1}{2\pi\mathrm{j}}\int_{\beta-\mathrm{j}\infty}^{\beta+\mathrm{j}\infty} F(S)\mathrm{e}^{St}\mathrm{d}S=\sum_{k=1}^{n}\mathop{\mathrm{Re}S}_{S=S_k}F(S)\mathrm{e}^{St} \qquad (t>0) \tag{3-79}$$

若 $F(S)$ 是有理数，$F(S)=\dfrac{A(S)}{B(S)}$[其中 $A(S)$，$B(S)$ 是不可约的多项式，$B(S)$ 的次数是 n，且 $A(S)$ 的次数不小于 $B(S)$ 的次数]，则有：

(1) 情况一：若 $B(S)$ 有 n 个单零点 $S_1,S_2,\cdots,S_n$，即这些点都是 $\dfrac{A(S)}{B(S)}$ 的单极点，则根据留数的计算方法有：

$$\mathop{\mathrm{Re}S}_{S=S_k}\left[\frac{A(S)}{B(S)}\mathrm{e}^{St}\right]=\frac{A(S_k)}{B'(S_k)}\mathrm{e}^{S_k t}$$

$$f(t)=\sum_{k=1}^{n}\frac{A(S_k)}{B'(S_k)}\mathrm{e}^{S_k t} \qquad (t>0) \tag{3-80}$$

(2) 情况二：若 S_1 是 $B(S)$ 的一个 m 阶零点，$S_{m+1},S_{m+2},\cdots,S_n$ 是 $B(S)$ 的单零点，即 S_1 是 $\dfrac{A(S)}{B(S)}$ 的 m 阶极点，$S_i(i=m+1,m+2,\cdots,n)$ 是它的单级点，则根据留数的计算方法有：

$$\operatorname*{Re}_{S=S_1} S\left[\frac{A(S)}{B(S)}e^{St}\right]=\frac{1}{(m-1)!}\lim_{S\to S_1}\frac{d^{m-1}}{dS^{m-1}}\left[(S-S_1)^m\frac{A(S)}{B(S)}e^{St}\right]$$

$$f(t)=\sum_{i=m+1}^{n}\frac{A(S_i)}{B'(S_i)}e^{S_i t}+\frac{1}{(m-1)!}\lim_{S\to S_1}\frac{d^{m-1}}{dS^{m-1}}\left[(S-S_1)^m\frac{A(S)}{B(S)}e^{St}\right]\quad(t>0)\tag{3-81}$$

这两个公式都称为海维赛展开式，在用拉普拉斯变换解微分方程时常遇到。

例 3-8 求 $F(S)=\dfrac{1}{S(S-1)^2}$ 的逆变换。

解 由 $B(S)=S(S-1)^2$ 可知，$S=0$ 为单零点，$S=1$ 为二阶零点。因为：

$$B'(S)=(S-1)^2+2S(S-1)=3S^2-4S+1$$

所以有：

$$\begin{aligned}f(t)&=\frac{1}{3S^2-4S+1}e^{St}\Big|_{S=0}+\lim_{S\to1}\frac{d}{dS}\left[(S-1)^2\frac{1}{S(S-1)^2}e^{St}\right]\\&=1+\lim_{S\to1}\frac{d}{dS}\left(\frac{1}{S}e^{St}\right)=1+\lim_{S\to1}\left(\frac{t}{S}e^{St}-\frac{1}{S^2}e^{St}\right)\\&=1+(te^t-e^t)=1+e^t(t-1)\qquad(t>0)\end{aligned}$$

拉普拉斯变换可用来解常微分方程，如图 3-14 所示。

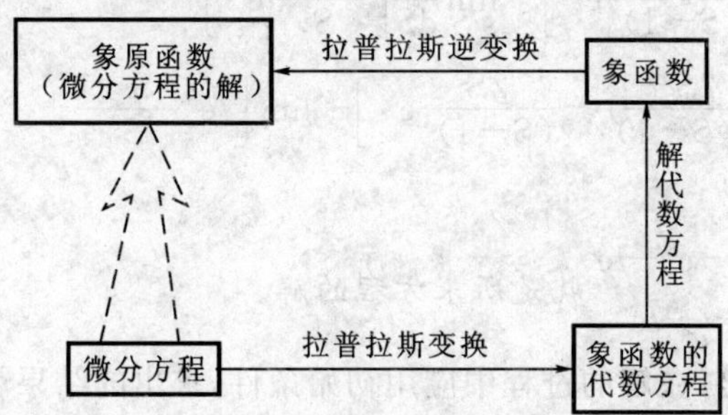

图 3-14 拉普拉斯变换解常微分方程示意图

例 3-9 求方程组 $\begin{cases}y''-x''+x'-y=e^t-2\\2y''-x''-2y'+x=-t\end{cases}$ 满足初始条件 $y(0)=y'(0)=0, x(0)=x'(0)=0$ 的解。

解

1) 拉普拉斯变换

对方程组两个方程两边取拉普拉斯变换，设 $L[y(t)]=Y(S)$，$L[x(t)]=X(S)$，考虑到初始条件，由拉普拉斯变换的微分性质得：

$$S^2Y(S)-S^2X(S)+SX(S)-Y(S)=\frac{1}{S-1}-\frac{2}{S}$$

$$2S^2Y(S)-S^2X(S)-2SY(S)+X(S)=-\frac{1}{S^2}$$

整理化简得：

$$(S+1)Y(S)-SX(S)=-\frac{S+2}{S(S-1)^2}$$

$$2SY(S)-(S+1)X(S)=-\frac{1}{S^2(S-1)}$$

解得：

$$Y(S)=\frac{1}{S(S-1)^2}$$

$$X(S)=\frac{2S-1}{S^2(S-1)^2}$$

2）拉普拉斯逆变换

对于 $Y(S)=\dfrac{1}{S(S-1)^2}$，由前例得：

$$y(t)=1+e^t(t-1)$$

对于 $X(S)=\dfrac{2S-1}{S^2(S-1)^2}$，可知有 $S=0$，$S=1$ 两个二阶极点，所以有：

$$\begin{aligned}x(t)&=\lim_{S\to0}\frac{d}{dS}\left[\frac{2S-1}{(S-1)^2}e^{St}\right]+\lim_{S\to1}\frac{d}{dS}\left[\frac{2S-1}{S^2}e^{St}\right]\\&=\lim_{S\to0}\left[te^{St}\frac{2S-1}{(S-1)^2}-\frac{2S}{(S-1)^3}e^{St}\right]+\lim_{S\to1}\left[te^{St}\frac{2S-1}{S^2}+e^{St}\frac{2(1-S)}{S^3}\right]\\&=-t+te^t\end{aligned}$$

于是，$\begin{cases}y(t)=1-e^t+te^t\\x(t)=-t+te^t\end{cases}$就是所求方程的解。

从上例可以看出：在解的过程中应用初始条件，求出的结果就是需要的特解。

在零初始条件下，系统的传递函数等于其响应的拉普拉斯变换与其激励的拉普拉斯变换之比。当激励为单位脉冲函数时的响应称为脉冲响应函数，它就是传递函数的拉普拉斯逆变换。

3.5 信号的相关分析

在故障信号的分析和处理中，经常需要研究和了解某一时刻的信号与延时一段时间 τ 后的信号之间的相似程度，以及这种相似程度随着 τ 的变化是如何变化的。因为研究的是两个信号的相似程度，故称这个过程为相关分析。又因为研究的是信号延时一段时间 τ 后与原信号的相关分析，故又称为时差域分析或延时域分析。

对一个信号进行延时域分析所得的相关函数称为自相关函数；对两个信号进行时差域分析所得的相关函数称为互相关函数。

3.5.1 相关系数

相关的含义可以由图 3-15 看出，如果两个信号的时间历程波形完全相似，仅两者的幅值大小不同(见图 3-15a 和 b)，那么就称这两个信号是完全相关的。反之，如果两个波形毫无相似之处(见图 3-15b 和 c)，那么就称它们是互不相关的。如果两个信号的波形虽不完全相似，但也有点相像，就认为存在一定的相关程度。为了说明这种相关程度的大小，引出了相关系数的概念。

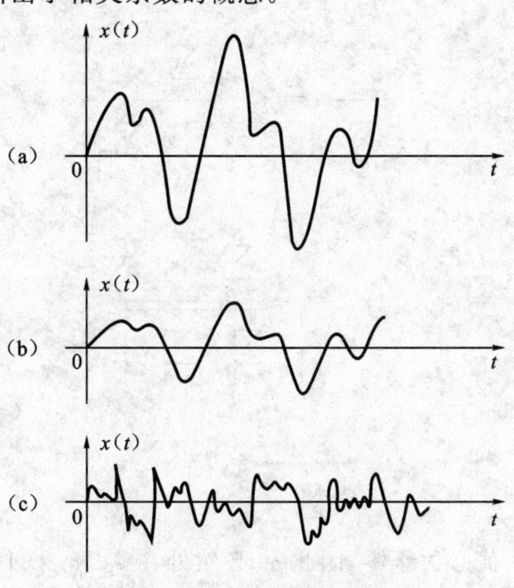

图 3-15 相关函数

设有两个信号的离散时间序列 x_n 和 y_n，其均值 $\mu_x = \mu_y = 0$，取某个适当的系数 α，使 x_n 和 αy_n 相接近，可用方差来衡量这种接近程度，即：

$$S^2 = \frac{1}{N}\sum_{n=1}^{N}(x_n - \alpha y_n)^2 \tag{3-82}$$

如果 α 值能使 $S^2=0$，那么 x_n 和 y_n 必定线性相关；如果所选 α 值使 S^2 存在一个最小值 $S^2_{\min}$，则表明 x_n 和 y_n 并不完全相关。$S^2_{\min}$ 越小，说明 x_n 和 y_n 越接近相似，$S^2_{\min}$ 越大，说明越不相似。因此，$S^2_{\min}$ 可用来评价 x_n 和 y_n 的相似程度。欲获得 $S^2_{\min}$ 的最小值，可取极值，即使 $\frac{\mathrm{d}S^2}{\mathrm{d}\alpha}=0$，由此求出：

$$\alpha = \frac{\sum_{n=1}^{N} x_n y_n}{\sum_{n=1}^{N} y_n^2} \tag{3-83}$$

将上式代入式(3-82)，可得：

$$S_{\min}^2 = \frac{1}{N}\sum_{n=1}^{N}\left(x_n - \frac{\sum_{n=1}^{N} x_n y_n}{\sum_{n=1}^{N} y_n^2} y_n\right)^2$$

$$= \frac{1}{N}\left[\sum_{n=1}^{N} x_n^2 - (\sum_{n=1}^{N} x_n y_n)^2 / \sum_{n=1}^{N} y_n^2\right]$$

或改写为：

$$\frac{S_{\min}^2}{\frac{1}{N}\sum_{n=1}^{N} x_n^2} = 1 - \frac{(\sum_{n=1}^{N} x_n y_n)^2}{\sum_{n=1}^{N} x_n^2 \sum_{n=1}^{N} y_n^2}$$

令相关系数为：

$$\rho_{xy} = \frac{\sum_{n=1}^{N} x_n y_n}{\sqrt{\sum_{n=1}^{N} x_n^2 \sum_{n=1}^{N} y_n^2}} \tag{3-84}$$

则有：

$$\frac{S_{\min}^2}{\frac{1}{N}\sum_{n=1}^{N} x_n^2} = 1 - \rho_{xy}^2$$

因为上式左端的值必大于零，因此 ρ_{xy} 必然处在 $0 \leqslant \rho_{xy} \leqslant 1$ 的范围内。当 $\rho_{xy}=0$ 时，则 $S_{\min}^2 = \frac{1}{N}\sum_{n=1}^{N} x_n^2$，说明 x_n 和 y_n 毫不相关；当 $\rho_{xy}=1$ 时，则 $S_{\min}^2=0$，说明 x_n 和 y_n 线性相关。一般 $0<\rho_{xy}<1$，说明 x_n 和 y_n 有一定的相关性。因此称 ρ_{xy} 为相关系数，用以描述两个信号的相关性。

当随机信号 x_n 和 y_n 的均值 μ_x 和 μ_y 都不为零时，相关系数的一般表达式为：

$$\rho_{xy} = \frac{C_{xy}}{\sigma_x \sigma_y} = \frac{E\{[x(t)-\mu_x][y(t)-\mu_y]\}}{\sqrt{E\{[x(t)-\mu_x]^2\}E\{[y(t)-\mu_y]^2\}}} \tag{3-85}$$

ρ_{xy} 为无量纲的系数。

3.5.2 自相关函数

自相关函数用以研究一个信号 $x(t)$ 与自身延时一段时间 τ 后的波形 $x(t+\tau)$ 之间的相似性，并且研究这种相似性如何随 τ 的取值而变化。

假设 $x(t)$ 是某各态历经随机过程的一个记录样本，$x(t+\tau)$ 是 $x(t)$ 时延 τ 的样本，如图 3-16 所示。

若用 $R_x(\tau)$ 表示 $x(t)$ 的自相关函数，则 $R_x(\tau)$ 定义为：

$$R_x(\tau) = E[x(t)x(t+\tau)] = \lim_{T\to\infty}\frac{1}{2T}\int_{-T}^{T} x(t)x(t+\tau)\mathrm{d}t \tag{3-86}$$

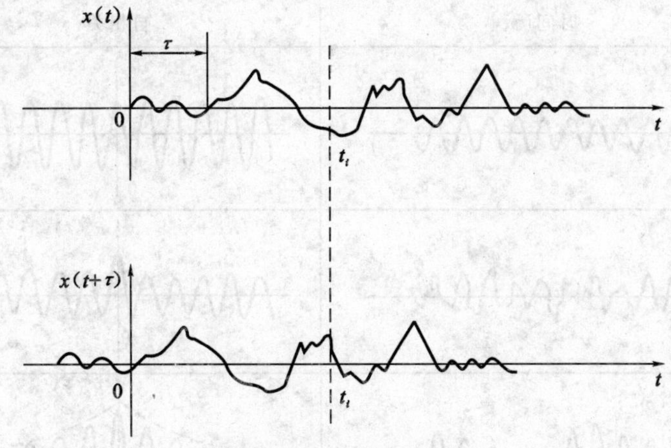

图 3-16　自相关函数

当 $\tau=0$ 时，有：

$$R_x(0)=\lim_{T\to\infty}\frac{1}{2T}\int_{-T}^{T}x^2(t)\mathrm{d}t=\sigma_x^2+\mu_x^2 \tag{3-87}$$

式中　σ_x——标准差；

μ_x——均值。

上式的物理含义是 $x(t)$ 和 $x(t+0)$ 两个记录历程完全呈线性关系；$R_x(0)$ 表示具有最大值 $\sigma_x^2+\mu_x^2$，其自相关函数可用图 3-17 表示。

当 $\tau\to\infty$ 时，有：

$$R_x(\infty)=\lim_{T\to\infty}E[x(t)x(t+\tau)]=\lim_{T\to\infty}E[x(t+\tau)]\cdot E[x(t)]=\mu_x^2 \tag{3-88}$$

所以当 $\tau\to\infty$ 时，信号 $x(t)$ 和 $x(t+\tau)$ 将变得毫不相关，$R_x(\tau)$ 的数学期望值趋近于 μ_x^2。当 $\mu_x=0$ 时，$R_x(\infty)=0$，说明当 τ 增大时，自相关函数曲线总是收敛于水平线 μ_x^2 或零线，如图 3-17 中的点划线所示。

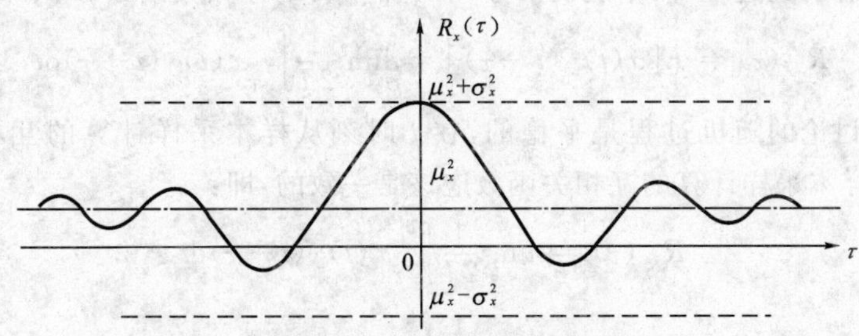

图 3-17　自相关函数的极值范围

图 3-18 所示为四种典型信号的自相关函数。对图 3-18 稍加对比就可以看到，自相关函数是区别信号类型的一个非常有效的手段。只要信号中含有周期成分，其自相关函数即使在 τ 很大时都不会衰减，并呈明显的周期性。对一般的随机信号，其自相关函数则随 τ 的增大而趋近于零。

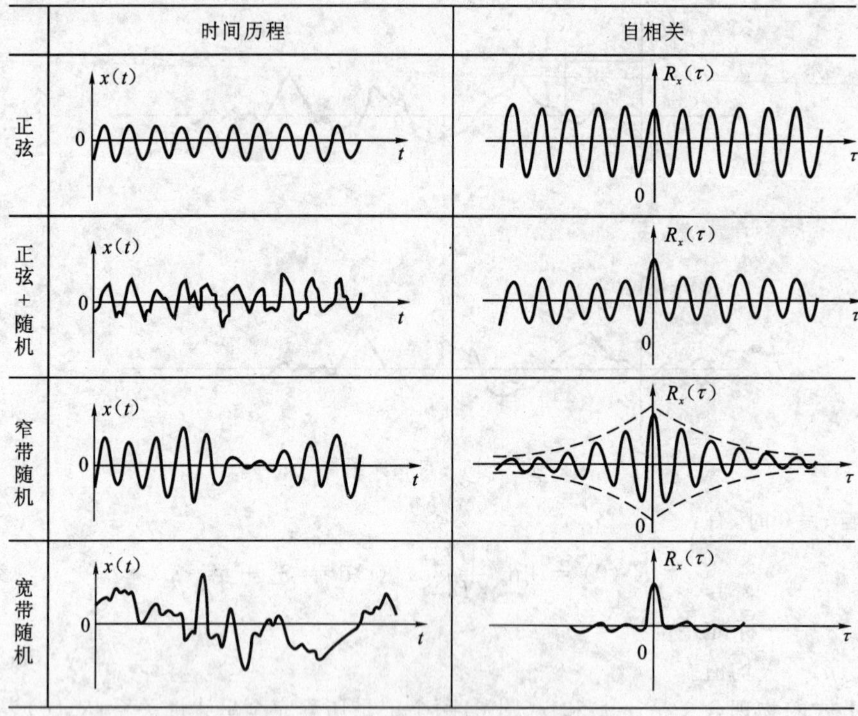

图 3-18　四种典型信号的自相关函数

3.5.3　互相关函数

互相关函数用以研究两个信号的相关性。若两个信号 $x(t)$ 和 $y(t)$ 中一个信号 $x(t)$ 不变，而 $y(t)$ 延迟一段时间 τ，求它们的相关程度则称为互相关分析，这种相关程度也随 τ 的取值不同而变化，是 τ 的函数，称为互相关函数。

对于各态历经过程，两个随机信号 $x(t)$ 和 $y(t)$ 的互相关函数 $R_{xy}(\tau)$ 定义为：

$$R_{xy}(\tau)=E[x(t)y(t+\tau)]=\lim_{T\to\infty}\frac{1}{2T}\int_{-T}^{T}x(t)y(t+\tau)\mathrm{d}t \tag{3-89}$$

因为所讨论的随机过程是平稳的，在 t 时刻从样本采样计算的互相关函数和 $t-\tau$ 时刻从样本采样计算的互相关函数应该是一致的，即：

$$\begin{aligned}R_{xy}(\tau)&=\lim_{T\to\infty}\frac{1}{2T}\int_{-T}^{T}x(t)y(t+\tau)\mathrm{d}t\\&=\lim_{T\to\infty}\frac{1}{2T}\int_{-T}^{T}y(t)x(t-\tau)\mathrm{d}t\\&=R_{xy}(-\tau)\end{aligned} \tag{3-90}$$

两个相互独立的平稳随机信号满足：

$$R_{xy}(\tau)=E[x(t)y(t+\tau)]=E[x(t)]E[y(t+\tau)]=\mu_x\mu_y \tag{3-91}$$

为便于比较，互相关函数也可以用相对参数来描述，由此得标准互相关系数(即相关系数)的定义式为：

$$\rho_{xy}(\tau)=\frac{C_{xy}(\tau)}{\sqrt{D(x)D(y)}}=\frac{E\{[x(t)-\mu_x][y(t+\tau)-\mu_y]\}}{\sigma_x\sigma_y}$$

$$=\frac{E[x(t)y(t+\tau)]-\mu_x\mu_y}{\sigma_x\sigma_y}=\frac{R_{xy}(\tau)-\mu_x\mu_y}{\sqrt{R_x(0)-\mu_x^2}\sqrt{R_y(0)-\mu_y^2}} \tag{3-92}$$

标准的互相关系数 $\rho_{xy}(\tau)$ 满足：

$$-1\leqslant\rho_{xy}(\tau)\leqslant 1 \tag{3-93}$$

由式(3-92)得：

$$R_{xy}(\tau)=\sigma_x\sigma_y\rho_{xy}(\tau)+\mu_x\mu_y \tag{3-94}$$

当 $\rho_{xy}(\tau)=\pm1$ 时，$R_{xy}(\tau)$ 的极值为：

$$R_{xy}(\tau)=\mu_x\mu_y\pm\sigma_x\sigma_y \tag{3-95}$$

因此互相关函数的某些特征可用图 3-19 来表示。

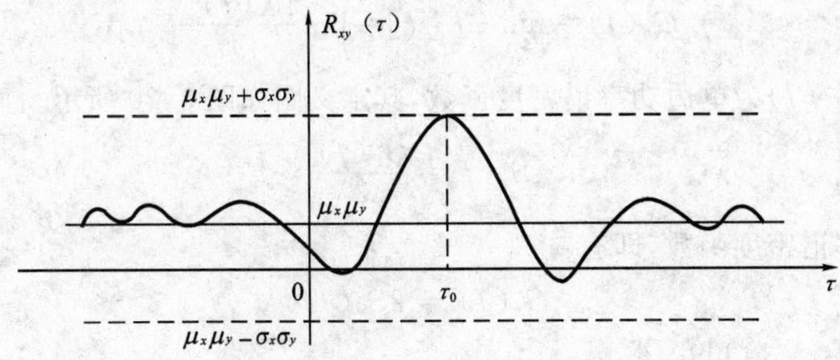

图 3-19　互相关函数的某些特征

3.6　功率谱密度函数

3.6.1　能量谱密度与功率谱密度

从能量的概念出发，根据巴塞伐定律，一个函数 $x(t)$ 的总能量为：

$$\int_{-\infty}^{\infty}|x(t)|^2\mathrm{d}t=\int_{-\infty}^{\infty}|X(f)|^2\mathrm{d}f=\int_{-\infty}^{\infty}X(f)X^*(f)\mathrm{d}f \tag{3-96}$$

所以函数 $x(t)$ 的能量谱密度函数(简称能量谱)为：

$$E[f]=X(f)X^*(f)=|X(f)|^2 \tag{3-97}$$

其中，$X(f)=\int_{-\infty}^{+\infty}x(t)\mathrm{e}^{-\mathrm{j}2\pi ft}\mathrm{d}t$。

当函数 $x(t)$ 具有能量谱时，$x(t)$ 为平方可积函数，即：

$$\int_{-\infty}^{+\infty}x(t)x^*(t)\mathrm{d}t<\infty$$

但是，若 $x(t)$ 的谱 $X(f)$ 包含有一个或数个 δ 函数，即 $x(t)$ 包含正弦和余弦等周期信号时，积分值就不可能小于∞，上式不能成立，所以周期信号不能用能量谱表示。

对于不是平方可积的函数(如周期函数)，当其均方值满足下述极限式时，即：

$$\lim_{T\to\infty}\frac{1}{T}\int_{-T}^{+T}|x(t)|^2\mathrm{d}t<\infty \tag{3-98}$$

则存在功率谱密度函数(简称功率谱)。这时系统中能量传递的平均功率为有限值，功率谱函数可表示为：

$$G_x(f)=\lim_{T\to\infty}\frac{1}{T}X(f)X^*(f)=\lim_{T\to\infty}\frac{|X(f)|^2}{T} \tag{3-99}$$

上式表明，功率谱是整个时间过程中单位时间、单位频率间隔中的能量的平均值。

功率谱适合于周期信号、随机信号和阶跃函数的谱分析，而能量谱更适合于非周期信号，特别是瞬态冲击信号的谱分析。能量谱密度函数公式与功率谱密度函数类似，主要差别是 $E[f]$ 未用 T 除，也没进行 $T\to\infty$ 的极限运算。两者之间的关系为：

$$G_x(f)=\lim_{T\to\infty}\frac{1}{T}E[f]=\lim_{T\to\infty}\frac{|X(f)|^2}{T} \tag{3-100}$$

一般称 $G_x(f)$ 为单边功率谱密度函数，其定义图如图 3-20 所示。而将

$$S_x(f)=\frac{G_x(f)}{2} \tag{3-101}$$

称为双边功率谱密度函数，即有：

$$G_x(f)=2S_x(f) \tag{3-102}$$

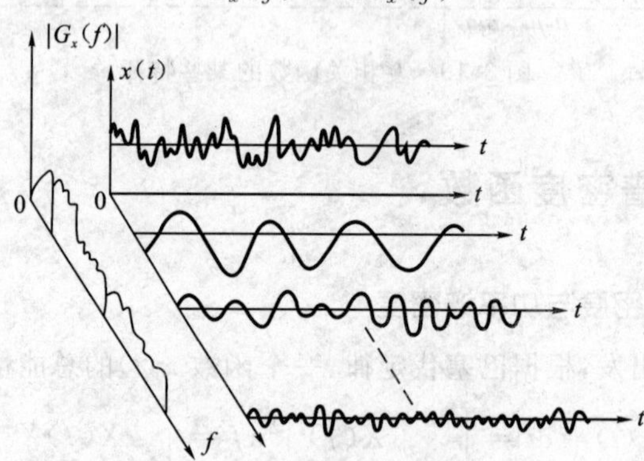

图 3-20　功率谱密度函数定义图

3.6.2 自功率谱密度函数

定义 $S_x(f)$ 为 $x(t)$ 的双边自功率谱密度函数，简称自功率谱密度或自谱密度，其数学表达式为：

$$S_x(f)=\int_{-\infty}^{\infty}R_x(\tau)\mathrm{e}^{-\mathrm{j}2\pi f\tau}\mathrm{d}\tau \tag{3-103}$$

上式表明，自功率谱密度函数 $S_x(f)$ 是自相关函数 $R_x(\tau)$ 的傅里叶积分变换，而

$S_x(f)$的逆变换

$$R_x(\tau)=\int_{-\infty}^{\infty}S_x(f)e^{j2\pi f\tau}df \tag{3-104}$$

也成立，所以 $S_x(f)$与 $R_x(\tau)$是一对傅里叶积分变换对。

双边自功率谱密度函数与幅值频谱的关系为：

$$S_x(f)=\lim_{\pm T\to\infty}\frac{1}{T}|X(f)|^2 \tag{3-105}$$

$S_x(f)$反映信号的频率关系，在这一点上与幅值频谱$|X(f)|$相似。但谱密度函数反映的是信号幅值的平方，因此其频率结构特征更为明显，如图 3-21 所示。自功率谱密度函数是用得最多、最普遍的一种频域函数，在机械故障诊断中应用非常广泛。

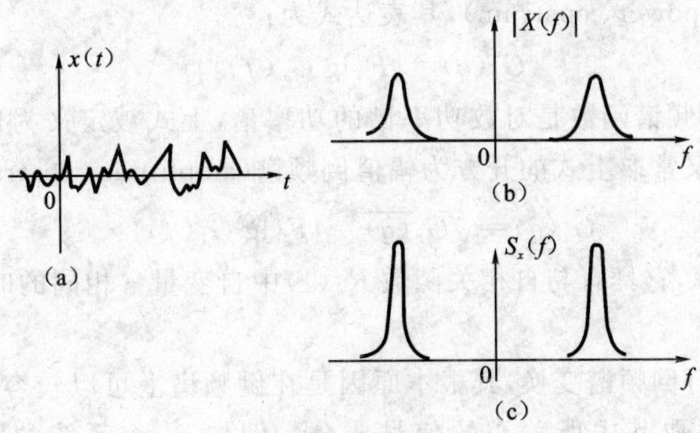

图 3-21 $x(t)$信号的幅值谱和自功率谱

(a) 信号 $x(t)$；(b) 幅值谱；(c) 自功率谱

3.6.3 互功率谱密度函数

互相关函数 $R_{xy}(\tau)$和互功率谱密度函数 $S_{xy}(f)$也是一对傅里叶积分变换对。互功率谱密度函数简称互谱。

$$S_{xy}(f)=\int_{-\infty}^{\infty}R_{xy}(\tau)e^{-j2\pi f\tau}d\tau \tag{3-106}$$

$$R_{xy}(\tau)=\int_{-\infty}^{\infty}S_{xy}(f)e^{j2\pi f\tau}df \tag{3-107}$$

互功率谱密度函数 $S_{xy}(f)$保留了互相关函数 $R_{xy}(\tau)$中的各种信息，不仅含有幅频特性，还含有相位差角信息。互功率谱密度函数的另一个特点是利用它进行分析时不受噪声影响。

3.6.4 相干函数

相干函数 $\gamma_{xy}^2(f)$又称为凝聚函数，定义为：

$$\gamma_{xy}^2(f)=\frac{|S_{xy}(f)|^2}{S_x(f)S_y(f)} \qquad 0\leqslant\gamma_{xy}^2(f)\leqslant 1 \tag{3-108}$$

这是一种用来评价测试系统输入信号和输出信号之间因果性的指标，即系统的输出信号在多大程度上是由输入所引起的响应。在特定的某个频率 f 下，如果 $\gamma_{xy}^2(f)=0$，则此两个信号在此频率下是不相干的。如果 $\gamma_{xy}^2(f)=1$，则此两个信号是完全相干的。必须注意，为得到正确的相干函数，$S_x(f)$，$S_y(f)$和 $S_{xy}(f)$必须在完全相同的条件(滤波器带宽、记录长度等)下求出，否则求出的相干函数将会出现很大的误差。

3.6.5 倒频谱函数

时域信号 $x(t)$经傅里叶变换后转换为频域函数 $X(f)$或单边功率谱密度函数 $G_x(f)$，如果将 $G_x(f)$取对数后再进行一次傅里叶变换并取其平方，则可得到它的倒频谱函数 $G_p(q)$(power cepstrum)，其表达式为：

$$G_p(q)=|F\{\lg G_x(f)\}|^2 \tag{3-109}$$

也就是说，倒频谱函数是对数功率谱的功率谱，上式被定义为信号 $x(t)$的功率倒频谱。工程上又常取上式的开方为幅值倒频谱(amplitude cepstrum)，记为：

$$G_a(q)=\sqrt{G_p(q)}=|F\{\lg G_x(f)\}| \tag{3-110}$$

q 称为倒频率，它具有与自相关函数 $R_x(\tau)$中自变量 τ 相同的时间量纲，一般以毫秒(ms)计算。

对功率谱进行倒频谱变换，其根本原因是在倒频谱上可以较容易地识别信号的组成分量，便于提取其中所关心的信号成分。例如，一个系统的脉冲响应函数是 $h(t)$，输入为 $x(t)$，那么输出信号 $y(t)$等于 $x(t)$和 $h(t)$的卷积，即 $y(t)=x(t)*h(t)$，三者关系如图 3-22 所示。倒频谱的作用就是将此卷积变成简单的叠加。

对 $y(t)=x(t)*h(t)$两边取傅里叶变换，时域中的卷积被转换成频域中的相乘(卷积定理)。

$$Y(f)=X(f)\cdot H(f) \tag{3-111}$$

将式(3-111)取幅值平方，便得到功率谱的关系式：

$$G_y(f)=G_x(f)\cdot|H(f)|^2 \tag{3-112}$$

令 $G_h(f)=|H(f)|^2$ 并在式(3-112)两边取对数，得：

$$\lg G_y(f)=\lg G_x(f)+\lg|G_h(f)|$$

由于傅里叶变换的线性性质，这个相加关系保留在倒频谱中：

$$F\{\lg G_y(f)\}=F\{\lg G_x(f)\}+F\{\lg|G_h(f)|\}$$

即：

$$G_y(q)=G_x(q)+G_h(q) \tag{3-113}$$

上式在倒频域上表示，如图 3-23 所示。

从图 3-23(b)可见，图由两部分组成：一部分是高倒频率 q_2，在倒频谱图上形成

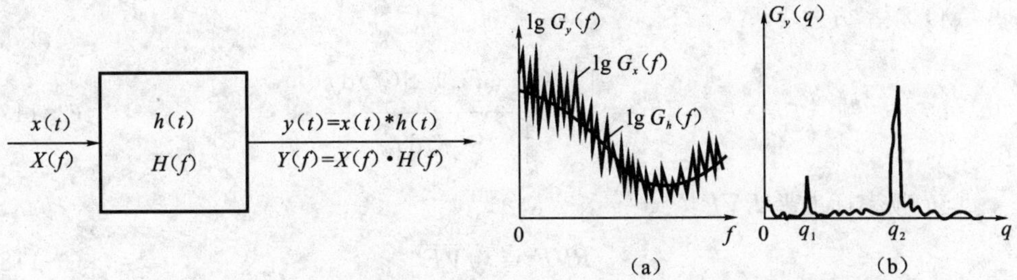

图3-22　系统的输入、输出与传递函数　　　图3-23　源信号谱、传递函数谱与倒谱

波峰；另一部分是低倒频率 q_1，在倒频谱图左侧，靠近零倒频率。前者表示源信号特征，而后者表示系统响应，各自在倒频谱图上占有不同的倒频率范围。

通过上述分析可知，倒频谱分析技术可适用于：

(1) 机械故障诊断。当机械故障信号在频谱图上出现难以识别的多簇调制边频时，可用倒频谱分析技术分解和识别故障频率，分析并诊断产生故障的原因和部位。

(2) 语音和回声问题，求解卷积问题。对于振源或声源信号受传递系统(或途径)影响构成的合成信号，采用倒频谱分析技术可以分离和提取源信号或系统影响，有利于对不同目标信号特征进行分别研究。

3.7　其他频域参数

信号的功率谱反映了信号的能量随频率的分布情况。当信号中各频率成分的能量发生变化时，功率谱成分的能量比也发生变化。另外，当信号的频率成分增多时，功率谱上能量的分布将表现为分散；当信号的频率成分减少时，功率谱上能量的分布将表现为集中。由此可以看出，通过描述功率谱中主频带位置的变化以及谱上能量分布的分散程度，可以较好地描述信号频域特征的变化。

频域参数指标主要有以下几个：

(1) 重心频率 FC：

$$FC=\frac{\int_0^{+\infty} fS(f)\mathrm{d}f}{\int_0^{+\infty} S(f)\mathrm{d}f} \tag{3-114}$$

(2) 均方频率 MSF：

$$MSF=\frac{\int_0^{+\infty} f^2S(f)\mathrm{d}f}{\int_0^{+\infty} S(f)\mathrm{d}f} \tag{3-115}$$

(3) 均方根频率 $RMSF$：

$$RMSF=\sqrt{MSF} \tag{3-116}$$

(4) 频率方差 VF：

$$VF = \frac{\int_0^{+\infty}(f - FC)^2 S(f)\mathrm{d}f}{\int_0^{+\infty} S(f)\mathrm{d}f} \tag{3-117}$$

(5) 频率标准差 RVF：

$$RVF = \sqrt{VF} \tag{3-118}$$

式中　$S(f)$——信号的功率谱。

重心频率 FC、均方频率 MSF 和均方根频率 $RMSF$ 都是描述功率谱主频带位置变化的，而频率方差 VF 和频率标准差 RVF 描述谱能量的分散程度。频域参数指标也可以用于机械设备的故障诊断，如可对滚动轴承的故障进行粗略判断。当轴承无故障时，频率成分主要在低频，FC 较小；当出现局部损伤类故障时，由于冲击引起共振，所以主频区右移，FC 增加。

3.8 信号的传递函数分析

3.8.1 传递函数的导出

设有一个线性系统，在时刻 $t=0$ 时有一单位脉冲输入 $x(t)=\delta(0)$，此时相应的输出为 $y(t)=h(t)$，则 $h(t)$ 称为系统的脉冲响应，如图 3-24(a)所示。

现在考虑系统的输入为 $x(t)$，则可将 $x(t)$ 看成是一系列连续的脉冲，如图 3-24(b)所示。在时刻 τ 时，脉冲的幅值为 $x(\tau)$，这时的输出为 $x(\tau)h(t-\tau)$。

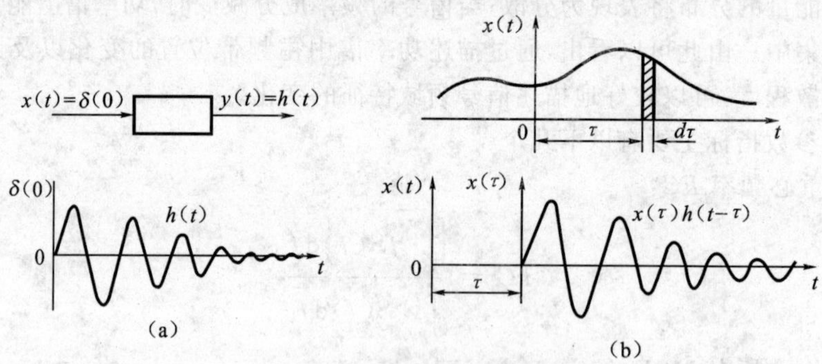

图 3-24　线性系统的脉冲响应

(a) $t=0$ 时；(b) $t=\tau$ 时

由于输入 $x(t)$ 自 $-\infty$ 到时刻 t 产生的输出为：

$$y(t) = \int_{-\infty}^{t} x(\tau)h(t-\tau)\mathrm{d}\tau$$

而从时刻 t 到 $+\infty$ 区间，$y(t)=0$，故积分上限可延长到 $+\infty$。

$$y(t) = \int_{-\infty}^{\infty} x(\tau)h(t-\tau)\mathrm{d}\tau \tag{3-119}$$

或写作：

$$y(t) = x(t) * h(t) \tag{3-120}$$

即输出 $y(t)$等于输入 $x(t)$与系统脉冲响应 $h(t)$的卷积。对式(3-119)进行频域变换：

$$Y(f) = \int_{-\infty}^{\infty} \left[\int_{-\infty}^{\infty} x(\tau)h(t-\tau)\mathrm{d}\tau\right]\mathrm{e}^{-\mathrm{j}2\pi ft}\mathrm{d}t$$

取变量 $p=t-\tau$,则有：

$$\begin{aligned} Y(f) &= \int_{-\infty}^{\infty} \mathrm{e}^{-\mathrm{j}2\pi f(p+\tau)}\mathrm{d}p \cdot \int_{-\infty}^{\infty} x(\tau)h(p)\mathrm{d}\tau \\ &= \int_{-\infty}^{\infty} h(p)\mathrm{e}^{-\mathrm{j}2\pi fp}\mathrm{d}p \cdot \int_{-\infty}^{\infty} x(\tau)\mathrm{e}^{-\mathrm{j}2\pi f\tau}\mathrm{d}p \\ &= H(f) \cdot X(f) \end{aligned} \tag{3-121}$$

式中 $X(f)$,$Y(f)$——分别为 $x(t)$和 $y(t)$的幅值谱；

$H(f)$——系统的频响函数。

$H(f)$在工程中也常称为传递函数。

式(3-121)表明,时域中的卷积可化为频域中的乘积。

如果在式(3-121)两端乘以各自的共轭并取数学期望值,则有：

$$S_y(f) = |H(f)|^2 S_x(f) \tag{3-122}$$

上式反映了输入与输出功率谱密度和传递函数间的重要关系。与此同时,如果在式(3-121)两端乘以 $X(f)$的共轭并取数学期望值,则有：

$$Y(f)X^*(f) = H(f)X(f)X^*(f)$$

即：

$$S_{xy}(f) = H(f)S_x(f) \tag{3-123}$$

由于 $S_x(f)$是实偶函数,因此传递函数的相位变化完全取决于互功率谱密度函数的相位变化。与式(3-122)不同的是,式(3-123)中输入与输出的相位关系完全被保留下来,而且输入的形式不受限制,不一定要求是正弦波、脉冲函数,可以是随机噪声,也可以是正常工作状态的系统输入。这样,在确定系统的传递函数时就不会受到系统内部噪声的干扰,不会影响系统的正常工作。

频响函数与单位脉冲函数也存在内在的联系,它们互为傅里叶变换,即：

$$F(f) = \int_{-\infty}^{\infty} h(t)\mathrm{e}^{-\mathrm{j}2\pi ft}\mathrm{d}t$$

$$h(t) = \frac{1}{2\pi}\int_{-\infty}^{\infty} H(f)\mathrm{e}^{\mathrm{j}2\pi ft}\mathrm{d}f$$

3.8.2 传递函数的应用

在机械故障诊断中经常要用到线性系统的传递函数。例如，在对超声或声发射监测系统进行频域分析时，必须考虑系统中各个环节的传递函数。又如，对于轴承缺陷在运行中所造成的撞击脉冲，由安装在机壳外部的加速度计接收时，也要考虑机壳的传递函数。

另外，传递函数的对比还可用作故障诊断。

某卫星在实验室做如下实验。为诊断卫星的结构强度，在卫星进行高级实验之前，先将卫星放在振动台上作一定振级的实验，施加频率范围为5～100 Hz 的频谱随机振动，振级为正式随机振动振级的2%，测量卫星上某点的频响函数，其实部、虚部如图3-25中实线所示。然后进行正式强度实验。最后再按上述2%振级实验同时测其频响函数，如图3-25中虚线所示。从图中看出，在15 Hz，25 Hz 处实验前后频响函数变化较大，由此可以诊断内部零件有损坏。经检查确实发现卫星内波导管的连接件松动。经过修复后，再重复进行实验，在同样条件下测得其频响函数的实部、虚部如图3-26所示。从图中可以看出，各频率处实线、虚线变动很小，可以认为经过例行实验后卫星结构没有损坏。

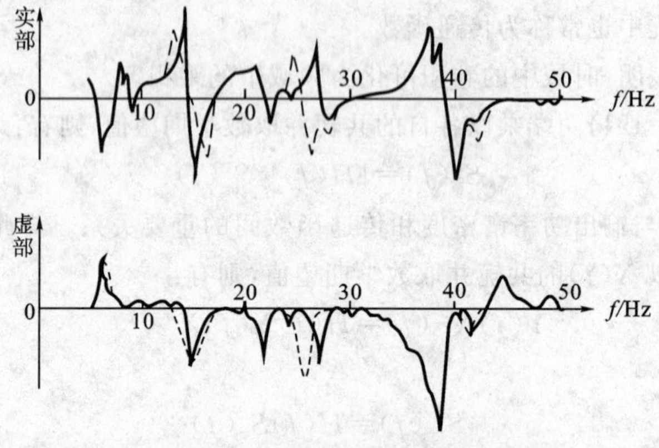

图3-25 检修前强度实验前后频响函数

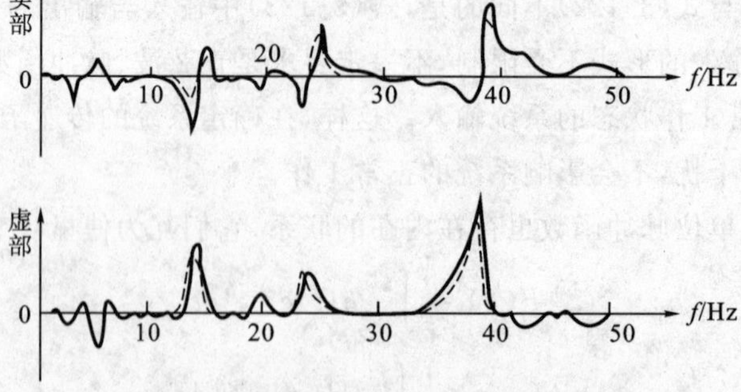

图3-26 检修后强度实验前后频响函数

3.9 信号处理的其他技术

3.9.1 采样定理

对模拟信号进行采样，当符合采样定理时，采样得到的离散信号可以按一定方式恢复出原来的连续信号。

假设连续信号 $x(t)$ 的频谱为 $X(f)$，以采样间隔 Δt 采样得到的离散信号为 $x(n\Delta t)$。如果频谱 $X(f)$ 和采样间隔 Δt 满足下式（式中的 f_c 为信号的截止频率）：

$$X(f)=0 \qquad (f \geqslant f_c) \tag{3-124}$$

$$\Delta t \leqslant \frac{1}{2f_c} \quad 或 \quad f_c \leqslant \frac{1}{2\Delta t} \tag{3-125}$$

则可由离散信号 $x(n\Delta t)$ 完全确定连续信号 $x(t)$：

$$x(t) = \Delta t \sum_{n=-\infty}^{+\infty} x(n\Delta t) \frac{\sin 2\pi f_c (t-n\Delta t)}{\pi(t-n\Delta t)} \tag{3-126}$$

$x(t)$ 也可由下式唯一确定：

$$x(t) = \Delta t \sum_{n=-\infty}^{+\infty} x(n\Delta t)\delta(t-n\Delta t) \tag{3-127}$$

式中，$\delta(t-n\Delta t)$ 为狄里克莱脉冲函数。

采样定理提供了一个选择采样间隔 Δt 的标准：$\Delta t \leqslant \frac{1}{2f_c}$。如果 $\Delta t > \frac{1}{2f_c}$，将会产生混叠效应。在进行数据处理时，一般取 $\Delta t < (2.5 \sim 5)/f_c$。$\Delta t$ 取值过小将大大增加数据处理的计算时间。定理要求 $x(t)$ 是有限带宽的信号，即对于高于 f_c 的频率，$x(t)$ 的频谱值为零。实际上，这个条件是很少存在的。解决的办法是选择采样间隔 Δt，使混叠效应可以忽略不计。必要时应在信号采样前对信号进行模拟滤波，或在采样后对离散信号进行数字滤波，以尽可能保证它是一个有限带宽的函数。

3.9.2 数据中趋势项的消除方法

由于各种原因，测试波形的基线会产生偏移。当进行数据处理时如果不进行修正，就会产生较大的误差。

基线修正及趋势项消除的依据是通过对物理模型、信号特征的分析，给出合理的边界、初始条件来求出修正函数的系数。修正函数一般采用多项式。对于瞬态冲击数据的基线修正，主要方法有常量修正法、一次方修正法、二次方修正法和三次方修正法等，具体做法可参考有关文献。下面着重介绍消除稳态波形和随机波形趋势项的方法。

在对稳态波形和随机波形进行长时间测量时，往往使测试信号产生一种趋势性畸变。此外，对这种信号进行积分时，由于初始条件不清楚，积分后的波形也产生趋势性畸变。消除这类趋势项经常采用最小二乘法，它既可以消除线性状态的基线偏移，也可以消除具有高阶多项式的趋势项。

设记录样本为$\{x_n\}(n=0,1,2,\cdots,N-1)$，采样间隔为$\Delta t$。假如要用一个$m$次多项式来拟合这些数据中的趋势项：

$$\delta=b_0+b_1t+\cdots+b_mt^m \tag{3-128}$$

时刻$T=n\Delta t(n=0,1,2,\cdots,N-1)$时，$\delta$的值为：

$$\delta_n=\delta(n\Delta t)=\sum_{l=0}^{m}b_l(n\Delta t)^l \tag{3-129}$$

选择系数b_l，使组成的总误差项$Q(b)$为最小。

$$Q(b)=\sum_{n=0}^{N-1}(x_n-\delta_n)^2\sum_{n=0}^{N-1}\left[x_n-\sum_{l=0}^{m}b_l(n\Delta t)^l\right]^2 \quad (k=0,1,2,\cdots,m) \tag{3-130}$$

将式(3-130)对b_l求偏导，令其为零。经整理后可得到关于b_l的线性方程组：

$$\sum_{l=0}^{m}b_l\sum_{n=0}^{N-1}(n\Delta t)^{l+k}=\sum_{n=0}^{N-1}x_n(n\Delta t)^k \quad (k=0,1,2,\cdots,m) \tag{3-131}$$

由上式可以解得系数$b_l(l=1,2,\cdots,m)$。例如，当$m=0$时，若$k=0$，可求得：

$$b_0=\frac{1}{N}\sum_{n=0}^{N-1}x_n=\overline{x} \tag{3-132}$$

这说明基线修正要从原信号中减去平均值$\overline{x}$。

当$m=1,k=0,1$时，未知系数只有b_0和b_1两个，其值为：

$$b_0=\frac{2(2N+1)\sum\limits_{n=0}^{N-1}x_n-6\sum\limits_{n=0}^{N-1}nx_n}{N(N-1)} \tag{3-133}$$

$$b_1=\frac{12\sum\limits_{n=0}^{N-1}nx_n-6(N-1)\sum\limits_{n=0}^{N-1}x_n}{\Delta tN(N-1)(N+1)} \tag{3-134}$$

则趋势项为：

$$\delta=b_0+b_1t \tag{3-135}$$

$$\delta_n=b_0+b_1(n\Delta t) \tag{3-136}$$

消除趋势项后的数据为：

$$x_c=x(t)-\delta \tag{3-137}$$

或

$$x_{nc}=x(n\Delta t)-b_0-b_1(n\Delta t) \tag{3-138}$$

消除线性趋势项的示例如图3-27所示。依据上法，同样可以求出多个b_l，通过l阶多项式消除高阶趋势项，从而消除由实测波形弯曲引起的零线误差。

3.9.3 谱泄漏与窗函数

若在某一域内对信号的观察仅局限于一定宽度，则信号将被截断，从而会在另一

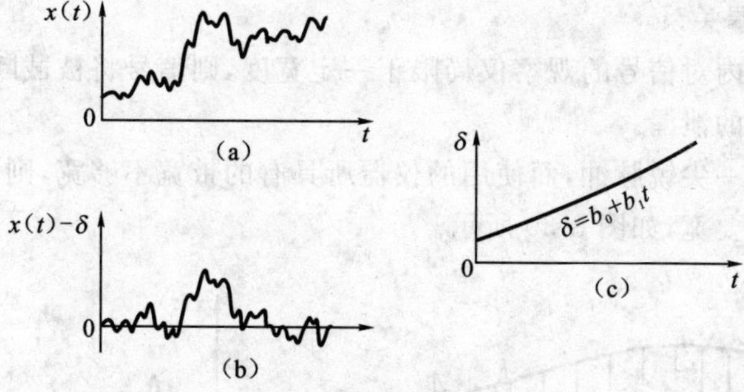

图 3-27　消除线性趋势项的示例图

(a) 有趋势项的波形图 $x(t)$；

(b) 消除趋势项后的波形图 $x_c(t)=x(t)-\delta$；(c) 趋势项

域内引起相应的泄漏。如果试图测量一个尖锐的脉冲，而使用的仪器所具有的带宽不够宽，那么所测得的脉冲就会比原来本身的要宽。若测量一衰减的共振峰时所用的观察时间比衰减时间短，那么观察到的共振峰就会很宽。

泄漏导致了与离散傅里叶变换的记录长度相关的非线性误差。

1. 时间-频率关系

数据通常可用时间或频率两个不同的域来表达，它们所给出的信息相同，仅是表示方法不同。在某一域内表示为宽态的过程，在另一域内则表示为窄态。

窄态脉冲的频谱自 0 Hz 一直到很高的频率，其频带范围很宽，如图 3-28 所示。

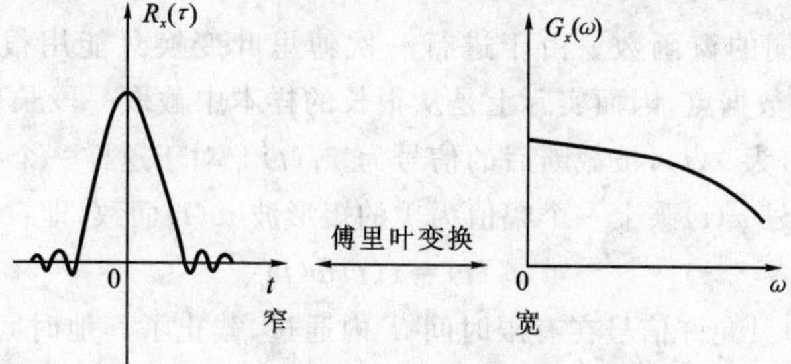

图 3-28　窄态脉冲的频谱

连续的正弦信号在频谱中仅表示为一根直线，如图 3-29 所示。

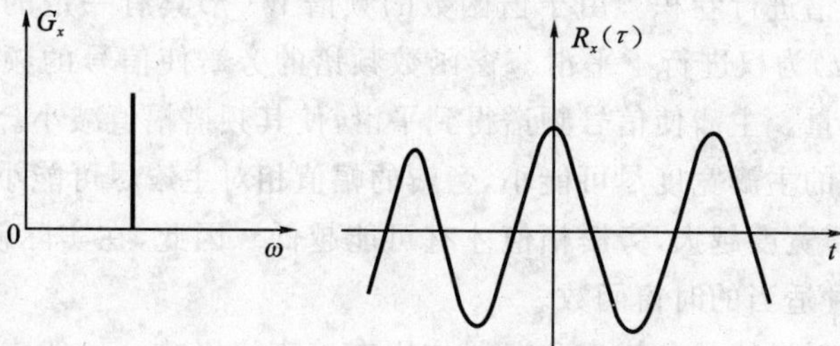

图 3-29　连续的正弦信号的频谱

2. 截断-泄漏关系

若在某一域内对信号的观察仅局限于一定宽度，则信号将被截断，从而会在另一个域内引起相应的泄漏。

若试图测量一尖锐脉冲，而使用的仪器所具有的带宽不够宽，则所测得的脉冲会比它原来本身的要宽，如图 3-30 所示。

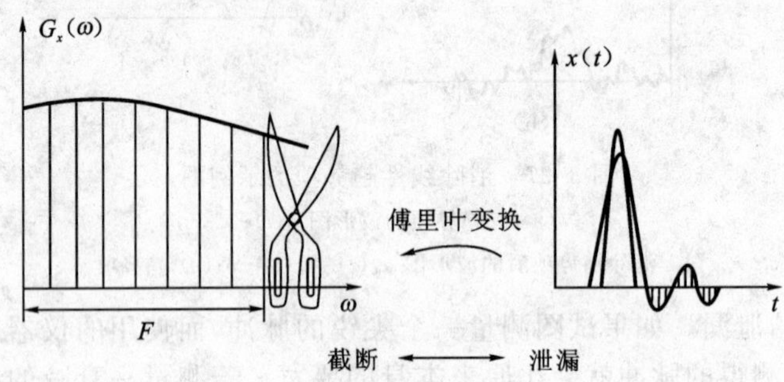

图 3-30 截断-泄漏之关系

3. 窗函数

为了减少频谱泄漏，可采用两种方法：

(1) 增加信号的记录时间 T_1，当 $T_1\to\infty$ 时，截断后的信号 $x_T(t)$ 的频谱为 $X(f)$，由于 T_1 增加，减少了频谱窗的频率范围，因而减少了参加平滑的频谱的数量，于是减少了泄漏。

(2) 采用不同的窗函数。由于进行一次傅里叶变换只能用很少的数据点，如 1 024 或2 048 个数据点，因而实际上是从很长的样本中截取一段长度有限的信号进行变换，如原信号为 $x(t)$，被截断后的信号为 $x_T(t)$。对于这样一个有限长度的数据可以认为是原信号 $x(t)$ 乘上一个幅值为 1 的矩形波 $w(t)$ 而致，即：

$$x_T(t)=x(t)w(t)$$

由于矩形波 $w(t)$ 只允许信号在有限时间 T 内通过，截止了其他时间的信号，因此形象地称 $w(t)$ 为窗函数，这里的矩形波就被称为矩形窗。

对分析信号在时域加窗，相当于时域信号与窗函数相乘，在频域相当于时域信号的谱与窗函数的谱进行卷积。由于窗函数的频谱 $W(f)$ 具有一定的宽度，因此使信号的频谱以 $W(f)$ 为权进行了平滑。窗函数频谱的旁瓣使信号的频谱产生波动，引起虚假的频率分量。主瓣使信号频谱得到平滑，使其频谱幅值减小。选取窗函数时，希望窗函数频谱的主瓣宽度尽可能小，旁瓣的幅值相对主瓣尽可能小，但这两者是矛盾的，即只有主瓣宽度越大，旁瓣幅值才有可能越低。因此，在实际使用中要采取折衷方案，选择一种适当的时窗函数。

时窗的长度对谱线的分辨率和泄漏作用有着直接影响。一般来说，时窗长度 T 越长，分辨率越高，信号的泄漏越小。在处理数据时采用什么时窗，应根据分析信号的具体特性来决定。如在分析随机信号时，多选用汉宁窗和平顶余弦时窗；在分析瞬态冲击信号时，多采用力窗和响应指数窗。

为了直观起见，表 3-8 给出了几种常用的窗函数。

表 3-8　常用窗函数

窗函数名称	窗函数时间历程及图形	频谱窗及图形
矩形窗	$w(t)=\begin{cases}1, & \lvert t\rvert\leqslant \frac{T_1}{2}\\ 0, & \lvert t\rvert>\frac{T_1}{2}\end{cases}$ 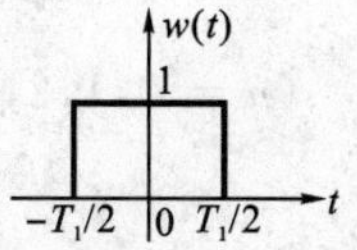	$W(f)=\sin \pi f T_1/(\pi f)$ 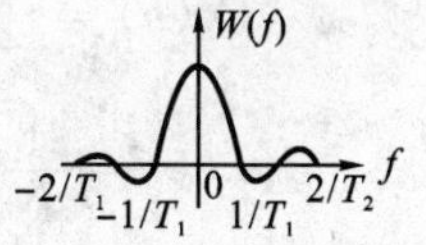
余弦坡度窗	$w(t)=\begin{cases}0, & \lvert t\rvert>\frac{T_1}{2}\\ \cos^2\left(\frac{5\pi}{T}t\right), & \frac{4T_1}{10}\leqslant\lvert t\rvert\leqslant\frac{T_1}{2}\\ 1, & \lvert t\rvert\leqslant\frac{4}{10}T_1\end{cases}$ 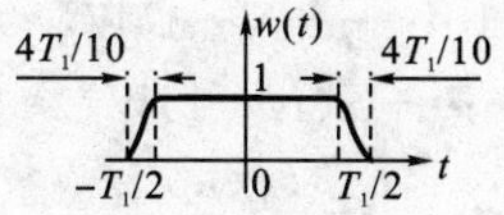	$W(f)=\frac{1}{2\left[1-\left(\frac{fT_1}{5}\right)^2\right]}\cdot\left\{\frac{\sin \pi f T_1}{\pi f}+\frac{4}{5}\frac{\sin\frac{4}{5}\pi f T_1}{\frac{4}{5}\pi f}\right\}$ 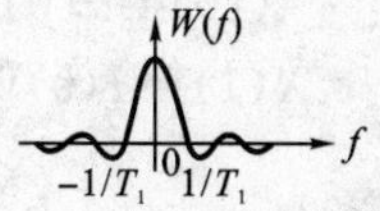
三角窗	$w(t)=\begin{cases}1-\frac{2\lvert t\rvert}{T_1}, & \lvert t\rvert\leqslant\frac{T_1}{2}\\ 0, & \lvert t\rvert>\frac{T_1}{2}\end{cases}$ 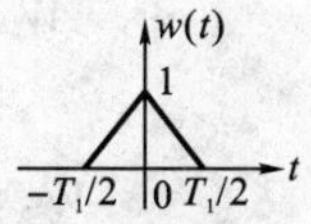	$W(f)=\frac{\sin(\pi f T_1/2)}{\pi f T_1/2}\cdot\frac{T_1}{2}$ 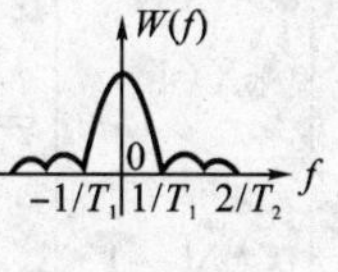
汉宁窗 (Hanning)	$w(t)=\begin{cases}\frac{1}{2}\left(1+\cos\frac{2\pi}{T_1}t\right), & \lvert t\rvert\leqslant T_1/2\\ 0, & \lvert t\rvert>T_1/2\end{cases}$ 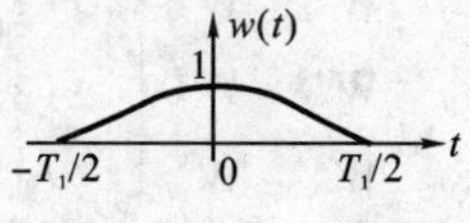	$W(f)=\frac{\sin \pi f T_1}{2\pi f}\cdot\frac{1}{1-(fT_1)^2}$ 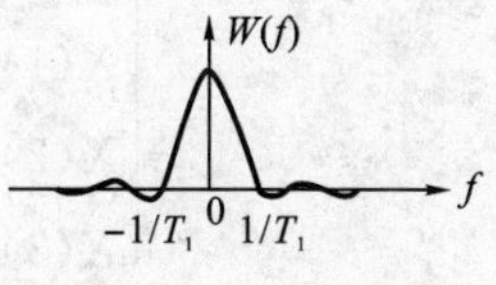
哈明窗 (Hamming)	$w(t)=\left(0.54+0.46\cos\frac{2\pi t}{T_1}\right)$ 从哈明窗和汉宁窗的时间历程可知，它们的函数形式相同，只是系数不同，但哈明窗比汉宁窗在清除副瓣效应方面的效果更好。	

3.10 快速傅里叶变换

3.10.1 概述

离散信号的时域-频域转换是依靠离散傅里叶变换(DFT)来实现的。设时域中的离散信号为 $X(n)$,$n=0,1,\cdots,N-1$,其频域变换为 $x(k)$,则有:

$$X(n)=\sum_{k=0}^{N-1}x(k)\mathrm{e}^{-\mathrm{j}2\pi nk/N}\qquad(n=0,1,2,\cdots,N-1)\tag{3-139}$$

$$x(k)=\frac{1}{N}\sum_{n=0}^{N-1}X(n)\mathrm{e}^{\mathrm{j}2\pi nk/N}\qquad(n=0,1,2,\cdots,N-1)\tag{3-140}$$

若令 $W_N=\mathrm{e}^{-\mathrm{j}2\pi/N}$,则上述两式可记为:

$$X(n)=\sum_{k=0}^{N-1}x(k)W_N^{nk}\qquad(n=0,1,2,\cdots,N-1)\tag{3-141}$$

$$x(k)=\frac{1}{N}\sum_{n=0}^{N-1}X(n)W_N^{-nk}\qquad(n=0,1,2,\cdots,N-1)\tag{3-142}$$

将式(3-141)展开可写作:

$$X(0)=x(0)W_N^0+x(1)W_N^0+\cdots+x(N-1)W_N^0\qquad(n=0)$$

$$X(1)=x(0)W_N^0+x(1)W_N^1+\cdots+x(N-1)W_N^{N-1}\qquad(n=1)$$

……

$$X(N-1)=x(0)W_N^0+x(1)W_N^{N-1}+\cdots+x(N-1)W_N^{(N-1)^2}\qquad(n=N-1)$$

将上述代数方程用矩阵表示为:

$$\begin{bmatrix}X(0)\\X(1)\\\vdots\\X(N-1)\end{bmatrix}=\begin{bmatrix}W_N^0 & W_N^0 & W_N^0 & \cdots & W_N^0\\W_N^0 & W_N^1 & W_N^2 & \cdots & W_N^{N-1}\\\vdots & & & & \vdots\\W_N^0 & W_N^{N-1} & W_N^{2(N-1)} & \cdots & W_N^{(N-1)^2}\end{bmatrix}\begin{bmatrix}x(0)\\x(1)\\\vdots\\x(N-1)\end{bmatrix}\tag{3-143}$$

当 $N=4$ 时,式(3-143)又可写成:

$$\begin{bmatrix}X(0)\\X(1)\\X(2)\\X(3)\end{bmatrix}=\begin{bmatrix}W_N^0 & W_N^0 & W_N^0 & W_N^0\\W_N^0 & W_N^1 & W_N^2 & W_N^3\\W_N^0 & W_N^2 & W_N^4 & W_N^6\\W_N^0 & W_N^3 & W_N^6 & W_N^9\end{bmatrix}\begin{bmatrix}x(0)\\x(1)\\x(3)\\x(4)\end{bmatrix}\tag{3-144}$$

由式(3-144)可以看出,若计算所有的离散值 $X(n)$,由于 W_N 和 $x(k)$ 可能都是复数值,故需要进行 $N^2=4^2=16$ 次复数乘法和 $N(N-1)=4\times(4-1)=12$ 次复数加法运算。已知一次复数乘法等于四次实数乘法,一次复数加法等于两次实数加法。因此,对大的 N 来说(数据处理中一般取 $N=1\ 024$),这是一个相当大的运算量。可见,虽然有了 DFT 理论及计算方法,但因计算工作量大,计算时间长而限制了实际应用。为了提高对 DFT 的计算速度，1965 年美国学者库利-图基提出了快速算法，即 FFT 算法，它的特点是大大节约了计算时间并提高了计算精度。

3.10.2 时间抽取法

下面介绍 FFT 方法中常用的时间抽取方法。

为了推导方便，将离散的傅里叶变换式写作如下形式：

$$X_n = \sum_{k=0}^{N-1} x_k \exp(-\mathrm{j}2\pi nk/N) \tag{3-145}$$

式中，$X_n = X(n)$，$n=0,1,2,\cdots,N-1$；$x_k = x(k_T)$。

FFT 的基本思想是将整个数据序列$\{x_k\}$分隔成若干较短的序列作 DFT 计算，然后用巧妙的方法将它们合并起来，得到整个序列$\{x_k\}$的 DFT。

例如，一个数据序列$\{x_k\}$，$k=0,1,2,\cdots,N-1$，是由图 3-31(a)所示的波形获得的，其中点数 N 是偶数。将它们分成图 3-31(b)和(c)所示的两个较短的序列$\{y_k\}$和$\{z_k\}$，其中 $y_k = x_{2k}$，$z_k = x_{2k+1}$，$k=0,1,2,\cdots,\dfrac{N}{2}-1$。图 3-31(a)中 $N=8$，图 3-31(b)和(c)中 $k=0,1,2,3$。这两个短序列的 DFT 为：

$$\left.\begin{aligned} Y_n &= \sum_{k=0}^{N/2-1} y_k \exp\left(-\mathrm{j}\,\frac{2\pi nk}{N/2}\right) \\ Z_n &= \sum_{k=0}^{N/2-1} z_k \exp\left(-\mathrm{j}\,\frac{2\pi nk}{N/2}\right) \end{aligned}\right\} \tag{3-146}$$

其中，$n=0,1,2,\cdots,\dfrac{N}{2}-1$。

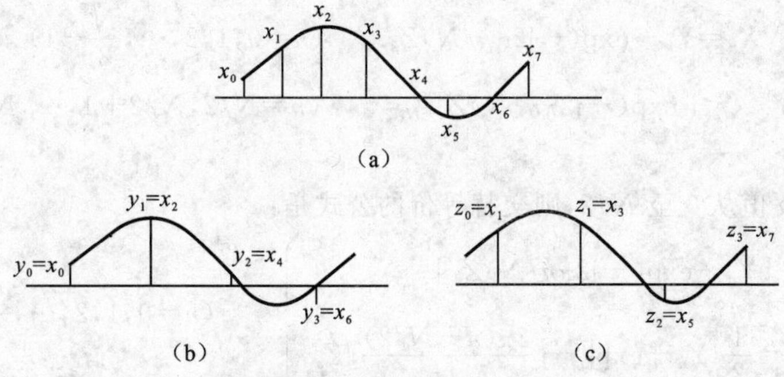

图 3-31　时间抽取方法示意图

现回到原始序列$\{x_k\}$的 DFT 计算上来，首先将$\{x_k\}$序列中的奇数项和偶数项分开，得：

$$\begin{aligned} X_n &= \sum_{k=0}^{N-1} x_k \exp(-\mathrm{j}2\pi nk/N) \\ &= \sum_{k=0}^{N/2-1} x_{2k} \exp[-\mathrm{j}2\pi n(2k)/N] + \sum_{k=0}^{N/2-1} x_{2k+1} \exp[-\mathrm{j}2\pi n(2k+1)/N] \end{aligned}$$

将 $y_k=x_{2k}$，$z_k=z_{2k+1}$ 代入，则得：

$$X_n = \sum_{k=0}^{N/2-1} y_k \exp\left(-\mathrm{j}\,\frac{2\pi nk}{N/2}\right)+\sum_{k=0}^{N/2-1} z_k \exp\left(-\mathrm{j}\,\frac{2\pi nk}{N/2}\right)\exp\left(-\mathrm{j}\,\frac{2\pi n}{N}\right) \tag{3-147}$$

比较式(3-146)和式(3-147)可以看出：

$$X_n = Y_n + \exp(-\mathrm{j}2\pi n/N) Z_n \quad (n=0,1,2,\cdots,N/2-1) \tag{3-148}$$

因此，原始序列$\{x_k\}$的 DFT 可以按照式(3-148)的方法直接从两个半序列 y_k 和 z_k 的 DFT 得出。

式(3-148)是 FFT 算法的核心方程。如果序列$\{x_k\}$中原始采样数 N 是 2 的幂次，则对每个半序列$\{y_k\}$和$\{z_k\}$，它们自己又可以再分为 1/4 序列、1/8 序列等，直到最后的子序列成为各剩一项为止。单项数列的 DFT 就等于单项自身，即：

$$X_n = \sum_{k=0}^{N-1} x_k \exp(-\mathrm{j}2\pi nk/N) = x_0 \tag{3-149}$$

其中 $N=1$，$k=0$，$n=0$，所以只要合并单项数列的 DFT 就可求得原始序列中的 DFT。式(3-148)只适用于 0 至 $N/2-1$ 之间的 n 值，即它只适用于 X_n 序列的一半系数。而实际需要的是包含从 0 至 $N-1$ 整个 n 范围内的 X_n，因此式(3-148)中还要加进 $N/2\leqslant n\leqslant N-1$ 的一半系数。这可以利用 Y_n 与 Z_n 对 n 是周期的条件，以 $N/2$ 为周期重复其自身，从而有：

$$\left.\begin{aligned} Y_{n+N/2}&=Y_n \\ Z_{n+N/2}&=Z_n \end{aligned}\right\} \tag{3-150}$$

于是由 Y_n 和 Z_n 计算 X_n 的完整公式是：

$$X_n=Y_n+\exp(-\mathrm{j}2\pi n/N)Z_n \quad \left(n=0,1,2,\cdots,\frac{N}{2}-1\right) \tag{3-151}$$

$$X_n=Y_{n+N/2}+\exp(-\mathrm{j}2\pi n/N)Z_{n+N/2} \quad (n=N/2,N/2+1,\cdots,N-1) \tag{3-152}$$

如果只允许 n 值从 0 至 $N/2$，则交替等价的公式是：

$$\left.\begin{aligned} X_n&=\frac{1}{2}[Y_n+\exp(-\mathrm{j}2\pi n/N)Z_n] \\ X_{n+N/2}&=\frac{1}{2}\{Y_n+\exp[-\mathrm{j}\,\frac{2\pi(n+N/2)}{N}]Z_n\} \end{aligned}\right\} \quad \left(n=0,1,2,\cdots,\frac{N}{2}-1\right) \tag{3-153}$$

将 $\mathrm{e}^{-\mathrm{j}\pi}=-1$ 代入上式，可简化为：

$$\left.\begin{aligned} X_n&=\frac{1}{2}[Y_n+\exp(-\mathrm{j}2\pi n/N)Z_n] \\ X_{n+N/2}&=\frac{1}{2}[Y_n-\exp(-\mathrm{j}2\pi n/N)Z_n] \end{aligned}\right\} \quad \left(n=0,1,2,\cdots,\frac{N}{2}-1\right) \tag{3-154}$$

令 $W_N=\exp(-\mathrm{j}2\pi/N)$ 并代入上式，可得到计算 FFT 的"蝴蝶"型公式（亦称递推公式)：

$$\left.\begin{aligned} X_n &= \frac{1}{2}(Y_n + W_N^n Z_n) \\ X_{n+N/2} &= \frac{1}{2}(Y_n - W_N^n Z_n) \end{aligned}\right\} \tag{3-155}$$

式(3-155)被应用在大多数FFT算法的计算机程序中。

下面举一计算实例。假设$\{x_k\}$只有4项，则分到1/4序列时，分隔序列就只有1项了，可用图3-32来说明此过程。图中的4个1/4子序列的DFT是$\{T_n\}=x_0$，$\{U_n\}=x_2$，$\{V_n\}=x_1$，$\{W_n\}=x_3$。用式(3-154)合并$\{T_n\}$和$\{U_n\}$得$\{Y_n\}$，合并$\{V_n\}$和$\{W_n\}$得$\{Z_n\}$。

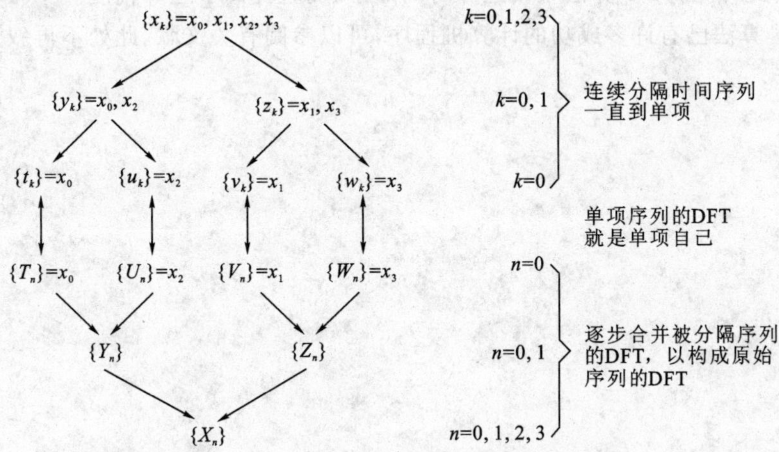

图3-32 $N=4$时时间抽取计算频谱示意图

第一步，由于$N/2=1$，故$N=2$，则$\exp(-\mathrm{j}2\pi/N)=W_n=\mathrm{e}^{-\mathrm{j}\pi}=-1$，所以有：

$$\left.\begin{aligned} Y_0 &= \frac{\{x_0+x_2\}}{2}, \quad Y_1 = \frac{\{x_0-x_2\}}{2} \\ Z_0 &= \frac{\{x_1+x_3\}}{2}, \quad Z_1 = \frac{\{x_0-x_3\}}{2} \end{aligned}\right\} \tag{3-156}$$

进行第二次合并时，由于$N/2=2$，故$N=4$，则$\exp(-\mathrm{j}2\pi/N)=W_n=-\mathrm{j}$，所以有：

$$\left.\begin{aligned} X_0 &= \frac{\{x_0+x_2+x_1+x_3\}}{4} \\ X_1 &= \frac{\{x_0-x_2-\mathrm{j}(x_1-x_3)\}}{4} \\ X_2 &= \frac{\{x_0+x_2-(x_1+x_3)\}}{4} \\ X_3 &= \frac{\{x_0-x_2+\mathrm{j}(x_1-x_3)\}}{4} \end{aligned}\right\} \tag{3-157}$$

可以看出，用 FFT 算得的结果与将$\{x_k\}$代入式(3-145)或用 DFT 直接算得的结果是一样的。

由式(3-157)可见，应用 FFT 算法计算 $N=2^i=2^2=4$ 的 DFT，乘法次数为 $\frac{(i-2)N}{2}+1=1$ 次，加法次数为 $N\log_2 N=8$ 次，显然与直接算法相比乘法减少了 15 次，加法减少了 4 次。若取采样点数 $N=2^i=2^{10}=1\ 024$，则应用 DFT 算法的乘法次数为 $N^2=2^{20}=1.05\times10^6$ 次，应用 FFT 算法的乘法次数为 $8\times1\ 024/2+1=4\ 097$ 次，可见 FFT 算法节约了大量的运算时间。

另一方面，乘法次数越多，由于有效位数是一定的，运算一次就会引入一次舍入误差。由此可见，FFT 算法不仅运算时间短了，而且提高了运算精度。

FFT 算法已有许多成功的计算机程序，可以参阅有关文献，此处不再叙述。

第4章 振动诊断技术

Chapter 4

4.1 振动诊断技术概述

振动诊断技术是机械故障诊断中最常用的一种技术，这主要是因为振动信号中包含着丰富的故障信息，有时还非常直观，其测试或分析的手段、方法和理论也比较成熟，且易于实现在线实时监测和诊断。

机械设备的回转、往复、冲击运动和动力传递等活动都可作为激励源，激励作用在机械设备上产生机械振动。机械振动在机械设备中传播，当振动传播到机械设备零部件表面时，其表面的空气受到扰动而产生声波，因此机械设备及其工作过程中产生的振动和声音包含很多状态信息。采集、分析这些振动和声信号，提取信息，就可能从中诊断出机械设备及其工作过程中的状态，这就是振动诊断技术的基本原理。

在诊断参量的选择上，一般认为低频时的振动强度与位移成正比，中频时的振动强度与速度成正比，高频时的振动强度与加速度成正比。对表征设备状态的振动，主要频率在 1 kHz 以下时常按振动速度诊断，在 1 kHz 以上时按振动加速度诊断。宽频带测量及冲击实验通常选用振动加速度作为测量指标。对于振动频率在 10 Hz 以下而位移量较大的大型结构的振动，常测取其位移变化量。一些高速旋转机械的旋转精度要求较高，振动测量也多选用位移变化量。

振动速度的大小是诊断设备是否正常的最佳指标之一。振动的破坏势能正比于振动所耗散的动能。国际标准 ISO 2372 和 ISO 3945 将设备轴承座壳体上的振动速度值作为判断设备状态的标准，见表 4-1。这种用全频域的振动速度值进行的诊断一般是有效的，特别是对机械设备整体状态的故障有较强的诊断能力，但它对早期故障反应不灵敏。必须针对不同机械设备的工作特点和振动情况，充分利用先进的振动测试和分析仪器，利用各种不同的信号处理方法对振动信号进行细致的分析和处理，以便综合做出正确的诊断结论，找出设备故障的部位和原因，达到消除和进行有效控制设备故障的目的。

目前,振动诊断在各种机械设备的故障诊断中均有应用,但用得较多且比较成熟的是对轴承、齿轮箱及旋转设备的故障诊断。本章着重介绍对这些设备的振动诊断技术。

表 4-1 国际标准 ISO 2372 和 ISO 3945 设备振动标准

<table>
<tr><th colspan="2">振动强度</th><th colspan="4">ISO 2372</th><th colspan="2">ISO 3945</th></tr>
<tr><th>范 围</th><th>速度有效值/(mm·s⁻¹)</th><th>Ⅰ类</th><th>Ⅱ类</th><th>Ⅲ类</th><th>Ⅳ类</th><th>刚性基础</th><th>软性基础</th></tr>
<tr><td>0.28</td><td>0.28</td><td rowspan="3">优</td><td rowspan="4">优</td><td rowspan="5">优</td><td rowspan="6">优</td><td rowspan="5">优</td><td rowspan="6">优</td></tr>
<tr><td>0.45</td><td>0.45</td></tr>
<tr><td>0.71</td><td>0.71</td></tr>
<tr><td>1.12</td><td>1.12</td><td rowspan="2">良</td></tr>
<tr><td>1.8</td><td>1.8</td><td rowspan="2">良</td></tr>
<tr><td>2.8</td><td>2.8</td><td rowspan="2">容 许</td><td rowspan="2">良</td><td rowspan="2">良</td></tr>
<tr><td>4.5</td><td>4.5</td><td rowspan="2">容 许</td><td rowspan="2">良</td><td rowspan="2">良</td></tr>
<tr><td>7.1</td><td>7.1</td><td rowspan="6">不容许</td><td rowspan="2">容 许</td><td rowspan="2">容 许</td></tr>
<tr><td>11.2</td><td>11.2</td><td rowspan="5">不容许</td><td rowspan="2">容 许</td><td rowspan="2">容 许</td></tr>
<tr><td>18</td><td>18</td><td rowspan="4">不容许</td><td rowspan="4">不容许</td></tr>
<tr><td>28</td><td>28</td><td rowspan="3">不容许</td><td rowspan="3">不容许</td></tr>
<tr><td>45</td><td>45</td></tr>
<tr><td>71</td><td></td></tr>
</table>

注:Ⅰ类为小型机械(如 15 kW 以下电机);Ⅱ类为中型机械(如 15~75 kW 电机和 300 kW 以下机械);Ⅲ类为大型机械(安装在坚固重型基础上),转速 600~12 000 r/min,振动测定范围 10~1 000 Hz;Ⅳ类为大型机械(安装在较软基础上)。

4.2 滚动轴承的故障诊断技术

滚动轴承是机器中最易损坏的元件之一。据统计,约 30% 的旋转机械的故障都是由于滚动轴承的损坏所造成的。由于设计不当,或零件的加工和安装工艺不好,或突加载荷的影响,使轴承在承载运转一段时间后产生各种各样的缺陷,若继续运转则缺陷进一步扩展,使轴承运转状态逐渐恶化以致完全失效。

轴承的失效形式很多,如轴承滚道、滚动体、保持架、座孔或安装轴承的轴颈由于机械原因引起的表面磨损;润滑油中的水分使元件表面产生化学腐蚀;由于不洁的润滑油中含有金属磨粒致使轴承元件表面形成压坑;由于反复承受载荷而产生的疲劳点蚀、剥落或裂纹,甚至导致破断,等等。

轴承的各种缺陷可以在轴承的运转状态下用各种方法加以检测,但最成熟且有效的方法还是振动监测方法。

4.2.1　滚动轴承缺陷的振动特征频率监测

滚动轴承发生振动的原因主要有：① 轴承的构造缺陷引起；② 轴承的不同轴引起；③ 精加工面的波纹引起；④ 轴承受损伤后引起。

滚动轴承各元件表面上产生的缺陷(如剥落坑、裂纹或胶合斑痕等)使轴承在运转中产生振动，其振动的特征频率可由下列公式求得：

(1) 内座圈上有一个剥落坑，该剥落坑与一个滚动体接触时所产生的振动频率 f_i 为：

$$f_i=0.5f_0\left(1+\frac{d}{D}\cos\alpha\right) \tag{4-1}$$

(2) 外座圈上有一个剥落坑时所产生的振动频率 f_o 为：

$$f_o=0.5f_0\left(1-\frac{d}{D}\cos\alpha\right) \tag{4-2}$$

(3) 滚动体上有一个剥落坑，该剥落坑先与内座圈接触，然后又与外座圈接触时，所产生的振动频率 f_b 为：

$$f_b=0.5f_0\frac{D}{d}\left[1-\left(\frac{d}{D}\right)^2\cos^2\alpha\right] \tag{4-3}$$

(4) 保持架上有一个缺陷时所产生的振动频率 f_c 为：

$$f_c=0.5f_0\left(1-\frac{d}{D}\cos\alpha\right) \tag{4-4}$$

(5) 内滚道不圆时所产生的振动频率分别为：

$$f_0,2f_0,\cdots,nf_0$$

式中　f_0——旋转轴的频率，$f_0=\frac{n}{60}$，Hz；

n——轴的转速，r/min；

D——轴承滚道的节距，mm；

d——滚动体的直径，mm；

α——接触角，(°)。

需要说明的是，上述计算各种特征频率的公式都是从理论推导出来的，由于实际轴承的几何尺寸会有误差，再加上轴承安装后的变形，所以实际的频率与计算所得的频率会有出入。在频谱图上寻找各特征频率时，需要在计算频率值的附近寻找近似的值来进行诊断。

另外，上述各特征频率的计算公式都是以一个剥落坑及一个滚动体接触作为前提的。在实际使用时，在式(4-1)和式(4-2)中还需乘上滚动体数(z)，即如某轴承内座圈上出现一个剥落坑时，那么在频谱上就会出现 $f_i=z\times0.5f_0\left(1+\frac{d}{D}\cos\alpha\right)$ 的频率成分。

4.2.2 滚动轴承的简易诊断法

1. 诊断对象和测定位置

作为简易诊断对象的滚动轴承，通常是指用于轴转速约在 100 r/min 以上的轴承，以及可以用低速轴承诊断仪来诊断的低转速轴承。这些轴承包括球轴承、圆柱滚子轴承、圆锥滚子轴承、自动调心滚子轴承、滚针轴承等类型。

对于被选定为诊断对象的滚动轴承，最理想的测定部位见表 4-2。在测试过程中最好不要改变位置，同时测定的表面必须是光滑的。

表 4-2 滚动轴承振动的测定位置

轴承的位置情况	测定位置	诊断对象举例
轴承座露在外面	轴承座	普通轴承
轴承座装在内部	轴承座刚性高的部分或基础	减速器

在进行简易诊断时，无论使用何种测试仪器，都必须在水平(x)、垂直(y)、轴向(z)三个方向上测定。若由于设备构造和安全等方面原因的限制，上述三个方向上的测定不能都进行时，可在水平与轴向或垂直与轴向两个方向上测定。

2. 监测频带与测定周期

滚动轴承的振动诊断利用各种异常状态下所特有的振动频率来查明异常原因。轴承异常所引起的振动可能是 1 kHz 以下的低频振动，也可能是几十 kHz 的高频振动，或者是同时包含上述两类成分的振动。在进行振动诊断时，应以哪些参数为依据呢?

一般认为，在机械(此处指滚动轴承)发生的振动频率中，在低频域(10 Hz 以下)内以一定的位移级作为诊断的判定标准，在中频域(10 Hz～1 kHz)内以一定的速度级作为诊断的判定标准，在高频域(1 kHz 以上)内则以一定的加速度级作为诊断的判定标准。当利用振动进行滚动轴承的简易诊断时，通常选用振动速度和振动加速度作为测定参数。

当进行实际测定时，可通过滤波器等取出各种必需的频率成分。特别是在测定振动加速度时，为了去掉其他机械振动的频率成分，多将测定频域设定在 10 kHz 以上。

为了发现处于初期状态的异常，需要进行定期测定，规定的测定周期应不会导致忽略严重的异常情况。

3. 高频诊断的原理

如果滚动轴承的内外环和转动体有损伤，则由于轴的旋转，在接触过程中会发生机械冲击，这时会产生被称为冲击脉冲的、变动幅度极大的力，如图 4-1(a)所示。如异常处在初期阶段，则此冲击脉冲的增大是与异常程度成正比的。如果能测出这种振动，便可得到图 4-1(b)所示的高频衰减振动波形(此时的频率是轴承的固有振动频率)，从而可根据振动加速度检测、诊断轴承的损伤。

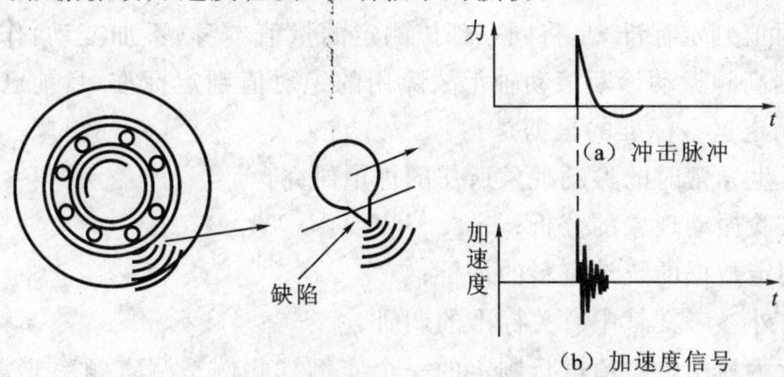

图 4-1　滚动轴承冲击振动发生的原理

振动加速度的振幅大小与异常程度成比例，通常可采用图 4-2(a)所示的冲击波形最大值 P 或者图 4-2(b)所示的将冲击波形以绝对值处理后的波形平均值 A 作为判据。考虑到指示值的稳定性，常根据均值来诊断。但当轴的转速很低(300 r/min 以下)时，均值很小，据此判定正常或异常会很困难，这种情况下可根据最大值来进行诊断。

由于高频振动特别易受测定位置的影响，故应在机械接触良好、刚性高的部位进行测定。

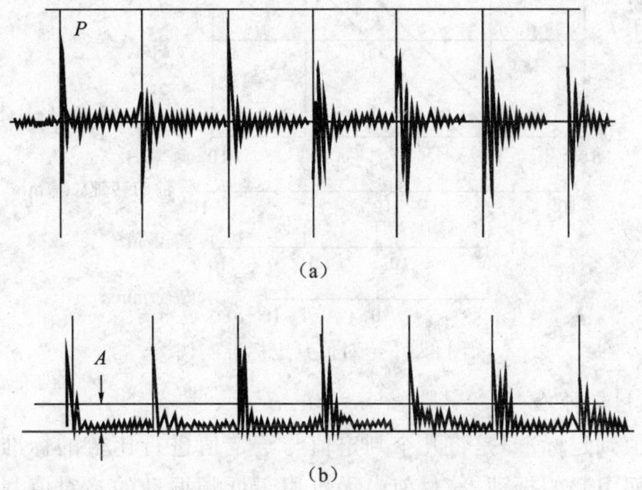

图 4-2　冲击振动的最大值和均值

4. 判断标准

为了判定滚动轴承是否正常，要以所测定的振动振幅为依据，对照有关判定标准作出结论。标准是用来作出定量判断的。判定标准大致分为绝对值判定标准和相对值判定标准两种。

1）绝对值判定标准

所谓绝对值判定标准，是将同一部位测定的量值本身（不加变动）作为评价的判定标准。根据高频振动诊断滚动轴承故障用的绝对值判定标准，目前已有几种标准可供应用。制定这些标准的根据是：

（1）对发生异常时的振动现象所作的理论研究；

（2）对实验振动现象的分析；

（3）对测定数据的统计资料的评价；

（4）国内外参考文献中有关标准的调研。

图 4-3 所示为用绝对值进行判定的一个实例。此例是测定频率非常高（10 kHz 以上）的振动，通过它来诊断滚动轴承的损伤。这时要进行上述振幅均值的测定。在这个实例中，轴承内径为 0.1 m，轴转速为 1 200 r/min，当测定的指示值为 3.0 以上时，可判定为异常。

有一点应该注意，即适用于所有轴承的绝对值判断标准是没有的。

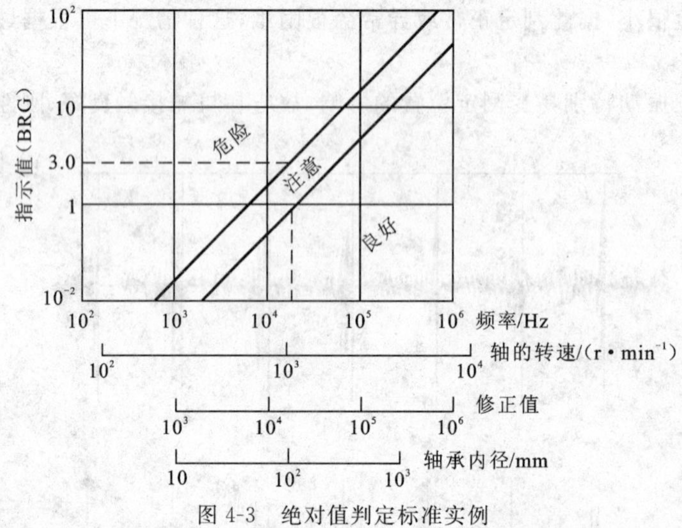

图 4-3 绝对值判定标准实例

2）相对值判定标准

所谓相对值判定标准，是将几个判定值与给定值进行比较的标准。对于滚动轴承因构造因素而引起的振动等，目前尚无可用于低频振动的绝对值判定标准。当诊断轴承构造上的缺陷或其他的损伤时，可使用相对值判定标准。

图 4-4 所示为一个根据实测值和初始测定值之比来进行诊断的实例。在此例中，比值在 2 以上说明应引起注意，在 6 以上说明有危险，应停止使用。

5. 注意事项

由于滚动轴承异常情况不同，会相应产生低频或高频振动。对滚动轴承进行诊断时，对低频振动应采用速度计进行测定，对高频振动应采用加速度计进行测定，然

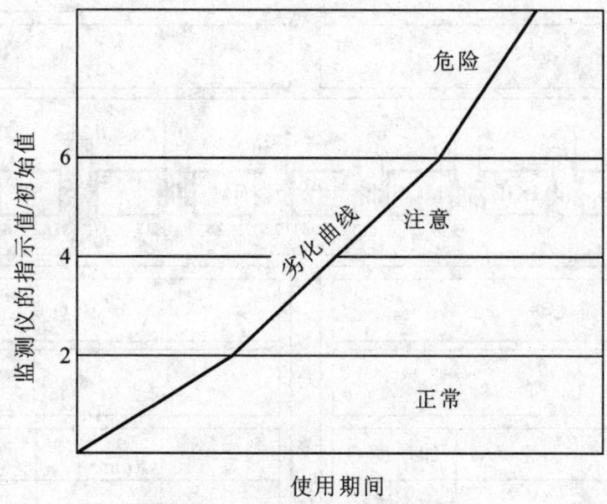

图 4-4　相对值判定标准实例

后根据测定结果进行诊断。

测定部位以轴承座最为理想。测定振动速度时要注意测水平、垂直、轴向三个方向,测定振动加速度时测定三个方向中的任何一个均可。在诊断中应尽可能参考绝对和相对两个判定标准。

此外,即使滚动轴承本体没有异常,但若润滑状态不良,振动强度的变化(尤其是高频振动强度)也会很大。在这种情况下,振动虽然增大,但不要立即判定为异常,而应首先检查润滑状态。如果发现缺少润滑油,就应先加油,然后在加油数小时乃至数天后再进行测定。

6. 诊断实例

图 4-5 所示为简易诊断结果和据此更换异常轴承的例子。如图中所示,鼓风机滚动轴承的异常在低频振动速度和高频振动加速度两个方面都有所显示。因为内环局部有较大磨损,故更换此轴承后两者的频带和振动强度都变小。由此可知,滚动轴承的异常不仅产生高频振动,也产生低频振动。

4.2.3　滚动轴承的精密诊断法

滚动轴承发生异常时就会产生振动,精密诊断是根据各种异常所特有的频率来探明异常原因。下面分别介绍用于各频带的精密诊断方法。

1. 利用低频振动的精密诊断

如图 4-6 所示,在诊断滚动轴承构造上的异常(如内环有波纹、转动体直径不一致)时,可用加速度计测出振动加速度的电信号,经电荷放大器后再通过积分器求出振动速度,然后通过 1 kHz 的低通滤波器,最后对除去高频成分后的信号参考表 4-3 进行频率分析。

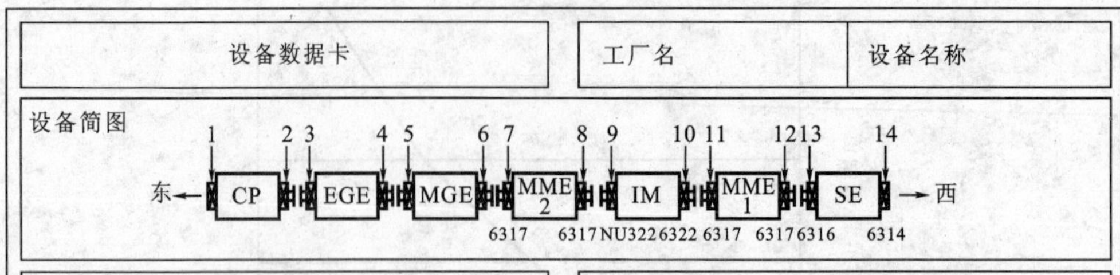

负荷运动				
测定日期 年 月 日		测定者		
测定位置 测定方向		速度 $/(\mathrm{cm \cdot s^{-1}})$	加速度/G	加速度/G
1	H	0.20	0.05	0.12
	V	0.12	0.08	0.15
	A	0.22	0.08	0.16
2	H			
	V			
	A	0.20	0.07	0.05
3	H	0.18	0.12	0.053
	V	0.24	0.25	0.084
	A			
4	H			
	V			
	A	0.20	0.08	0.04
5	H	0.10	0.12	0.12
	V	0.15	0.25	0.14
	A	0.21	0.08	0.26
6	H	0.12	0.07	0.075
	V	0.08	0.05	0.045
	A			
7	H	0.18	0.08	0.07
	V	0.18	0.16	0.15
	A	0.26	0.09	0.045
8	H	0.16	0.08	0.04
	V	0.10	0.12	0.10
	A			
9	H	0.13	1.70	1.20
	V	0.13	1.40	1.70
	A	0.20	1.05	0.52
10	H	0.40	0.30	0.15
	V	0.17	0.19	0.078
	A	0.32	0.32	0.07
11	H	0.15	0.09	0.05
	V	0.32	0.15	0.085
	A	0.76	0.05	0.03
12	H	0.02	0.12	0.07
	V			
	A	0.70	0.10	0.035
13	H	0.30	0.22	0.10
	V	0.42	0.11	0.045
	A	0.70	0.14	0.06
14	H	0.12	0.15	0.13
	V	0.56	0.17	0.10
	A	0.65	0.13	0.10

无负荷运动				
测定日期 年 月 日		测定者		
测定位置 测定方向		速度 $/(\mathrm{cm \cdot s^{-1}})$	加速度/G	加速度/G
1	H			
	V			
	A			
2	H			
	V			
	A			
3	H			
	V			
	A			
4	H			
	V			
	A			
5	H			
	V			
	A			
6	H	0.10	0.09	0.08
	V	0.08	0.09	0.11
	A	0.09	0.06	0.05
7	H	0.15	0.16	0.06
	V	0.10	0.10	0.09
	A	0.28	0.05	0.04
8	H	0.22	0.11	0.10
	V	0.22	0.10	0.09
	A	0.14	0.10	0.04
9	H	0.09	0.20	0.85
	V	0.08	0.35	0.90
	A	0.01	0.22	0.41
10	H	0.18	0.25	0.10
	V	0.11	0.30	0.13
	A	0.17	0.15	0.07
11	H	0.11	0.10	0.10
	V	0.17	0.28	0.08
	A	0.22	0.10	0.06
12	H	0.14	0.14	0.05
	V	0.30	0.24	0.03
	A	0.20	0.11	0.06
13	H	0.15	0.13	0.08
	V	0.14	0.09	0.05
	A	0.14	0.10	0.04
14	H	0.08	0.12	0.10
	V	0.15	0.20	0.15
	A	0.15	0.20	0.20

图 4-5　滚动轴承的简易诊断程序(低频域)实例

设备修理数据卡

修理前的值

测定日　　测定者
年　月　日

测定方向 测定位置		速度 /(cm·s⁻¹)	加速度 /G	加速度 /G
1	H	0.10		0.00
	V	0.21		0.00
	A	0.40		0.00
2	H	0.10		0.00
	V	0.17		0.00
	A	0.18		0.00
3	H	0.10		6.80
	V	0.75		5.40
	A	3.20		6.00
4	H	0.50		1.10
	V	0.34		0.90
	A	0.60		0.50
5	H			
	V			
	A			
6	H			
	V			
	A			

诊断结果

无修理必要	
需要精密诊断情况	○
情况不明	

工厂名	设备名称　鼓风机

工程名称

地区负责人	所属部门	类别	申请车间	设备号	工程号

设备简图

转速 896 r/min
轴承#22 236 k+AH

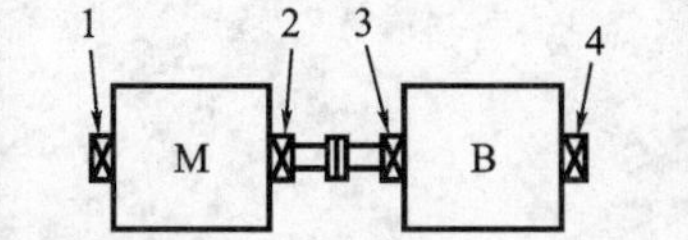

1　2　3　4
M　B

精密诊断结果

测定位置3的轴承不良所引起的振动

已完成修理内容

更换轴承

标准值

速度/(cm·s⁻¹)						加速度/G					
正常	0.43	注意	0.9	异常		正常	1.00	注意	3.50	异常	

修理后的值

测定日　　测定者
年　月　日

测定方向 测定位置		速度 /(cm·s⁻¹)	加速度 /G	加速度 /G
1	H	0.04		0.00
	V	0.06		0.00
	A	0.07		0.00
2	H	0.05		0.00
	V	0.07		0.00
	A	0.08		0.00
3	H	0.27		0.40
	V	0.21		0.40
	A	0.25		0.50
4	H	0.35		0.50
	V	0.23		0.50
	A	0.35		0.50
5	H			
	V			
	A			
6	H			
	V			
	A			

诊断结果

全部达到标准值，正常

图 4-5　滚动轴承的简易诊断程序(低频域)实例(续)

H—水平方向;V—垂直方向;A—轴向

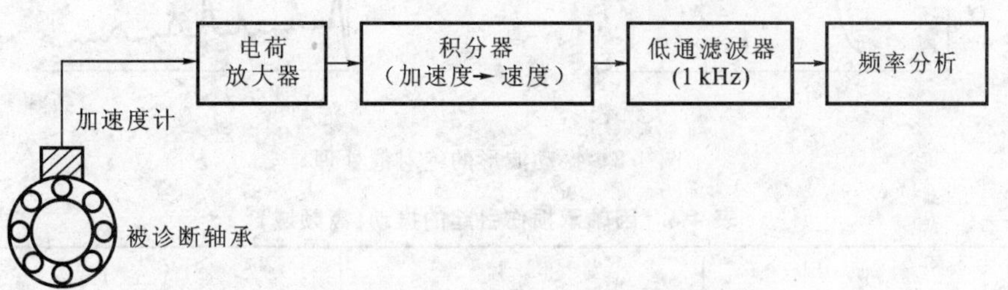

图 4-6　滚动轴承的简易诊断程序(低频域)

表 4-3　精加工面的波纹引起的振动(低频域)

异常原因	发　生　频　率	备　　注
内环的波纹	$f_0 \pm nzf_i$	波纹凹起数为 $nz\pm1$ 时发生,发生左栏所示频率的振动
外环的波纹	nzf_c	同上
转动体的波纹	$2nf_b \pm f_0$	波纹凸起数为 $2n$ 时发生,发生左栏所示频率的振动

2. 利用高频振动的精密诊断

滚动轴承有损伤时也会发生高频振动，此时可用图 4-7 所示的诊断程序进行诊断。

通过加速度计测出振动加速度，经电荷放大器后再经过 1 kHz 的高通滤波器抽出高频成分，然后将对经过滤波的波形进行绝对值处理，经过上述处理后，在冲击振动波形间隔中所表示的各种异常特征将在振动的频率成分中得到反映。

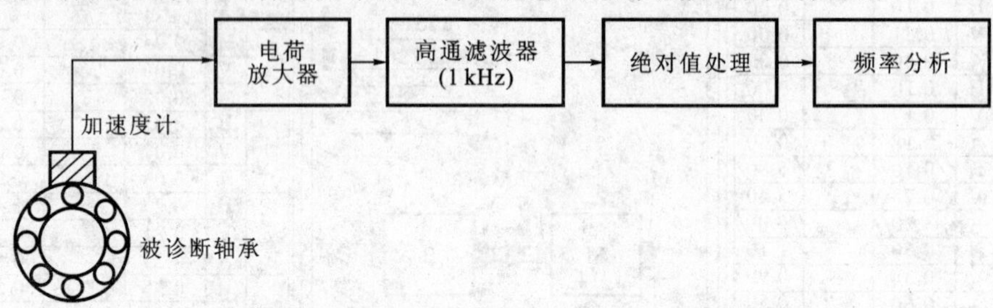

图 4-7　滚动轴承的精密诊断程序(高频域)

如图 4-8 所示，根据绝对值处理后的波形进行频率分析，对照表 4-4 可判断各种异常的原因。

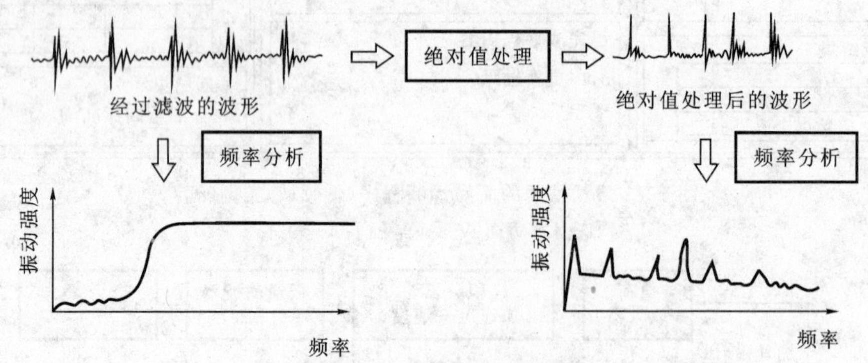

图 4-8　振动波形的绝对值处理

表 4-4　因轴承损伤引起的振动(高频域)

<table>
<tr><th colspan="2">异常原因</th><th>发生频率</th><th>备注</th></tr>
<tr><td rowspan="2">内环有缺陷</td><td>偏心(磨损)</td><td>nf_0</td><td></td></tr>
<tr><td>点蚀</td><td>nzf_i
$nzf_i \pm f_0$
$nzf_i \pm f_c$</td><td>发生固有振动频率和高次波</td></tr>
<tr><td>外环有缺陷</td><td>点蚀</td><td>nzf_c</td><td>发生固有振动频率和高次波</td></tr>
<tr><td>转动体有缺陷</td><td>点蚀</td><td>$2nf_b \pm f_0$
$2nf_b$</td><td>发生固有振动频率和高次波</td></tr>
</table>

如图 4-9 所示，滚动轴承点蚀时所产生的振动频率并不是旋转频率的整数倍，它与旋转轴的回转信号之间的关系也不是一定的，因此可将滚动轴承的异常与旋转机械的其他异常区别开来。一般将这种位置关系称为相位，而将这种分析方法称为相位分析或同步分析。

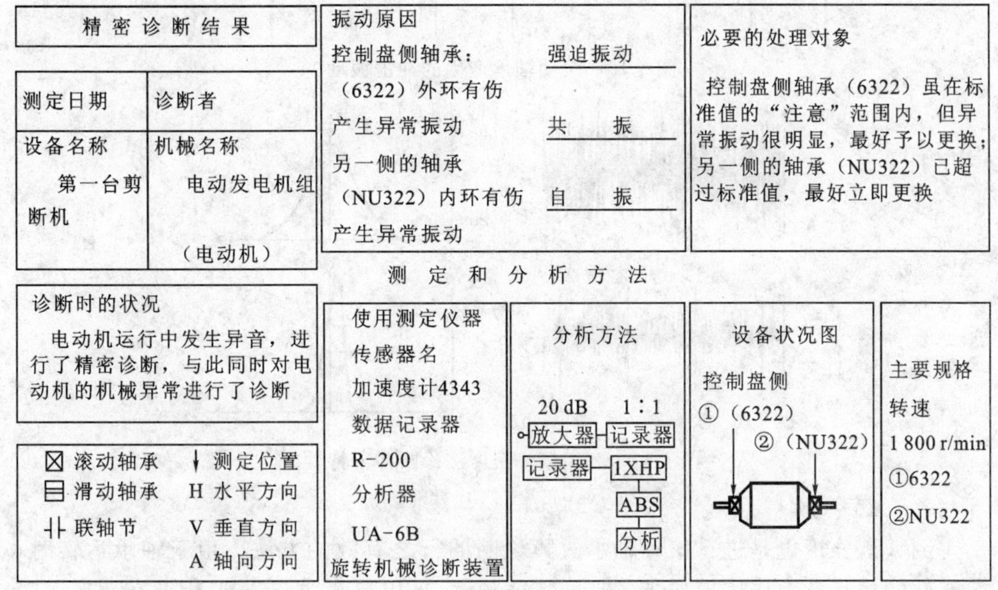

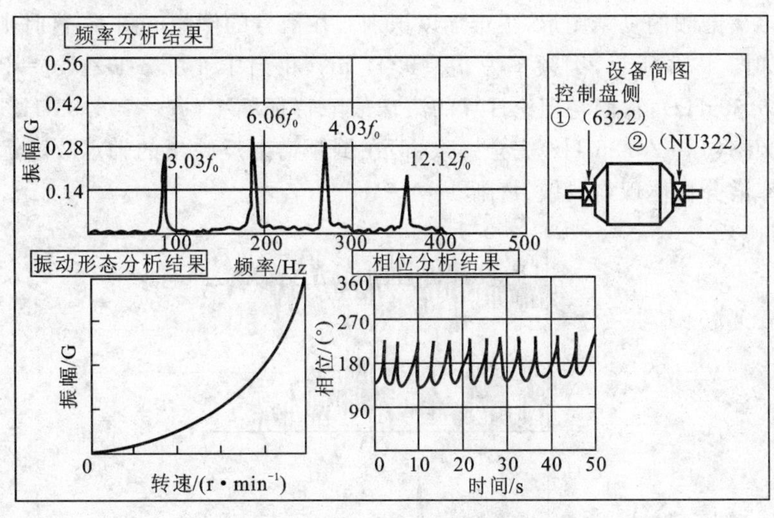

图 4-9　滚动轴承精密诊断的例子

除频率分析和相位分析之外，还有几种有效的诊断方法。例如，当滚动轴承产生图 4-10 所示的冲击振动时，可采用概率密度法诊断冲击特性。在此振动中，冲击波形的高度和非冲击波部分高度比值的大小可以用作表示滚动轴承损伤程度的指标。

此时,可计算出冲击波的最大值并与非冲击波的振幅直接进行比较(见图 4-11)。

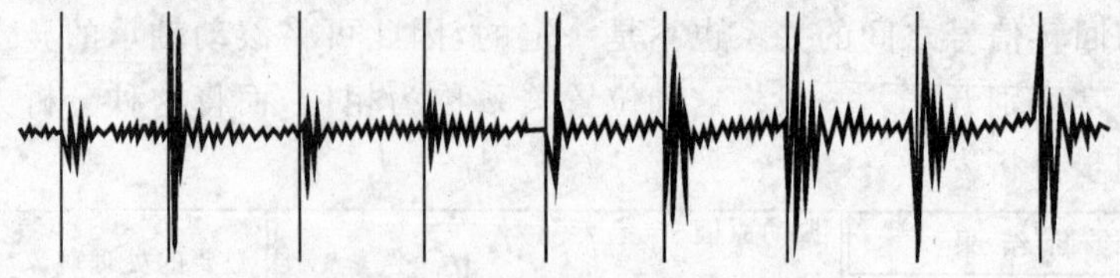

图 4-10　滚动轴承产生的冲击振动

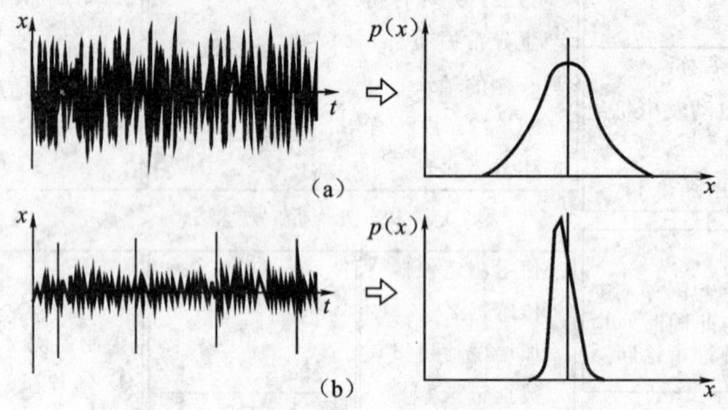

图 4-11　利用概率密度法诊断冲击特性

(a) 正常；(b) 异常

倒频谱分析也是进行滚动轴承故障诊断的行之有效的方法。由于轴承运转时,各元件的相互动力作用形成了各自的特征频率,且相互叠加或调制,因此在功率谱图上呈现出多簇谐频的复杂图形,很难加以识别。在信号的倒频谱图上,这时则有明显的谱线。如图 4-12 所示,倒频率为 $q_1=9.47$ ms(相当于 105.6 Hz),$q_2=37.9$ ms(相当于 26.39 Hz),它们与理论计算的滚珠故障特征频率($f_b=106.35$ Hz)及内圈故障特征频率($f_i=26.35$ Hz)完全一致,但在倒频谱上反映出的轴承故障远比时域描述或功率谱分析体现得灵敏、清晰。

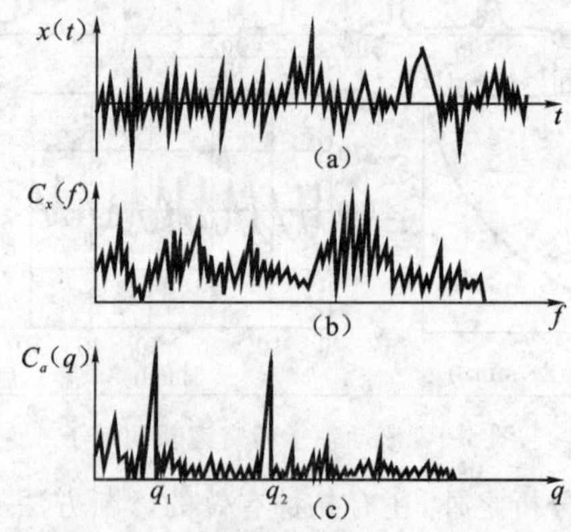

图 4-12　有故障的轴承的三种信号

(a) 时域信号;(b) 信号的频谱;(c) 信号的倒频谱

3. 冲击脉冲法和接触电阻法

在滚动轴承的故障监测与诊断中，冲击脉冲法(SPM法)和接触电阻法也有许多实际应用，且已有不少仪器问世。

1) 冲击脉冲法

利用冲击脉冲法检测轴承的仪器很多，下面以SKF公司的TMED-1轴承检测仪为例进行简单介绍。

TMED-1是一种基于冲击脉冲法的轴承检测仪。它给出的是撞击速度的间接测量值，即通过安装在一个冲击部件上的传感器测出与冲击大小对应的冲击脉冲信号。在撞击点，两个物体都立即产生各自的机械压力波(冲击脉冲)，该冲击脉冲的峰值取决于撞击速度，而不受物体质量与形状的影响。

冲击脉冲是由于机械撞击而产生的一种持续时间很短的压力脉冲，如滚道和滚动元件的不规则表面就会引起该种撞击。大量实验证明：冲击脉冲与轴承的运转状态有明显的对应关系。

图4-13所示的TMED-1轴承检测仪，传感器1(探头)从运转着的轴承中检测到冲击脉冲，经检测仪2中的微处理器进行处理后，将测量到的脉冲值由显示器显示。另外，与仪器连接的耳机3可用来监听和判别所发出的冲击脉冲类别，然后进行进一步的判断。详细测定及判别方法可参考有关文献。

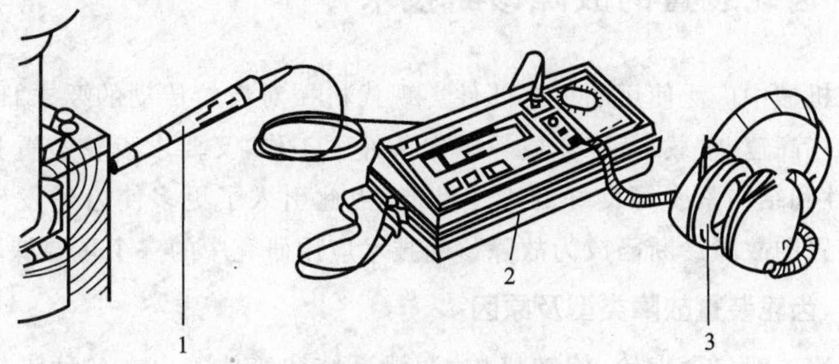

图4-13 TMED-1轴承检测仪示意图

1—探头；2—检测仪；3—耳机

2) 接触电阻法

接触电阻法所依据的基本原理与振动测量完全不同。用此法监测轴承故障时，需要在轴承上施加一微小的直流电压(大小约为100 mV)，通过测量轴承接触表面间的电阻来判断轴承的状态，基本原理如图4-14所示。

接触电阻值随轴承内油膜厚度的变化而变化。对于正常状态的轴承，其油膜厚度至少是表面粗糙度的4倍，由于润滑剂是有机碳氢化合物，因此轴承内、外圈间的平均电阻值很高，一般在$1\sim1\times10^6$ Ω之间；当轴承零件出现剥落、腐蚀坑、裂纹或磨损时，油膜被破坏，接触电阻会下降。油膜厚度 δ 与接触电阻 R 的关系如图 4-15 所示。

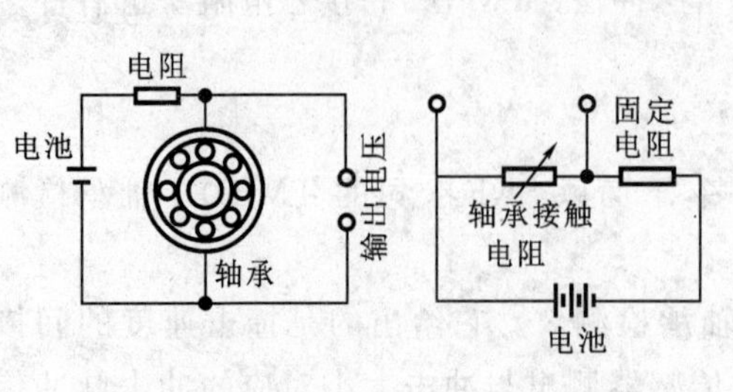

图 4-14　接触电阻法原理

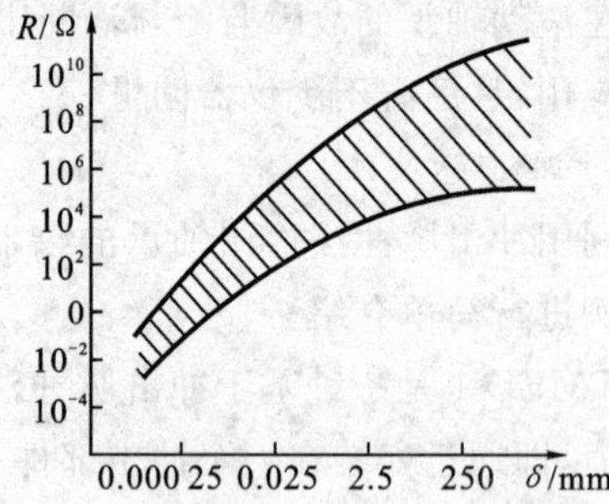

图 4-15　油膜厚度与接触电阻的关系

对于不同的轴承缺陷，振动监测和接触电阻监测的敏感程度不一样。振动监测法对剥落、凹坑比较敏感，而接触电阻法对磨损、腐蚀等缺陷比较敏感，两者是互相补充的。

在我国，按照上述原理制造的、以接触电阻法诊断轴承故障的仪器有吉林通化无线电厂生产的 TB-1 型轴承故障检测仪和上海华阳电子仪器厂生产的 HB-1 型轴承故障检测仪等。

4.3　齿轮装置的故障诊断技术

齿轮是机械中广泛使用的重要部件。现代机械对齿轮传动的要求日益提高，既要求齿轮能在高速、重载、特殊介质等恶劣条件下工作，又要求齿轮装置具有高平稳性、高可靠性和结构紧凑等良好的工作性能，由此引入了更多使齿轮发生故障的因素。齿轮装置的故障诊断已成为故障诊断技术应用研究中的一个重要课题。

4.3.1　齿轮装置故障类型及原因

齿轮装置一般包含齿轮、旋转机构、润滑系统和箱体等。在各种齿轮装置故障中，因轮齿损伤而引起的故障最为普遍。此外，齿轮轮体损坏、旋转机械缺陷、润滑系统性能下降、齿轮箱体质量差等也是齿轮装置故障的常见原因。

齿轮装置中常见的故障现象和原因见表 4-5。对各种齿轮装置的不同部位，在不同的条件下可能出现不同的故障迹象，发生不同类型的故障，均可用表 4-5 来对其故障进行初步分析。

从表 4-5 可见，在齿轮装置运转状态下，伴随着其内部故障的发生和发展，必然产生振动增大、噪声异常、温度升高、漏油严重、磨损加剧、能耗加大等一种或几种故障迹象，这些参数均可作为故障控制参数。但实践表明，不同检测参数的有效性并不相同。经验表明，齿轮装置故障检测的最有效检测参数是振动，其次是噪声。

表 4-5　齿轮装置故障现象和原因分析

- 尚能运转 — 振动增大、噪声异常、温度升高、漏油严重、磨损加剧、能耗增大
  - 齿轮轮齿
    - 齿面损伤 — 齿面磨损、粘着撕伤、齿面疲劳、齿面塑性变形、烧伤
    - 轮齿断裂 — 轮齿裂纹、过载折断、疲劳折断
    - 组合损伤 — 腐蚀磨损、轮齿塑性变形、严重磨损断齿、气蚀、电蚀
  - 齿轮轮体
    - 轮体损伤
    - 轮体变形
    - 轮体折断
  - 旋转机构
    - 不平衡
    - 不对中
    - 松动
  - 润滑系统
    - 油温升高
    - 严重漏油
    - 油质劣化
  - 齿轮箱体
    - 刚度不足
    - 精度差
    - 密封不良
- 不能运转
  - 齿轮装置
    - 齿轮轮齿——折断、烧伤、严重变形、咬入异物
    - 齿轮轮体——折断、严重变形、严重损伤
    - 旋转机构——轴、联轴节、键、轴承等严重损伤、折断
    - 齿轮箱体——变形、有夹杂物
  - 驱动源
    - 动力源——电源中断、燃料中断、电动机或内燃机故障
    - 其他

4.3.2　齿轮振动特征参数

1. 齿轮的啮合频率

一对齿轮啮合作用时产生的最原始的作用频率为旋转频率(即转频),其值是齿轮旋转速度的函数,即:

$$f_0=\frac{n}{60} \tag{4-5}$$

式中　f_0——齿轮的旋转频率,Hz;

n——齿轮的转速,r/min。

对于任何一对齿轮副,啮合频率均为啮合周期的倒数。对于定轴齿轮传动,齿轮啮合频率大小等于转频乘齿轮的齿数,即:

$$f_m=zf_0=\frac{nz}{60} \tag{4-6}$$

式中　f_m——齿轮的啮合频率,Hz;

z——齿轮的齿数。

对于有固定齿圈的行星轮，其啮合频率为：

$$f_m=\frac{z_r(n_r\pm n_c)}{60} \tag{4-7}$$

式中 z_r——任一参考齿轮的齿数；

n_r——参考齿轮的转速，r/min；

n_c——转臂的回转速度，方向相反时取正号，r/min。

由 f_m 的计算式可见，一对相互啮合的齿轮，它们的啮合频率是相同的。

2. 齿轮的固有频率

齿轮的基本固有频率振动是齿轮的主要振动。一对直齿圆柱齿轮的固有振动频率 f_c 可由下式求得：

$$f_c=\frac{1}{2\pi}\sqrt{\frac{k}{m}} \tag{4-8}$$

$$\frac{1}{k}=\frac{1}{k_G}+\frac{1}{k_F}$$

$$\frac{1}{m}=\frac{1}{m_G}+\frac{1}{m_F}$$

式中 k——一对齿轮的平均弹性系数；

m——一对齿轮的等效质量；

k_G,k_F——分别为大、小齿轮的弹性系数；

m_G,m_F——分别为大、小齿轮的质量。

齿轮的固有频率多为1～10 kHz的高频，当这种高频振动传递到齿轮箱等机件时，高频冲击振动已衰减，多数情况下只能测到齿轮的啮合频率。

3. 齿轮的异常振动

分析齿轮在异常状态下的振动是齿轮振动诊断法的基础。齿轮的异常振动原因有如下几种：

(1) 齿轮磨损引起的振动。在此情况下发生的冲击振动频率为1 kHz以上的高频，与此同时，正弦波中低频啮合频率成分也增大。在啮合频率中产生啮合频率2倍、3倍……的高次谐波，或出现啮合频率1/2倍、1/3倍……的分数谐波，如图4-16(a)和(b)所示。在齿轮加速时，有时还会出现具有非线性振动特点的跳跃现象，如图4-16(c)所示。

(2) 齿轮制造缺陷引起的振动。当齿轮存在偏心、周节误差、齿形误差等缺陷时，齿轮便不能平稳地运转，出现加速或减速，使轮齿发生碰撞，使齿面受到很大的动态附加载荷的作用。图4-16(d)所示为高频域的振动波形，此时振动波形中就包含有旋转频率的一次谐波 f_0 成分和高次谐波 $nf_0(n=2,3,\cdots)$ 成分、啮合频率 f_m 成分及其边带频率 f_m+nf_0 成分。

(3) 齿轮不同轴引起的振动。当齿轮旋转轴是由联轴节连接的两根轴组成时，

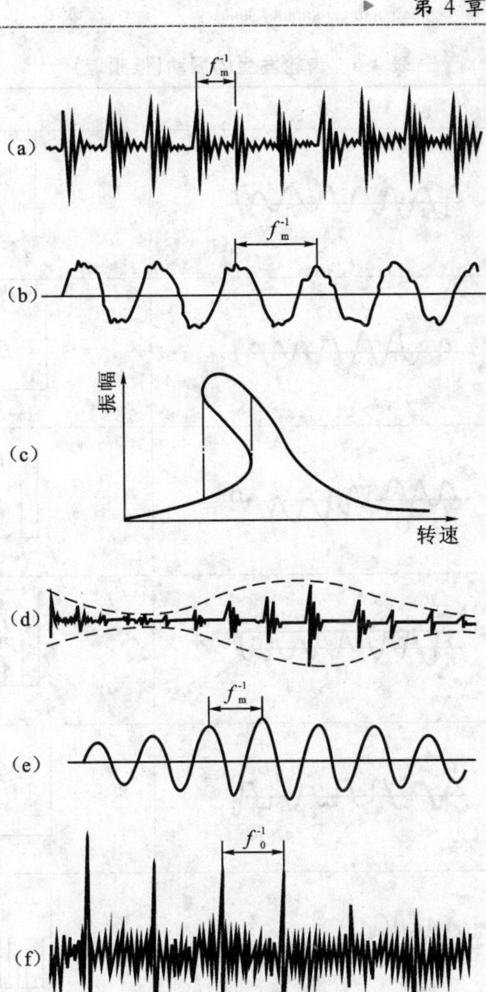

图 4-16　齿轮的异常振动

如果两根轴的中心线有偏移、成角或错开等不同轴的情况，将会发生低频、高频的啮合频率及其边带波，图 4-16(e)所示即为齿轮不同轴时的低频域振动波形。

(4) 齿轮局部异常引起的振动。当齿轮存在齿根部大裂纹、局部的齿顶磨损、缺陷造成的轮齿折断、局部的周节误差或齿形误差以及齿轮间隙增加时的转速变动等局部异常时，会在高频域引起振动。它的特点是局部异常的轮齿在啮合时才产生冲击振动，经绝对值处理后的波形中含有更多的旋转频率成分，如图 4-16(f)所示。

4. 齿轮的频率分析

根据所获得的振动速度进行频率分析，可以知道齿轮异常的原因。当齿轮处于不同的异常状态时会发生具有各自特点的振动，对于表 4-6 中所列的五种不同异常状态，其振动信号在频域中的反映各不相同，据此可以初步判定异常的原因。

表 4-6　齿轮发生的振动(低频域)

齿轮的状态	时　域	频　域
正　常		$P(f_r)$ $P(f_m)$ f_r f_m
齿轮轴不同轴		$P(f_m)$ $P(f_m-f_r)$ $P(f_m+f_r)$ f_r f_m-f_r f_m+f_r
偏　心		$P(f_r)$ $P(f_m)$ f_r f_m
局部异常		$P(f_r)$ $P(2f_r)$ $P(3f_r)$ $P(f_m)$ $3f_r$ f_m
磨　损		$P(f_m)$ $P(2f_m)$ $P(3f_m)$ f_m $2f_m$ $3f_m$
周节误差		$P(f_m)$ $P(2f_m)$ f_r

4.3.3　齿轮故障的振动诊断

1. 检测参数与检测周期

由于齿轮的振动信号中含有关于齿轮状态的丰富信息，所以为了获取正确的诊断结论，必须测取好振动信号。

根据美国齿轮制造协会(AGMA)推荐，振动频率在 10 Hz 以下时，将振动的一定的位移级作为诊断的判定标准；对于从 10 Hz 到 1 kHz 的振动频带，推荐以一定的速度级为判定标准；对于 1 kHz 以上的振动，则以一定的加速度级为判定标准。由此，对于与齿轮的旋转频率或啮合频率相关的低频振动，可利用振动速度作为检测参数；对于与固有振动频率相关的高频振动，则利用振动加速度作为检测参数。为了提高诊断的有效性，可考虑用两种方法同时进行检测。

为了能及时发现处于初期的异常状态，必须进行定期检测。在既经济又可靠的条件下，检测周期应尽可能短；当振动明显增大时，必须安排连续监测。

2. 检测部位与检测方向

实际进行齿轮异常检测时，对于普通减速器，其检测部位选择在轴承座盖；对于高速增速器，如轴承座在机箱内部，则选择轴承座附近刚性较好的部位，或测量基础的振动。通常要求测定部位的表面应是光滑的，而且为了获得准确的测定值，应保持每次的检测位置不变。

由于齿轮发生不同异常情况时最大振动的方向各不相同，所以应尽可能沿水平、垂直、轴向三个方向进行测定。如果由于结构或安全原因不能在三个方向上检测时，可以选取水平和轴向，或者垂直和轴向进行检测。对于高频振动，由于振动在所有方向上同样传递，所以利用高频域的振动进行故障诊断时只需在最容易测定的一个方向上检测。

3. 诊断程序和检测类型

为了不遗漏有用的故障信息，通常按低频域和高频域两类程序进行检测和分析，其程序如图4-17所示。

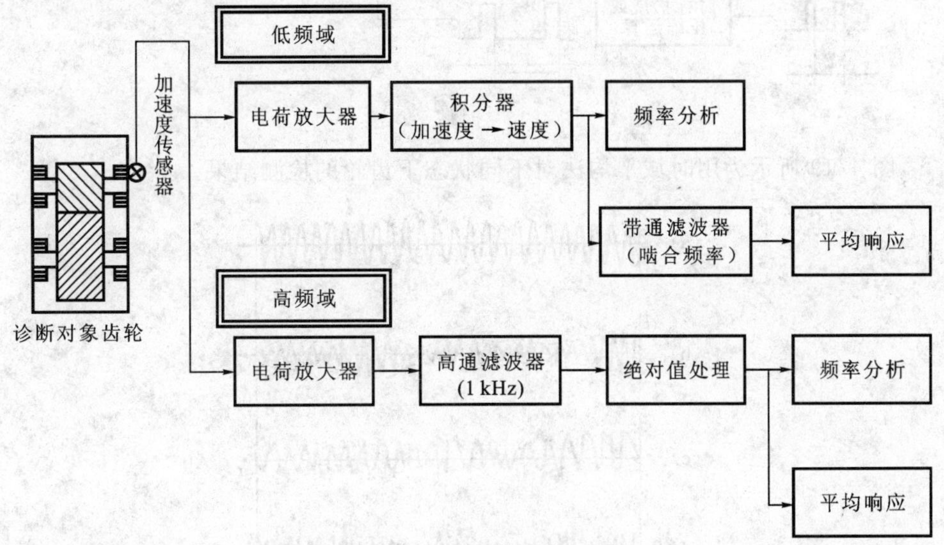

图4-17 齿轮的精密诊断程序

对于识别冲击性振动，不仅要利用信号中包含的频率成分，更重要的是信号中冲击发生的间隔期，因而需将滤波后的信号再进行绝对值处理，并将经过绝对值处理的信号通过频域分析、平均响应分析等信号分析的方法来判断齿轮异常的类型。

4. 时域诊断

齿轮的振动可认为是由旋转同步的周期振动加上复杂的随机振动形成的，但在齿轮故障诊断中所需的只是与旋转运动同步的周期振动信号，因而在信号分析时应尽量设法除去其中不规则的振动信号。平均响应分析是从混有干扰的信号中提取周期信号的一种分析方法，在齿轮振动信号分析中，常用此方法排除振动干扰信号，使齿轮缺陷产生的周期分量更突出，以提高信噪比。

齿轮振动信号的平均响应分析法（即时域平均法）的原理如图 4-18 所示。从图中可见，时标可以将某一齿轮轴的一整转定为脉冲周期 T，乘以一定的传动比后转化为指定的周期 T'，输入信号即可依周期 T' 分段采样再叠加平均，经平滑化后输出。平均响应分析法与频谱分析法不同，前者需拾取加速度和时标两个输入信号，而后者只需拾取加速度信号。另外，频谱分析提供了各个频带内的功率，其大小主要取决于该频带内能量最大的振源，故频谱分析不能略去任何输入信号分量，待检齿轮的信号可能完全淹没在噪声之中。平均响应分析则可以消除与给定周期无关的全部信号分量，保留确定的周期分量，从而使信噪比大大提高。

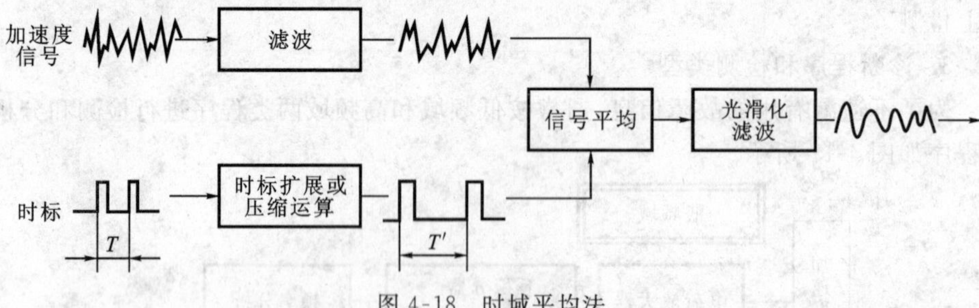

图 4-18　时域平均法

图 4-19 所示为用时域平均法对不同状态下齿轮的检测结果。

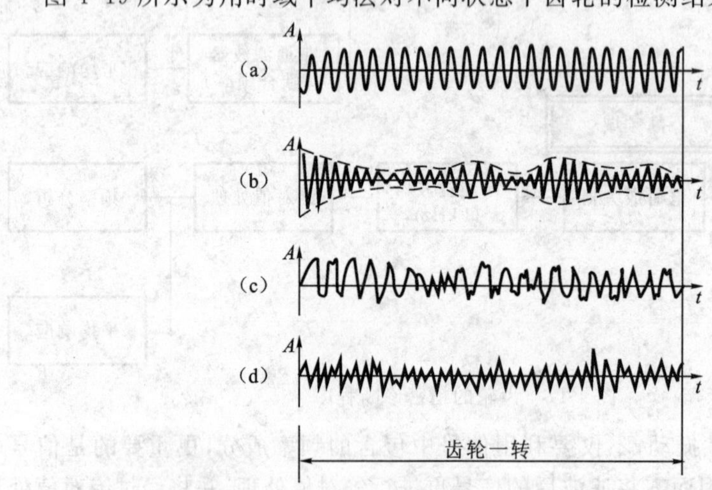

图 4-19　齿轮在各种状态下的时域平均信号

(a) 正常齿轮；(b) 齿轮安装错位

(c) 齿轮齿面严重磨损；(d) 个别齿断裂

5. 功率谱分析

从混有周期波形的随机波形中很难直接识别其中的周期信号。如果将时域信号通过快速傅里叶变换转换到频域中进行分析，则能为抽取有用的故障信息提供途径。图4-20所示为齿面均匀磨损前后功率谱的变化情况。

又如，考虑齿轮上有一个齿存在局部缺陷的情况。这时相当于齿轮的振动受到一个短脉冲的调制，如图4-21(a)所示，其脉冲的长度等于齿的啮合周期 $T_m=1/f_m$，齿轮转一圈，脉冲重复一次。由于脉冲可以分解为许多正弦分量之和，因此在谱上形成以载频 $f_m, 2f_m, 3f_m, \cdots$ 为中心的一系列边频。这些边频数量大而且均匀，每一边频间的距离等于回转频率。存在均匀分布的轮齿缺陷时的时域曲线和功率谱如图4-21(b)所示，谱图上的边频带高而窄。

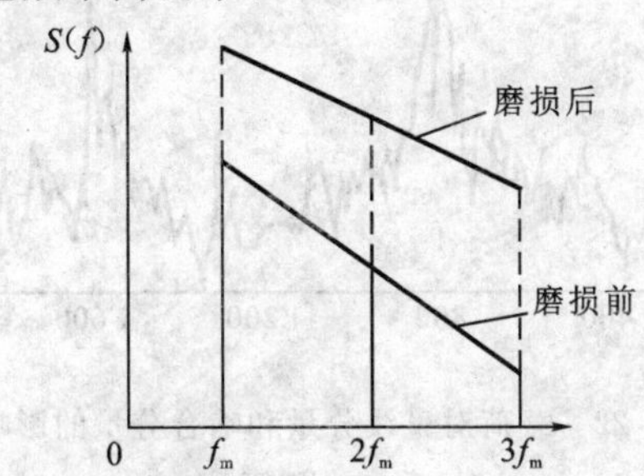

图4-20 齿面均匀磨损前后功率谱的变化

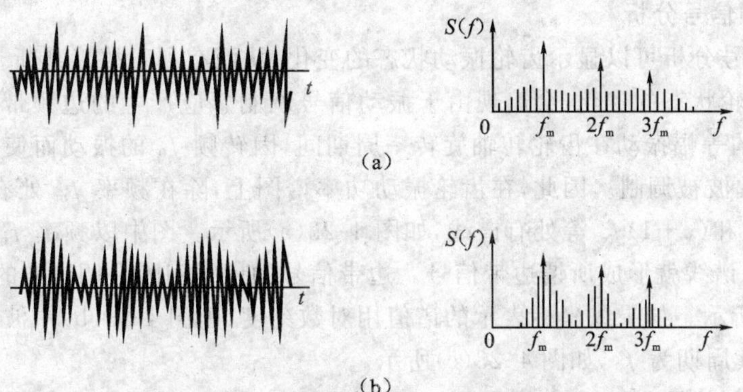

图4-21 由齿轮缺陷形成的边频带

(a) 齿轮上有一个齿存在局部缺陷时的时域曲线和功率谱；
(b) 存在均匀分布的轮齿缺陷时的时域曲线和功率谱

鬼线(ghost)分析也是齿轮功率谱诊断的一项重要内容。所谓鬼线，是指功率谱上的一个频率分量。它产生的原因为加工过程给齿轮带来的周期性缺陷，缺陷来源于分度蜗轮、蜗杆及齿轮的误差。当在齿轮振动功率谱上出现一未知频率分量时，如何证实是否为鬼线呢？

鬼线一般对应于某个分度蜗轮的整齿数，因此必须表现为一个特定回转频率的谐波，如图4-22所示。鬼线是由一定的几何误差产生的，载荷改变对其影响很小。如在图4-22中，当载荷由满载荷改变到只有满载荷的10%时，鬼线1分量只增加了

6 dB,其二次谐波鬼线 2 分量则没有变化。

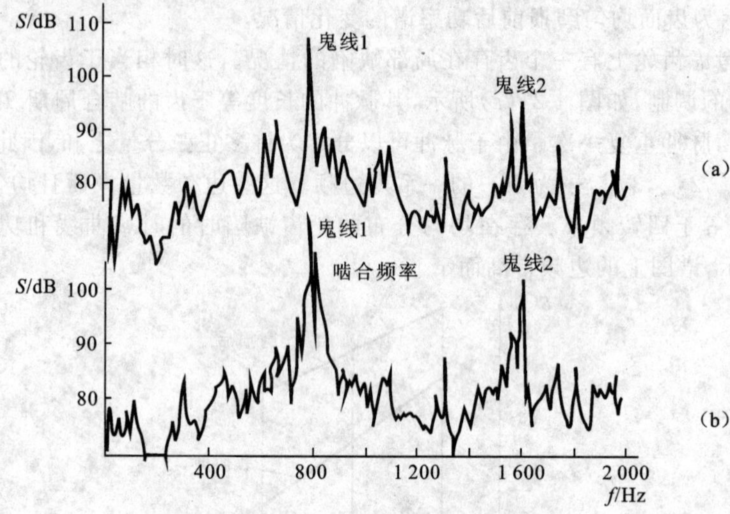

图 4-22 载荷对鬼线分量和啮合分量的影响

(a) 轻载;(b) 满载

6. 调制信号分析

调制信号分析可以显示齿轮振动状态的变化,从而有利于故障判断。

随着齿轮状态的劣化,会出现由于振动信号调制感应产生的边频带效应。啮合频率为 f_m 的等幅振动在齿轮转轴旋转一周期间,因转频 f_0 的振动而使其振幅发生变化,即等幅波被调制。因此,在齿轮振动功率谱图上,除在频率 f_m 处有谱线外,还在$(z-1)f_0$ 和$(z+1)f_0$ 等处有谱线,如图 4-23(a)所示。图中以频率 f_m 为中心,每隔$\pm f_0$ 有一谱线就形成所谓边带信号。边带信号的谱线间隔是调制波的频率 f_0,如图 4-23(b)所示。如果纵坐标表示的谱值用对数刻度,则图 4-23(b)中波形变成近似周期波形,其周期为 f_0,如图 4-23(c)所示。

利用调制信号分析可以识别齿轮的异常振源。例如,小齿轮和大齿轮的旋转频率分别为 f_1 和 f_2,其啮合频率为 f_m。经调制信号分析,如有间距为 f_1 的边频带,则可判定缺陷存在于小齿轮上;如果边频带具有间距 f_2,则判定缺陷存在于大齿轮上。

7. 倒频谱分析

齿轮箱中一般有许多转轴和齿轮,也就有许多不同的旋转速度和啮合频率,且每个旋转频率都可能在每个啮合频率周围调制出一个边带信号。因此在振动功率谱中,可能会出现许多大小和周期都不相同的周期信号,很难直观地看出其变化和特点。如果对具有边带信号的功率谱本身再进行一次谱分析,就能将边带信号分离出来,使功率谱中的周期分量在第二次谱分析的谱图中呈离散线谱,其谱线高度反映了功率谱中周期分量大小,这样就容易识别了。这种二次谱分析就是倒频谱分析。

对于齿轮箱和滚动轴承的振动及故障分析,倒频谱分析是一种有效的分析方法。

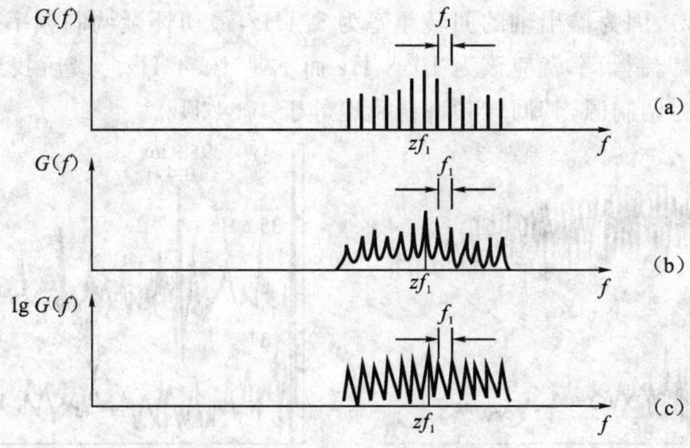

图 4-23 齿轮振动边带信号图

它对信号传递路径的影响不敏感,并具有检验周期信号的能力,从而为在频谱上难以分析和识别的谱图提供了新的分析手段。

图 4-24 表明倒频谱受传输途径的影响很小。设两个传感器在齿轮箱上安装的位置不同,由于两个传递途径不同而形成两个传递函数,它们的输出谱在图中 2.6 kHz 处的幅值一为谱峰,另一为谱谷,恰好相反。但在两个倒频谱中,重要的分量几乎完全相同,只是在倒频率较低的部分略有不同,这就是传递函数差异的影响。

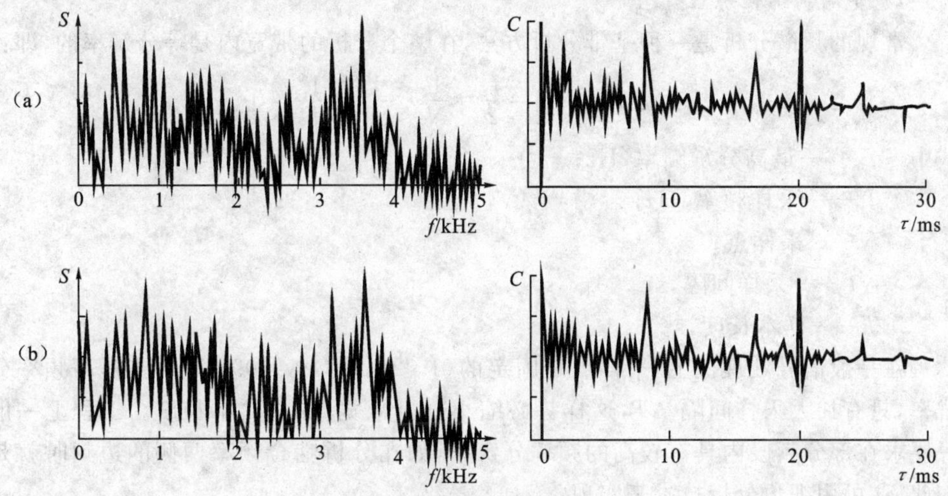

图 4-24 故障信息在功率谱和倒频谱中的明显性比较

(a) 功率谱;(b) 倒频谱

图 4-25 说明倒频谱诊断的第二个优点,即具有检测周期性的能力。图中所示是正常和异常状态下卡车变速箱一挡齿轮啮合时振动的功率谱和倒频谱。正常状态的功率谱无明显周期性,而异常状态的功率谱含有大量间距约为 10 Hz 的边频,相应的倒频为 95.9 ms(10.4 Hz)。倒频谱上还有一个对应于输入轴转速的逆谐波 28.1

ms(或 35.6 Hz),因为输出轴的回转频率为 5.4Hz,最初怀疑调制频率是输出轴的二次谐波,但这样调制频率就应该为 10.8 Hz 而不是 10.4 Hz。最后找到空转不受载荷的二挡齿轮为调制源,其回转频率精确地等于 10.4 Hz。

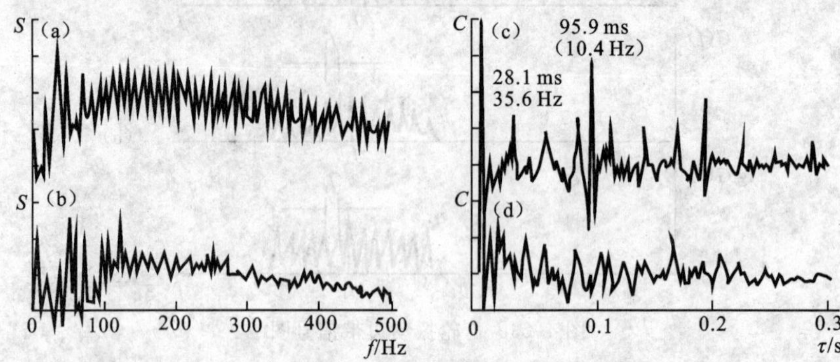

图 4-25 卡车齿轮箱在正常与异常状态下的倒频谱形状和诊断

(a),(c) 异常;(b),(d) 正常

8. 细化分析技术

频率细化分析是近几年发展起来的一项信号处理新技术,可用于提高对分析频率的分辨能力,其中应用最广泛的是复调制细化方法。

1) 复调制细化原理

常规的频谱分析是一种基带分析方法,在整个分析的带宽内是等分辨率的,即:

$$\Delta f=\frac{f_m}{N/2}=\frac{f_s}{2}=\frac{1}{N}\cdot\frac{1}{\Delta T}=\frac{1}{T}$$

式中 f_m——最高分辨频率,Hz;

f_s——采样频率,Hz;

N——采样点;

ΔT——采样间隔,s;

T——样本长度,s。

在一般信号处理机上,采样点是固定的(1 024,2 048,4 096 等),要提高频率分辨率,只有加大采样间隔 ΔT,这样势必缩小分析带宽,加长样本长度。工程上一般只要求在部分频段内具有较高的频率分辨率,如在分析啮合频率两侧的边频时就是如此,这可用细化分析技术来实现。

根据傅里叶变换的性质:在时域上乘以 $e^{\pm j2\pi f_0 t}$,则在频域上产生一个 f_0 的频移,即:

$$\int_{-\infty}^{\infty}x(t)e^{-j2\pi f_0 t}e^{-j2\pi ft}dt=X(f+f_0)$$

这样,就可以将任选频带中心移至零频率处,然后按基带的分析方法得到细化的频谱,这就是复调制的基本原理。图 4-26 所示为细化示意图。

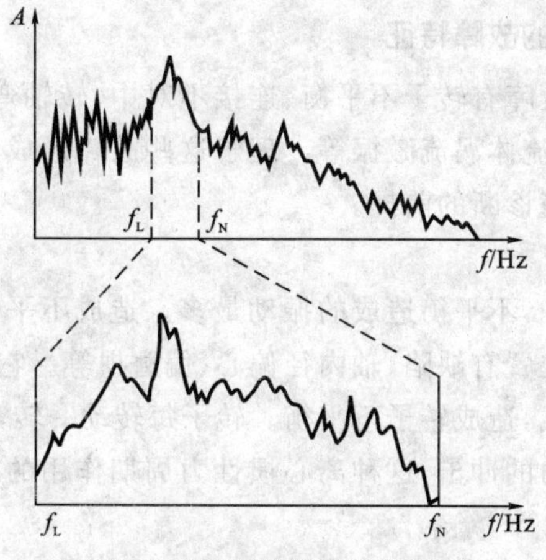

图 4-26　频谱细化示意图

2）应用举例

图 4-27 所示为某减速器振动的频谱图。图 4-27(a)是基带频谱，它仅能见到边频带中 25 Hz 的频率间隔；图 4-27(b)是上述信号在 900～1 100 Hz 频段中的细化(放大)谱图，在该图上可以清晰地看到在边频带中还存在间隔为 8.3 Hz 的调制信号。

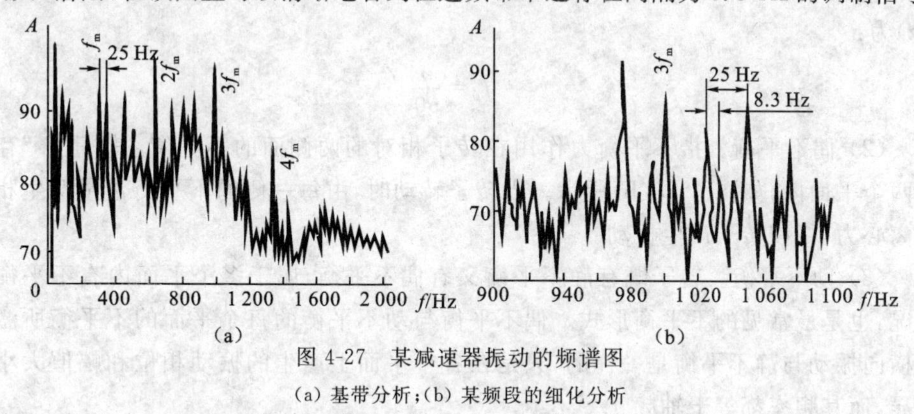

图 4-27　某减速器振动的频谱图

(a) 基带分析；(b) 某频段的细化分析

4.4　旋转机械的故障诊断技术

旋转机械包括压缩机、汽轮机、鼓风机、离心机、柴油机及各种齿轮箱等，一般将转速范围为几千 r/min 至几十万 r/min 的这类机组称为高速旋转机械，而将低于几千 r/min 的机组称为低速旋转机械。由于转子、轴承、壳体、联轴节、密封和基础等部分的结构、加工及安装方面的缺陷，使机械在运行中产生振动。过大的振动往往是机器破坏的主要原因，所以对旋转机械的振动测量、监视和分析是非常重要的。另外，振动参数比起其他状态参数能更直接地、快速准确地反映机组的运行状态是否正常。

4.4.1 旋转机械的故障特征

旋转机械的常见故障有转子不平衡、连接不对中、转轴弯曲及裂纹、转轴失稳及轴瓦碎裂、机组共振及流体涡流激振等。理解这些故障形成的机理并掌握它们各自的振动特性是进行故障诊断的前提。

1. 转子不平衡

在旋转机械异常中，不平衡造成的振动最多。造成不平衡的原因主要有材质不匀、制造安装误差、孔位置有缺陷、轴内径偏心、偏磨损等。它们往往引起转子中心惯性主轴偏离其旋转轴线，造成转子不平衡。转子每转动一转，就会受到一次不平衡质量所产生的离心惯性力的冲击，这种离心惯性力周期作用的结果便引起转子产生异常的强迫振动。

由转子质量中心和旋转中心之间的物理差异所引起的不平衡一般可分为以下三种形式：

(1) 静不平衡。指不平衡力作用在一个方向上的不平衡，其“重心”只存在于一个平面内，如图 4-28(a)所示。存在静不平衡的转子旋转时产生一个周期作用的离心力，使其形成一阶振动。当轴的转速为 n(单位为 r/min)时，其振动频率 f_0(单位为 Hz)为：

$$f_0=\frac{n}{60} \tag{4-9}$$

(2) 偶不平衡。指不平衡力作用在转子相对的两侧面的不平衡，其“重心”存在于两个平面内，如图 4-28(b)所示。当转子转动时，由每一侧的不平衡重量产生相反的离心力，将使转子产生振动。

(3) 动不平衡。转子既有静不平衡又有偶不平衡，属于多个平面内有不平衡的情况，也是最常见的不平衡形式。偶不平衡与动不平衡的每个平面的不平衡所激发的横向振动与静不平衡是一样的，只是在各个平面上产生的振动相位和幅值大小有差异，而其频率都等于轴频 f_r。

由不平衡引起的振动频谱、波形和轴运动轨迹分别如图 4-28(c)，(d)和(e)所示。

由于转子不平衡产生的振动频率与转轴的旋转频率相同，因此其振动能量应集中在轴频上。如果在轴承座转子径向方向上安装传感器，拾取轴或轴承座的振动信号，则轴每旋转一周，该传感器将感受到一次离心力的冲击，连续接收就会得到以轴频为周期的振动信号。

2. 不对中

旋转机械在安装时应保证良好的对中，即连接的转子中心线为一条连续的直线，并且轴承标高应能适应转子轴心曲线运转的要求。在现场安装操作时对此往往难以保证，从而形成转子轴线的不对中。旋转机械对中不良可以引起多种故障：

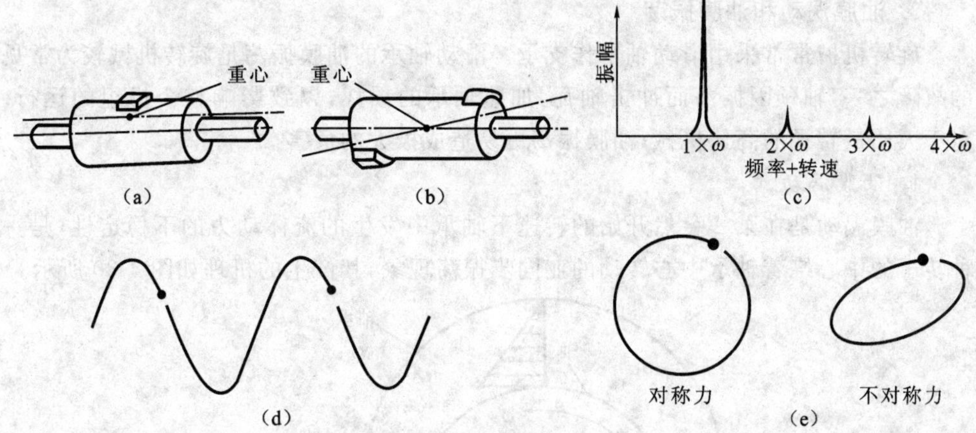

图 4-28　不平衡的特征

(a) 静不平衡；(b) 偶不平衡；(c) 频谱；(d) 波形；(e) 轴运动轨迹

(1) 导致动、静部件摩擦，引起转轴热弯曲；

(2) 改变轴系临界转速，使轴系振型变化或引起共振；

(3) 使轴承载荷分配不均，恶化轴承工作状态，引起半速涡动或油膜振荡，甚至引起轴瓦升温而烧毁轴瓦。

转子轴系不对中有两种类型：一是轴系转子间连接不对中，如图 4-29 所示；二是转子与轴承间的安装不对中。

不对中的作用就像转子有一个不定向的预载，容易引起轴向振动。当不对中性不严重时，其振动的频率成分为旋转基频 f_0；当不对中性严重时，则产生旋转基频的高次谐波，如 $2f_0$，$3f_0$ 等。

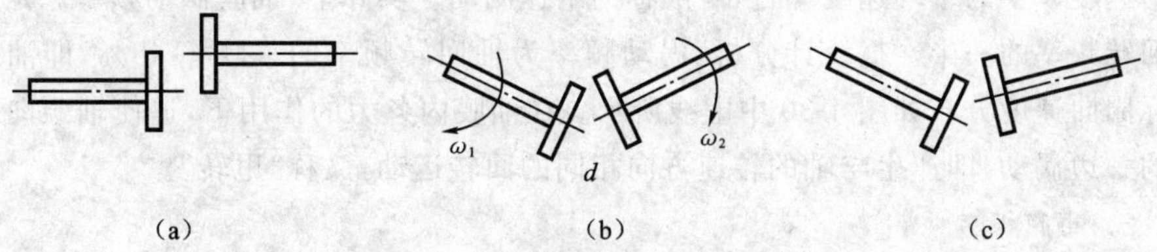

图 4-29　连接不对中类型

(a) 平行不对中；(b) 偏角不对中；(c) 综合不对中

有关研究指出，当在二阶运转频率上的振幅是运转频率上振幅的 30%～75% 时，此不对中可被联轴节承受相当长的时间；当二阶频率振幅是运转频率振幅的 75%～150% 时，某一联轴节可能会发生故障，应加强其状态监测；当二阶运转频率振幅超过运转频率振幅 150% 时，不对中会对联轴节产生严重作用，联轴节可能已产生加速磨损或极限故障。

3. 油膜涡动和油膜振荡

旋转机械常常采用滑动轴承作支承。滑动轴承的油膜振荡是旋转机械较为常见的故障之一，轴颈因振荡而冲击轴瓦，加速轴承的损坏，以致影响整个机组的运行。对于大质量转子的高速机械，油膜振荡更易造成极大的危害。

1）油膜涡动

油膜涡动是在某一突然开始的转速下轴承中发生的流体动力的不稳定性，是一种转子的中心绕着轴承中心转动的亚同步振荡现象，其产生的机理如图 4-30 所示。

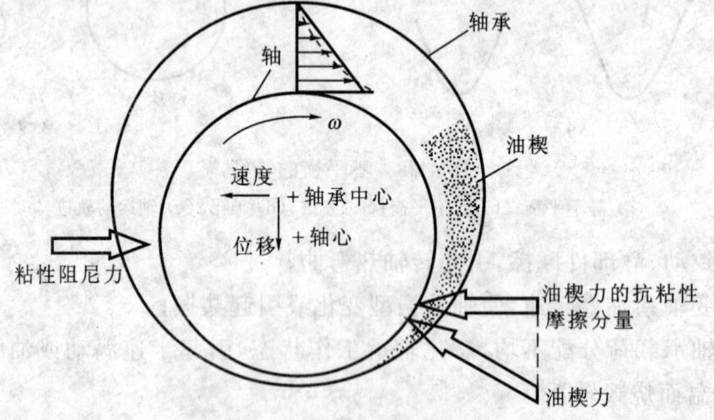

图 4-30　油膜涡动产生机理

在大多数情况下轴承不转动，其内表面的油膜速度为零，而轴颈表面的油膜速度与轴颈表面的速度相同。因此，在层流的假设下，油膜沿径向的速度分布为三角形，油膜的平均周向速度为轴颈表面周向速度的一半，即转子转动时，油膜将以轴颈表面周向速度一半的平均速度环行，一般称为半速涡动。实际上，油膜涡动频率总是小于轴回转频率的一半。据统计分析，涡动频率为轴回转频率的 42%～48%，即油膜的实际周向速度分布如图 4-30 中虚线所示。在油膜内各力的作用下，迫使轴颈向流量大的一边涡动，即产生与轴的转速方向相同的回转运动，又称“甩转”。

2）油膜振荡

当轴的工作转速达到其某一阶临界转速的两倍时，有可能造成涡动频率等于转子临界转速，此时将发生共振，半速涡动的振幅将被放大，这种强烈的振动状态称为油膜振荡。转子一旦发生油膜振荡，涡动频率将在一个很宽的转速范围内不随转子转速的升高而改变，只是维持在以转子一阶临界转速为涡动频率的大振幅振动，这种现象被称为油膜振荡的惯性效应。

半速涡动是油膜振荡的先决条件，油膜振荡是比半速涡动更为危险的状态。因此，应通过优化设计选择合适的承载油膜刚度和阻尼力，并采取措施避免转子的工作转速在轴系的一阶临界转速的两倍附近，以抑制半速涡动，避免发生油膜振荡。

3) 临界转速

旋转机械在升速过程中，当转速达到某一值时会出现剧烈振动，而错开这一转速后振动又恢复正常，这种使转子产生剧烈振动的转速称为临界转速。

理论和实践证明，每种转子因结构和状态不同而有不同的临界转速，而且往往有多个(即 n 阶)临界转速。当多个转子(如电动机驱动泵或压缩机等)串联时，转子的临界转速将会有变化。

对于理想的单叶轮转子，可简化为一个自由度问题，如图 4-31 所示。图中，$AO'B$ 为转轴中心线；O 为叶轮的几何中心；S 为叶轮的质心；e 为偏心距；$P=ky$(k 为轴的刚度系数；y 为挠度)，为弹性恢复力；F 为质量偏心产生的离心力。

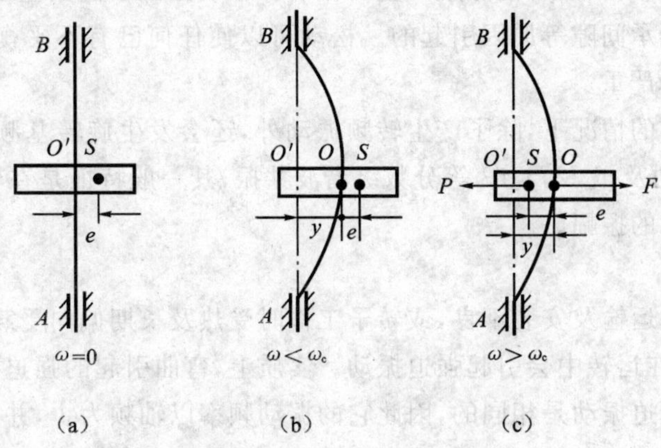

图 4-31 转子不平衡情况

运动微分方程为：

$$my''+ky'=me\omega^2\sin\omega t \tag{4-10}$$

该方程的解为：

$$y=B\sin(\omega t-\varphi)$$

$$B=\frac{e}{\frac{\omega_c}{\omega}-1}$$

$$\omega_c=\sqrt{k/m}$$

式中 B——受迫振动的振幅；

φ——振体振动规律与激励力变化规律的相位差；

ω_c——临界角速度；

m——叶轮质量，kg。

所以，有：

① 当 $\omega=\omega_c$ 时，$B\to\infty$；

② 当 $\omega\ll\omega_c$ 时，B 值较小；

③ 当 $\omega\gg\omega_c$ 时，B 值趋近于 e。

转子水平放置的情况与此类似。由此可得一个自由度时转子的临界转速 n_{cr} 的计算公式：

$$n_{cr}=\frac{30}{\pi}\omega_c \tag{4-11}$$

一般来说，决定转子临界转速的主要因素有转子质量、结构尺寸、转子刚度及支承条件。

4. 其他故障

1）机件松动

在旋转机械中，松动可能导致严重的振动。松动是由于固紧基础松弛、轴承约束松弛或过大的轴承间隙等原因引起的。松动可以使任何已有不平衡、不对中所引起的振动问题更加严重。

在出现松动的情况下，除了产生转频振动外，还会发生旋转基频的高次谐波（如 $2f_0$，$3f_0$ 等）振动及 $f_0/2$，$f_0/3$ 等分数级谐波共振，其一般特征是在转频的一系列谐频上产生异常大的振幅。

2）轴弯曲

由于转子的运输及安装不良，或转子工作时受热及长期偏向受载，会造成转轴弯曲，弯曲的转子在运转中会引起强迫振动。实质上，弯曲引起的强迫振动与转子质量不平衡引起的强迫振动是相同的，因此它的振动频率以轴频为主，并伴有幅值不大的 $2f_0$ 及 $3f_0$ 成分。

3）摩擦碰撞

旋转机械有时会出现转动件与静止件的摩擦及碰击。这种故障的振动频率成分较为丰富，摩擦可以认为是对系统作宽频带的激励，其响应是具有一定幅值的临界转速频率及其谐频。当摩擦随转动而周期出现时，还会激发轴频成分。

叶片端部间隙不均匀引起的气隙振荡、转子内阻引起的自激振荡在旋转机械中也时有发生，其振动频率以临界频率及局部结构固有频率为主。

4.4.2 旋转机械的振动参数测量

通过机器外部振动的测量来诊断其内部的故障或缺陷是旋转机械振动诊断的基本思想。振动诊断可以分成性质不同的两类，两者在诊断职能和实现手段上都有所区别。一类是现场操作人员利用便携式测振仪定期测取设备振动量级的大小，对设备进行日常监测，它可以及时发现异常，并由设备的振动记录档案资料进行粗糙的趋势分析，为合理制订检修、维护计划提供依据，这称为简单诊断。另一类则是由专业人员借助各类测振仪器及专业信号分析设备，对机械设备进行故障测定及评价，诊断故障部位及其产生的原因，分析故障恶劣程度及设备运转寿命，这称为精密诊断。无论是简单诊断还是精密诊断，都必须首先对诊断对象进行振动参数的测量。

在振动参数的选择上，一般根据转子系统的振动频率，对低频以位移或速度、对中频以速度、对高频以加速度为振动测定参数。这样的选择主要是因为频率越低，位移的测定灵敏度越高；频率越高，加速度的测定灵敏度越高。

关于测量部位的选择，一般来说，对于非高速回转体以测定轴承的振动为多；对接近于高速的回转体，以测定轴的位移为多。这是因为高速回转时轴承振动测定的灵敏度有所降低。

对于轴承的振动测量，需要从轴向、水平和垂直三个方向测定。测点位置以在轴的中心高度处测定轴向和水平方向的振动为佳，而垂直方向的测量应选择在轴线的上部垂线上。

对于轴的振动测量，通常是在轴承处装设非接触型位移计（如涡流传感器），测取位移计与轴表面的间隙。测量的方向也是三个。

4.4.3 旋转机械的振动故障识别

1. 振动原因识别的依据

通过转子系统各种振源的振动机理分析可知，不同振源在振动功率谱上出现的激振频率和幅值变化特征是不相同的。对转子系统振动原因的识别是基于对各类激振频率和幅值变化特征的分析。常见振源的主要识别依据见表 4-7。

表 4-7　常见振源的主要识别依据

激振原因	激振频率	转速上升与振幅响应						转速下降与振幅响应				
		稳定	增大	减小	峰值	急增	急减	稳定	增大	减小	急增	急减
不平衡	n		○		临界转速下有峰值					○		
转子弯曲	n	×	○						×	○	×	
不对中	n,$2n$,伴有 $3n$ 和高次谐波	×	△	×		×	×	×	×	△		
机件松动	$(0.3\sim0.5)n$,n 和高次谐波					○	×				×	
基座扭曲	n,$2n$,伴有 $3n$ 和高次谐波	△	○					△		○		
油膜涡动	$(0.42\sim0.48)n$		×			○				×		○
油膜振荡	转子的临界频率 n_{cr}		×			○				×		○
压力脉动	不规则	○						○	×			
电源激励	电极对数$\times n$	○						○				
轴承损伤	n,$2n$	×	○	×		△	×	×	×	○	×	△
齿轮精度低或损伤	$3n$ 和高次谐波	△	△	△	△	×	×	△	△	△	×	×

续表

激振原因	激振频率	转速上升与振幅响应						转速下降与振幅响应				
		稳定	增大	减小	峰值	急增	急减	稳定	增大	减小	急增	急减
联轴节精度低或损伤	(0.2～0.5)n,n,2n,伴有3n	×	△		△	△	×	×		△	×	△
共　振	n		△		○					△		

注:n为回转频率;○表示幅值变化的可能性大于50%;△表示幅值变化的可能性为20%～50%;×表示幅值变化可能性小于10%。

2. 简单诊断与趋势分析

旋转机械的长期运转很可能会产生故障。在故障从萌生到扩展的过程中,设备的振动也日益加剧。在振动允许的范围内,故障发展程度与振动量级将保持着近似的线性关系。根据这一特点,可以利用简单诊断的记录数据进行趋势分析,判断故障发展趋势。

3. 频域诊断

利用振动响应功率谱诊断故障是十分广泛的方式。前文已经讨论了旋转机械各种典型故障所对应的特征频率。反过来,可以从频谱图上对各种特征分量的量级及变化规律进行分析,如果设备存在故障,可以推测该设备的故障源及其类型、存在部位及严重程度,以达到诊断故障的目的。

1) 谱图比较法

由机械振动理论可知,如果系统的振动响应中包含某些频率成分,则必然有与之对应的同频激振源。如某一个或几个频率分量的响应幅值增大,则必然是其相应的激振力的幅值有所增大造成的,所以借助频谱分析能方便地获得分析结果。

图4-32所示为某机器的维修标准振幅谱图。

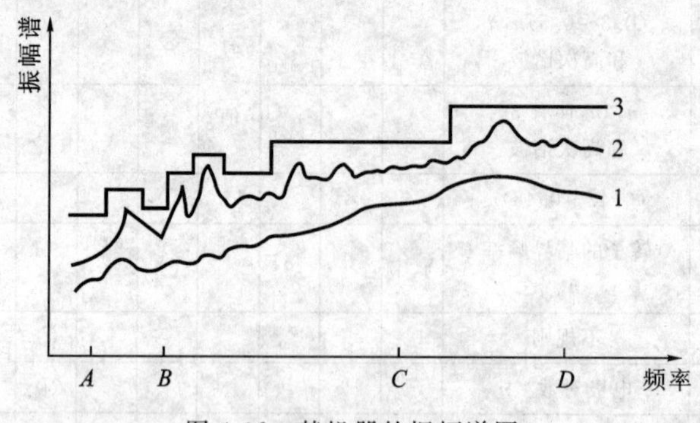

图4-32　某机器的振幅谱图

曲线1—良好运行状态振幅谱;曲线2—正常运行状态振幅谱包络线;

曲线3—维修振幅限,超过此线就停机维修

简单地说，低频段(AB)谱线发生变化，可能是转子平衡有问题；中频段(BC)谱线发生变化，可能是转子对中有问题；高频段(C 右侧)谱线发生变化，可能是机器中滚动轴承或齿轮啮合有问题。

2) 功率谱诊断

利用振动响应功率谱诊断故障的应用也十分广泛，下面列举两例。

(1) 大型水泵的故障诊断。图 4-33 所示为一台大型水泵的振动响应功率谱。功率谱图上有两个谱峰，对应的频率分别为 13.6 Hz 和 54.4 Hz。其中，$f_0=13.6$ Hz 是转子工频，而 $4f_0=54.4$ Hz 是由于叶片上水量不等(不平衡)而产生的。

(2) 轴系不对中。图 4-34 中除轴频 f_0 之外，在 $2f_0$，$3f_0$ 等处也出现了谱峰，而且以 $2f_0$ 处谱峰最高，这是轴系连接不对中的典型特征。

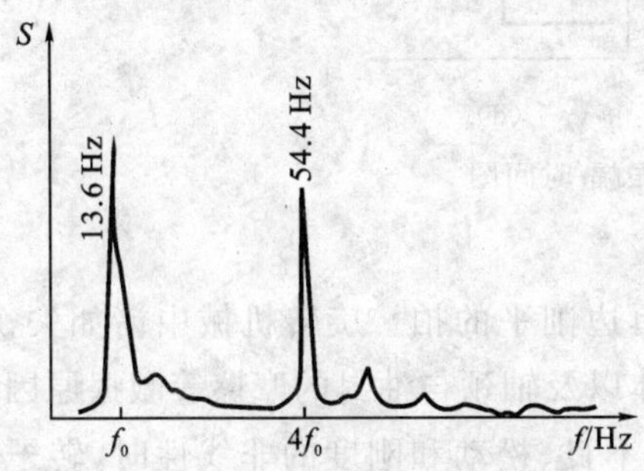

图 4-33　一台大型水泵的振动谱

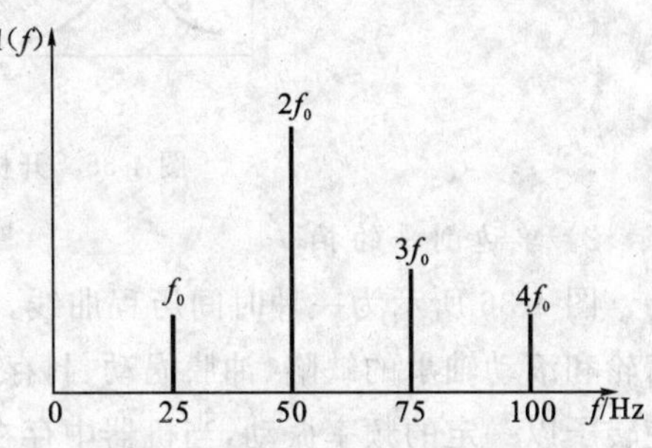

图 4-34　轴系不对中的频谱图

对于旋转机械的振动频谱分析，有如下一些定性研究结论：

(1) 当响应频谱中有很大的轴频分量时，可能是转子静、动平衡不好，也可能是轴系临界转速或其他结构部件的固有频率接近轴频。

(2) 当响应频谱中低于轴频的分量很大时，可能是半速涡动、转轴有裂纹、压缩机喘振或次谐波引起的共振等。

(3) 当响应频谱中数倍轴频分量增大时，可能是转轴安装对中不好、叶片共振或谐波共振等。

(4) 当存在较高的频率成分时，可能是传动链中的齿轮、滚动轴承等零部件在运转中的振动。

需要注意的是，实际测得的信号频谱图往往比图 4-34 中所示的情况要复杂得多。此时想识别出各种特征分量，需要采用一些特殊的信号处理手段，如用滤波器滤去不感兴趣的频率成分，用相关分析、倒频谱分析及细化分析等提取故障特征频率。

4. 时域诊断

1) 时间历程曲线(振幅-时间图)诊断

图 4-35 所示为旋转机械开机过程中有代表性的时间历程曲线。图 4-35(a)表

示振幅不变,转子系统无问题;图 4-35(b)表示振幅逐渐增大,很可能是转子失衡;图 4-35(c)表示振幅出现峰值,系统发生共振;图 4-35(d)表示振幅突变,可能是油膜振荡引起。

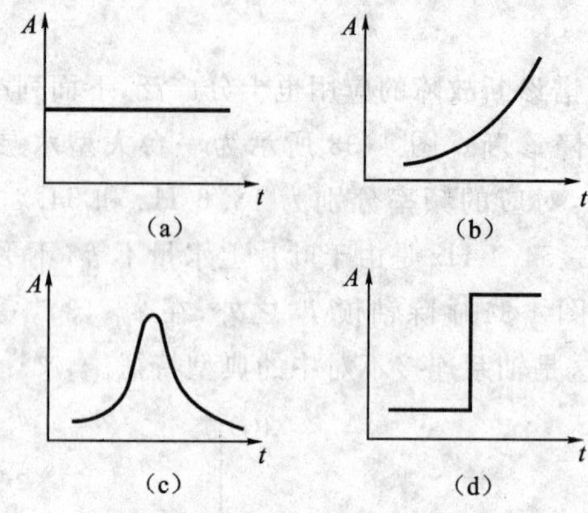

图 4-35　开机过程振幅-时间图

2) 单边削平的拍

图 4-36 所示为一种时间历程曲线,称为单边削平的拍。旋转机械中诸如失衡、齿轮和滚动轴承的缺陷、油膜涡动、封存的流体以及轴颈与油封的摩擦等激振原因促使转子以一定的频率振动,当机器中存在对中不良、松动和刚度的非线性时,转子的振动传到定子上就形成单边削平现象。

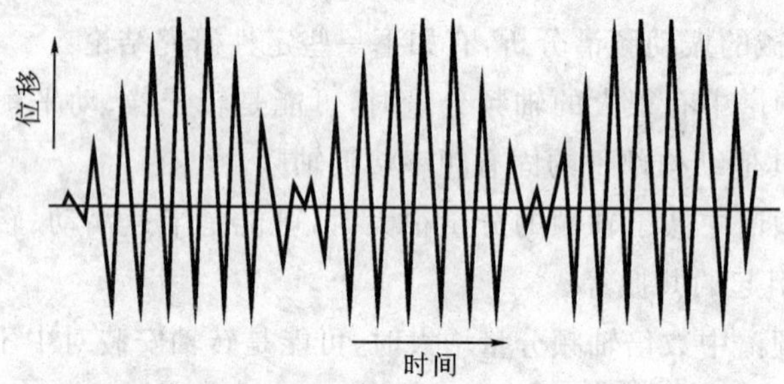

图 4-36　拍经单边削平后的时域信息

5. 时域-频域综合诊断

旋转机械故障类型及原因比较复杂,一般都要综合运用时域、频域诊断方法才能进行确切诊断。下面举例说明。

(1) 汽轮机不平衡引起的振动。图 4-37 所示是一台在管道共振区附近运行的汽轮机的轴向位移时间历程曲线及其振幅谱。由于内部质量不平衡造成过载,使轴承在非线性区域工作,在谱图上可发现轴频的高次谐波。

(2) 转轴组件不对中引起的振动。图 4-38(a)和(b)所示为一台汽轮发电机组件振动的时间历程曲线及其功率谱,图 4-38(c)和(d)所示为转轴弯曲或不对中产生的

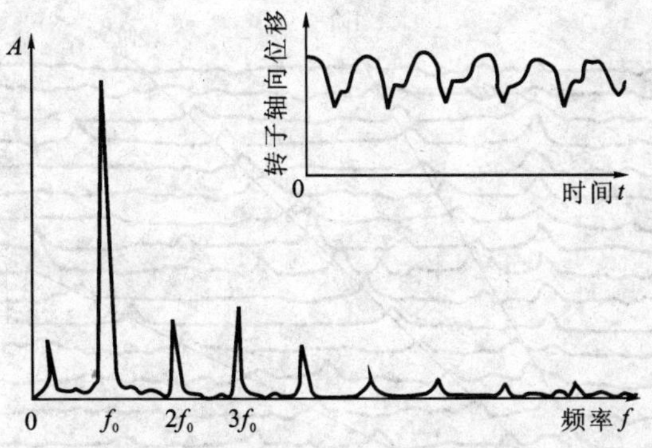

图 4-37　汽轮机由于内部质量不平衡引起的振动

另一种振动的时间历程曲线及其功率谱。仅从功率谱图上看，二者都有一个基频分量(60 Hz)和一些高次谐波分量，但二者振动的时间历程曲线却有很大的不同。在图 4-38(a)中仅仅是基频分量和二次谐波分量的叠加，表明可能是对中不良；在图 4-38(c)中则发现转轴组件可能存在非线性振动。因此将时间历程曲线与频域功率谱图结合起来，可判明引起二者振动的原因是不完全相同的。

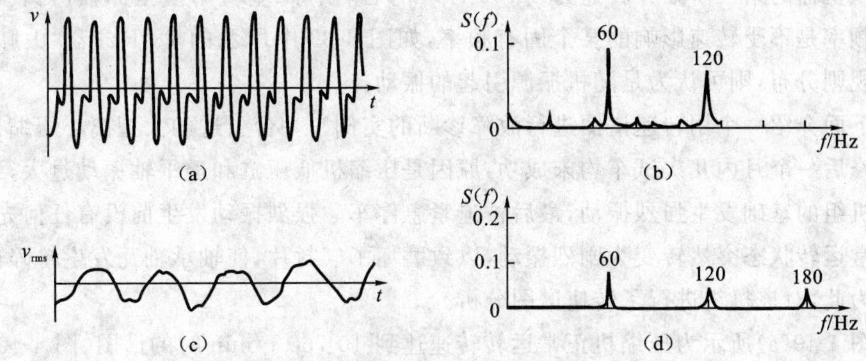

图 4-38　转轴组件不对中引起的振动

6. 转速谱图诊断

转速谱图(Campbell 图)又称瀑布图，是一个三维谱图，它是机器同一测点在不同转速下的一组振动响应的自功率谱图。如图 4-39 所示，x 坐标轴为频率，单位为 Hz；y 坐标轴为转速，单位为 r/min；z 坐标轴为幅值。

图 4-39 中每一条水平曲线都对应着某一转速时机器上某点振动响应的自功率谱。显然，由转速谱图可以得到旋转机械在运转范围内所有转速条件下以及在感兴趣的频率处纵横联系着的振动幅频特征。通过转速谱图还可以轻易地区分由不同激振力所引起的振动——强迫振动和自激振动。

从图 4-39 中可以看到几个由功率谱的谱峰构成的“山脉”。若该“山脉”构成的斜线通过坐标原点，则肯定是与转轴转速相关联的振源所引起的振动。这些斜线以

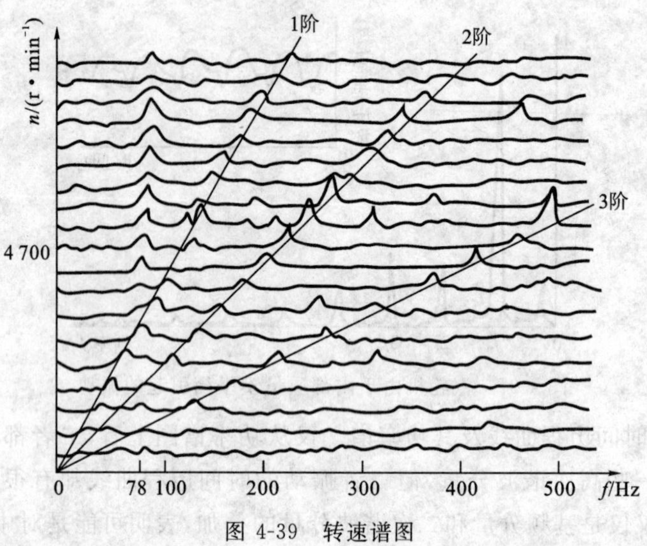

图 4-39 转速谱图

其斜率的大小依次称作一阶线、二阶线。若一阶线在 4 700 r/min 时的谱峰最高，它表示该机器的第一阶临界转速为 4 700 r/min；若“山脉”垂直于横坐标轴，则表示其对应频率是不受转速影响的某个固有频率，如图 4-39 中所示的 78 Hz；若“山脉”出现无规则分布，则可认为是随机振源引起的振动。

下面介绍一个用转速谱图进行故障诊断的实例。一台引进的大型离心压缩机组在大修后一个月内几次试车均未成功，原因是压缩机低压缸和透平轴振动过大，致使整个机组的基础发生强烈振动，最后被迫紧急停车。强烈振动发生前没有任何先兆，由正常运转状态突然转变为剧烈振动，以致磨坏了气封片，使轴承轴瓦发生粉碎性破坏。为此，对该机组进行了转速谱图分析。

图 4-40(a)所示为压缩机正常运转转速达到 10 760 r/min 时的谱图，图 4-40(b)所示为转速升到 9 650 r/min 时就出现的强烈振动的谱图。两个图上都可清晰地见到一阶线上的峰值，其对应频率为 72 Hz，说明该低压缸转子在垂直方向上的一阶临界转速为 4 320(即 72×60)r/min 左右。图 4-40(a)中 4 260 r/min 以后，图 4-40(b)中 7 750 r/min 以后，直到允许的最高转速都在一阶自振频率附近的低频振动分量出现。当机组转速大于 9 000 r/min 或负荷超过某一范围时，该低频振动分量的幅值成倍上长，甚至高过旋转频率分量的幅值，于是机组振值出现浮动，轴心轨迹发散，进入强烈振动状态。

借助转速谱图的分析，认为机组产生的是亚异步自激振动，其振动能量主要由一阶临界转速附近的低频成分产生。机组产生强烈振动的原因为：① 压缩机本身的设计缺陷，工作转速是其一阶临界转速的 2.7 倍左右，工作时显得太“柔”，容易在外界扰动下产生自激振动；② 因“管道力”及基础变形等引起的“动态不对中”激发出转

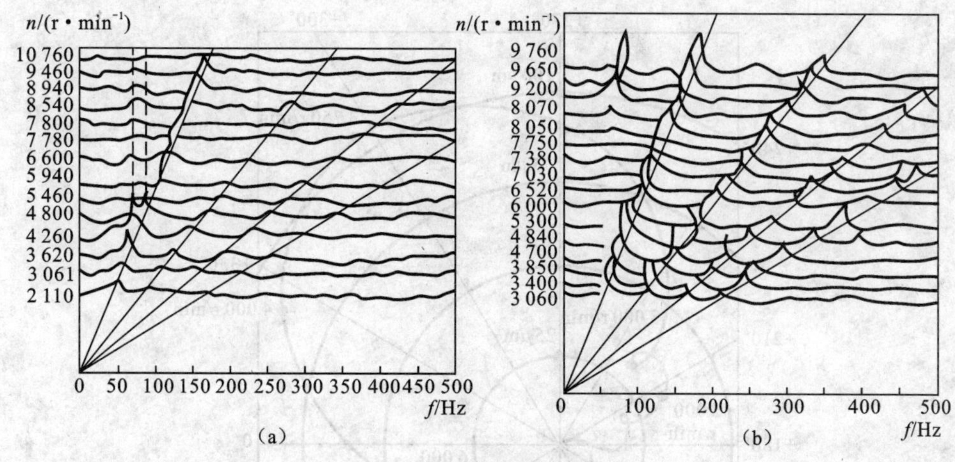

图 4-40　转速谱图的诊断实例

(a) 正常转速谱图；(b) 异常转速谱图

子的一阶自振频率分量。

转速谱图除了可用来确定旋转机械的各阶临界转速并可区别不同类型的振源外，还可直接用于诊断故障。例如，若在谱图上出现一阶临界转速下降，则可以推论旋转机组存在基础松动及油膜刚度变化等故障。

7. 奈奎斯特(Nyquist)图

由于转子系统从启动、升速到达额定转速的过程经历了各种不同转速，在各转速下的振动状态可以用来辨识临界转速、固有频率、阻尼常数各参数，因而启动和停车过程包含了丰富的信息。图 4-41 所示为奈奎斯特图，它是在转子系统启动过程中，当转速增加时将不同转速下的幅值和相位作在极坐标平面上并连成曲线而得到的。图中用一旋转矢量的点代表转子的轴心，该点在各转速下所处位置的极半径代表轴的径向振幅，该点在极坐标上的角度就是相位角。

从图 4-41 可得如下振动信息：

(1) 共振频率为 3 750 r/min；

(2) 在 165° 处有一个 12.7 μm 的慢滚动向量，表示初始弯曲情况；

(3) 在共振时有 180° 相位偏移；

(4) 在共振过程中相位角滞后，即有与转子转动方向相反的移动；

(5) 在 1 500 r/min 和 3 000 r/min 处结构有亚共振区。

8. 轴心轨迹分析

如图 4-42 所示，在转轴径向安装两个在同一平面内、相隔为 90°的非接触式位移传感器，将垂直方向传感器的振动信号输入到示波器的垂直输入端，而将水平方向传感器的振动信号输入到示波器的水平输入端，则在其阴极射线管上产生的合成图像就表示轴在特定位置上的轴心运动轨迹(或称为 Lissajou 图)。轴心轨迹分析能有效地对旋转机械的转轴失稳和油膜振荡等故障进行监测及诊断。

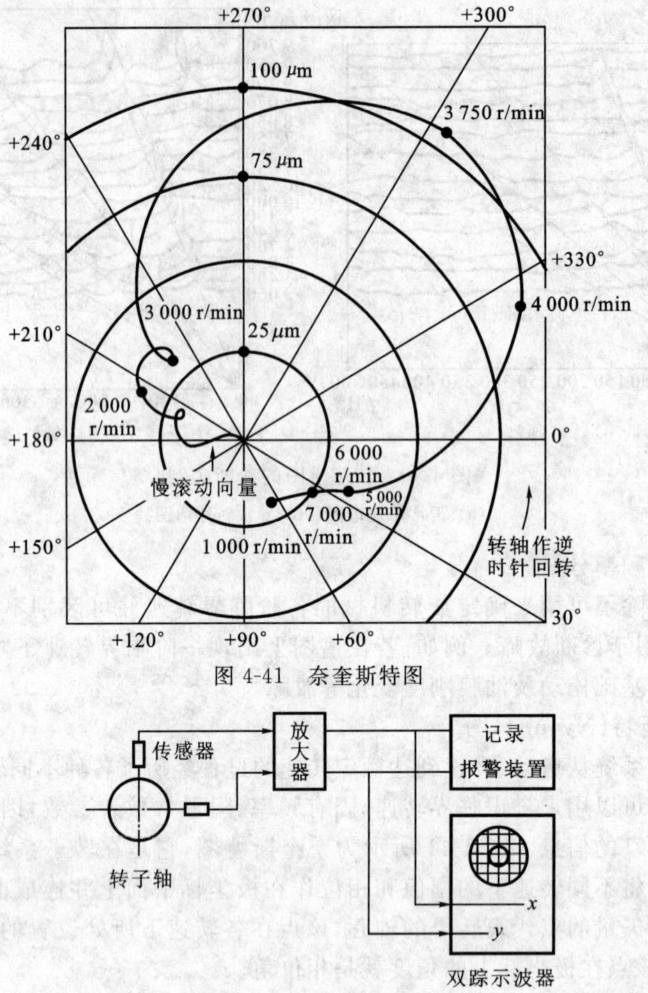

图 4-41　奈奎斯特图

图 4-42　轴心轨迹测取

当转子稳定运转时,转子轴心轨迹为一近似的椭圆(图 4-43a);当轨迹变为双椭圆时(图 4-43b),现场称之为“双圈晃动”,它反映转轴已进入初期失稳;一旦轴心轨迹出现发散(图 4-23c),就意味着机组转轴涡动加剧,随之将产生强烈振动。

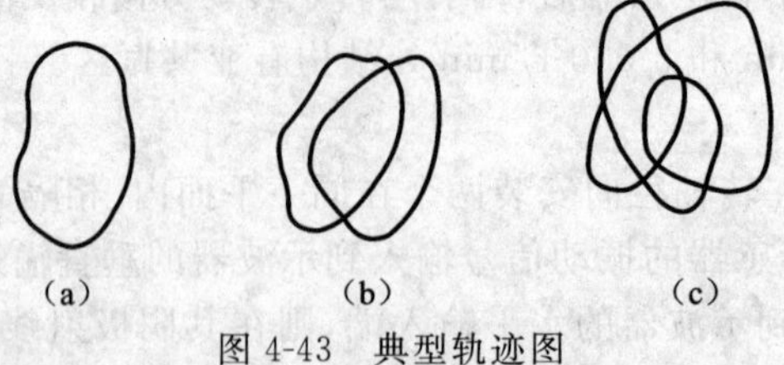

图 4-43　典型轨迹图

对旋转机械的某些特殊故障的监测还有一些方法,如相位信息的利用等。机组结构的复杂性、设备工作环境及工作状况的差异都给诊断工作带来了各种各样的困难。实践表明，将振动信息与设备运转时的噪声、油温、油膜压力等信息相结合，进行综合分析，可大大提高故障诊断的准确性。

4.4.4　转子系统的振动故障判据

许多国家在旋转机械故障预测方面做了大量的试验研究工作，根据多年来生产和使用的经验，制定了各种预测机械运转状态的振动标准，可作为振动故障的判据。

1. 振动速度标准

一般情况下，旋转机械的振动故障判据采用绝对判断标准，因为这类标准是以典型的转子系统为对象的。旋转机械的允许速度限值在国际标准 ISO 2372 和 ISO 3945 中均有规定，一般采用振动速度的均方根 $v_{\rm rms}$ 来衡量机械振动的程度：

$$v_{\rm rms}=\sqrt{\frac{1}{T}\int_0^T v^2(t)\,\mathrm{d}t} \tag{4-12}$$

设 $\omega_1,\omega_2,\cdots,\omega_n$ 为振动信号功率谱图上各个谱峰的中心频率，$A_1,A_2,\cdots,A_n$ 为各个频率分量的加速度幅值，$S_1,S_2,\cdots,S_n$ 为相应的位移幅值，则式(4-12)可写为如下形式：

$$\begin{aligned} v_{\rm rms}&=\sqrt{\frac{1}{2}\left[\left(\frac{A_1}{\omega_1}\right)^2+\left(\frac{A_2}{\omega_2}\right)^2+\cdots+\left(\frac{A_n}{\omega_n}\right)^2\right]}\\ &=\sqrt{\frac{1}{2}(S_1^2\omega_1^2+S_2^2\omega_2^2+\cdots+S_n^2\omega_n^2)}\\ &=\sqrt{\frac{1}{2}(v_1^2+v_2^2+\cdots+v_n^2)} \end{aligned} \tag{4-13}$$

如果机器的振动只由一个单一的谐波分量组成，该谐波分量的圆频率为 $\omega_{\rm f}$，速度幅值为 $v_{\rm rms}$，位移幅值为 $S_{\rm f}$，则有如下关系：

$$S_{\rm f}=\sqrt{2}\cdot\frac{v_{\rm rms}}{\omega_{\rm f}}=0.255\,\frac{v_{\rm rms}}{f} \tag{4-14}$$

表 4-1 是旋转机械按振动程序的分类(ISO 2372)，以及转速在 600～12 000 r/min范围内大型旋转机械按其振动程度和支承刚性而作的分类(ISO 3945)。表中均方根振动速度数列是按公比 1.6 划分的，相当于各项之间有 4 dB 的差值，对于安装在刚性较差的轻型支架上的转子系统，允许有较大的振动。

2. 相对判断标准

表 4-1 所示的分类标准都是以机械的绝对振动量为基础制定的。由于绝对振动量不能灵敏地反映转子系统的瞬态变化，近年来有的国家采用相对振动限值作为判断标准。

相对判断标准是对同一部位定期进行测定，并按时间先后进行比较，以正常情况下的值为原始值，根据实测值与该值的倍数比来进行判断。

对于低频振动，按照过去的经验值，当振动值的变化达到 4 dB 时，即可知道已经发生变化。通常将标准定为：实测值达到原始值的 1.5～2.5 倍时为注意区域，约 4

倍时为异常值；对于高频振动，根据机件的强制劣化实验结果，将原始值的 3 倍定为注意区域，6 倍左右定为异常区域。图 4-44 所示为这种判断标准的实例。

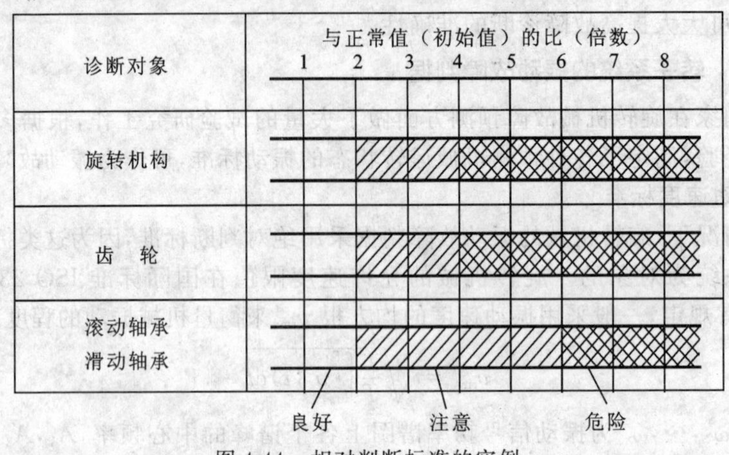

图 4-44 相对判断标准的实例

3. 类比判断标准

所谓类比判断标准，是指数台同样规格的设备在相同条件下运行时，通过对各台设备的同一部位进行测定和相互比较来掌握异常程度的方法。图 4-45 所示为这种标准的实例。

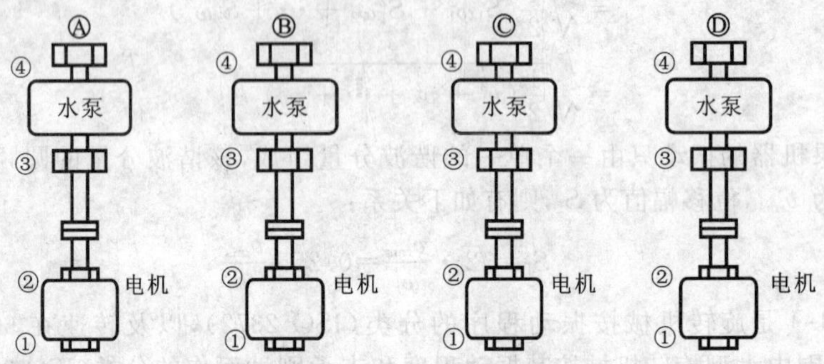

①~④各部位的水平方向振动记录

泵名 \ 测定部位	速度/($cm \cdot s^{-1}$)			
	①H	②H	③H	④H
Ⓐ	0.06	0.07	0.06	0.07
Ⓑ	0.06	0.05	0.07	0.06
Ⓒ	0.06	0.07	0.14	0.17
Ⓓ	0.06	0.07	0.05	0.07

在ⒶⒷⒹ的相同部位测出的振动值为（正常设备的）一倍以上时，旋转机构有可能存在异常。

图 4-45 类比判断标准的实例

在使用上述三种判断标准时，应优先考虑绝对判断标准。如果考虑设备的老化状况等因素，原有的判断标准就不能全部适用，此时必须由用户单独确定合适的判断标准，其中包括相对判断标准和类比判断标准。

4.5　共振解调技术

共振解调技术也称冲击脉冲技术、包络检波技术或早期故障检测(IPD 技术)，是对低频(通常在 1 kHz 以内)冲击所激起的高频(数倍至数百倍于冲击频率)共振波形进行包络检波和低通滤波(即解调)，获得一个对应于低频冲击、放大并展宽了的共振解调波。例如，滚动轴承的故障检测就是利用运转轴承零件中故障(如裂纹和剥落坑等)的低频冲击所产生的频域十分宽广、频谱极为丰富的故障冲击波的高频分量激起高频谐振器的共振，再对高频共振波进行解调处理，获得一个剔除了低频振动干扰，但富含故障信息、信噪比大为提高的共振解调波，通过对此共振解调波的幅值谱分析判定故障的量值和故障类型，这就是共振解调故障检测诊断技术。

图 4-46 所示共振解调变换过程的波形特性，可简要地反映共振解调故障检测的原理与优越性。混杂在振动中的故障冲击波(图 4-46a)的时域脉宽极窄，幅值甚小，频谱丰富。谐振器对冲击的共振响应波形(图 4-46b)是一组幅值被放大了的高频间歇振荡波形，与故障冲击强度成正比，其频率为谐振器的固有频率，时域被展宽且呈自由衰减。其中成组的重复频率与故障冲击重复频率相同。共振解调波(图 4-46c)与原始冲击比较，其重复频率相同，但幅值被放大且时域被展宽，因而共振解调输出的解调脉冲中低阶频谱的能量较冲击脉冲的低阶能量极大地增强，加之变换过程中谐振器剔除了常规振动的干扰，故与原始信号相比，解调输出信号可获得比较高的信噪比，取得没有故障就没有共振解调波及其频谱的良好效果。以上处理过程通常由初级仪表中的电路或相应软件实现。

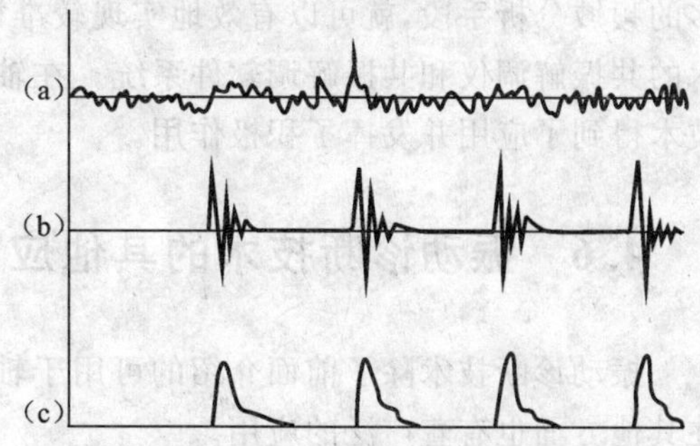

图 4-46　共振解调变换过程的一般波形特征

共振解调法诊断轴承损伤类故障的原理还可用图 4-47 来比较完整地描述。当轴承某一元件表面出现局部损伤时，在受载运行的过程中要撞击与之相互作用的其他元件表面，产生冲击脉冲力。由于冲击脉冲力的频带很宽，必然包含轴承外圈、传感器甚至附加的谐振器(可以是机械式的，也可以是电的)等的固有频率，从而激起这个系统的高频固有振动。根据实际情况，可选择某一高频固有振动作为研究对象，通过中心频率等于该固有频率的带通滤波器将该固有振动分离出来。然后，通过包络检波器检波，去除高频衰减振动的频率成分，得到只包含故障特征信息的低频包络信号，对这一包络信号进行频谱分析便可容易地诊断出轴承的故障。

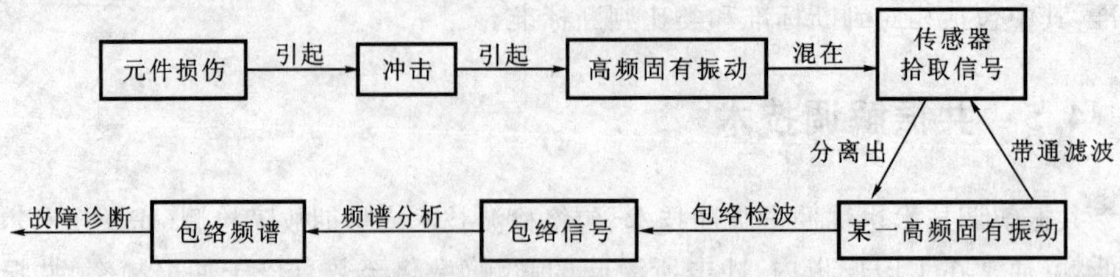

图 4-47　共振解调法诊断轴承损伤类故障的原理

既应用共振解调信号的幅值信息，又应用共振解调的频率信息来实现故障量值及原因分析的诊断即为精密诊断。精密诊断是以简易诊断的共振解调信号为基础的。这就要求实施共振解调变换的仪表或软件（希尔伯特变换等）为精密诊断留下可供研究的信息。实施共振解调精密诊断的主要手段是对仪表或软件输出的共振解调信号进行快速傅里叶分析。它在信号预处理方面的优越性使得精密诊断无须依赖更多的频域分析手段，就可以有效地实现较准确的诊断。现已开发出采用共振解调技术的共振解调仪和共振解调软件系统。在轴承等机械部件的故障诊断中，共振解调技术得到了应用并发挥了积极作用。

4.6　振动诊断技术的其他应用

振动诊断技术除了前面介绍的可用于轴承、齿轮、旋转机械等的故障诊断之外，在其他方面也有着广泛的应用。

4.6.1　分析结构自振频率

通过对结构物在无外力干扰时在激振、冲击或天然脉冲后所测得的结构振动信号进行功率谱密度和幅值谱分析，由谱图的尖峰分量可近似求得结构的自振频率。

4.6.2　油(水)管检漏

可用声发射相关分析方法来探测地下油（水）管的破损地点。如图 4-48 所示，从管道破损处发出的漏水声通过管子向左右传递，这时可在漏失管段的两端布置测点进行测定，然后通过互相关函数曲线，由最大延时 τ_m 和钢材传声的速度计算出裂纹位于两个检测点中心的方向和距离。

设漏损处到两测点的中心距离为 S，声音沿油（水）管的传播速度为 v，传到两个测点的时间分别为 t_1 和 t_2，则有：

$$S=\frac{t_1v+t_2v}{2}-t_1v=\frac{v(t_2-t_1)}{2}=\frac{v\tau_m}{2}$$

用此方法确定漏损位置的误差一般在几十 cm 之内，是工程上比较有效的方法。

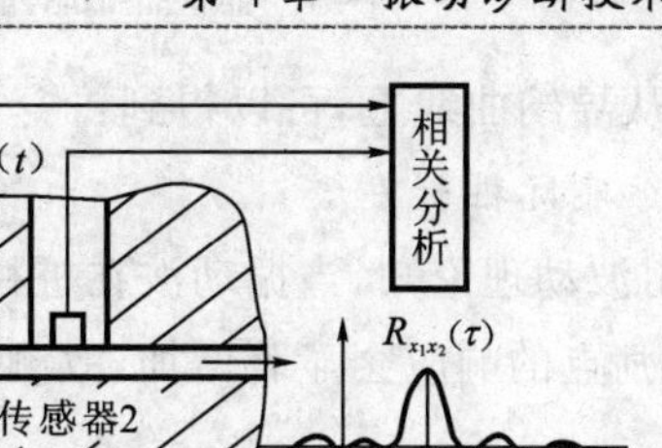

图 4-48 确定油管裂损位置

4.6.3 桩柱质量的无损检测

在房屋及桥梁工程中，支承桩的灌柱是一项必不可少的基础工程。对于高层建筑和大跨度桥梁，钻孔灌注桩柱的直径可达 2 m，桩长可达 100 m，要求能支承数千 t 载荷。由于地质条件以及钻孔和灌注混凝土等施工缺陷，可能出现桩身混凝土不均匀或不连续等事故隐患。准确迅速地检验每一根灌注桩的灌注质量便成为工程建筑部门力求解决的课题。

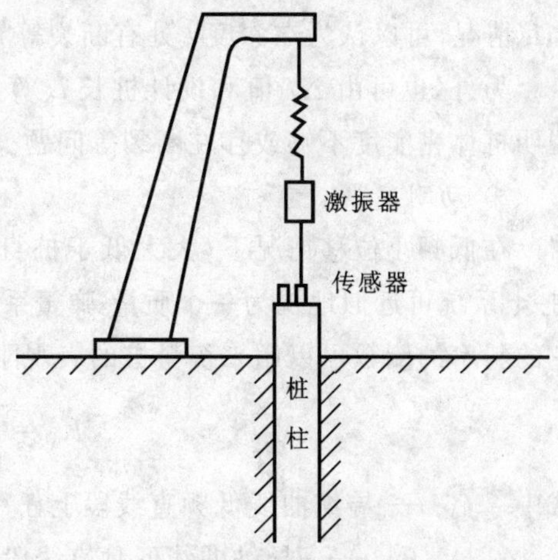

图 4-49 桩柱质量无损检验方法示意图

为此，国内外有关专家提出并研究了用稳态正弦扫频激励对桩柱质量进行无损检验的方法。这项技术的具体实施如图 4-49 所示，在桩顶通过激振器施加垂直正弦激励力，检测力的信号并在桩的邻近位置检测响应信号，求出该激励频率下的导纳值。改变激励频率，求得不同频率下的导纳值，最后可得一条完整的导纳特性曲线。

在检验桩柱质量时，通常利用的是桩顶激励的速度导纳曲线，其典型形状如图 4-50 所示。

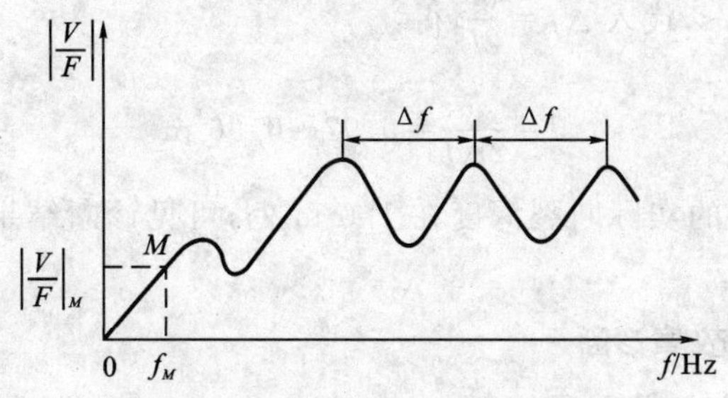

图 4-50 桩柱测试所得的导纳曲线

从导纳曲线上，可以得到：

1）实际桩长 l

由波动理论知，当振动波在桩柱上下端面的反射频率（及其倍频）等于激励频率时，激励点的响应会显著增加，故测试所得的导纳曲线呈波动形状，且有：

$$\Delta f=\frac{v_c}{2l}$$

式中 Δf——导纳曲线上两谐振峰之间的频率差，Hz；

v_c——应力波在桩身混凝土中的传播速度，m/s；

l——桩长，m。

对于正常的混凝土，$v_c=3\ 600\sim4\ 500$ m/s，因此根据导纳图中的 Δf 值不难求得桩柱的实际长度。对于一根优质桩，实际桩长 l 必定与设计桩长 L 相近。如出现 $l<L$ 情况，可以认为在深度 l 处有断裂等异常现象。

另外，也可由 Δf 值和设计桩长 L 算出 v_c。若算得的 v_c 小于上述正常范围值，说明桩体密实度不够或存在断裂等问题。

2）动刚度 K_D

在低频小位移情况下（大大低于桩身的固有频率），桩的运动可视为刚体平动，桩-土系统可近似地视为一个质量-弹簧系统，因此其速度导纳曲线接近于一条直线。它的斜率的倒数可以用来衡量桩的表观刚度（动刚度）K_D，即：

$$K_D=\frac{f_M}{|V/F|_M}$$

式中 f_M——导纳曲线低频直线段上任一点 M 处的频率；

$|V/F|_M$——导纳曲线低频直线段上任一点 M 处的导纳值。

一般认为，K_D 反映桩柱周围土壤对桩柱的弹性支承刚度。因此，K_D 的大小与桩的承载力存在一定的联系。在基础建设上，K_D 值是有具体要求的。

应用上述方法对某桩实施导纳测试，得到图 4-51。经计算，$\Delta f=2\ 100\sim2\ 200$ Hz，取 $v_c=4\ 050$ m/s，代入 $\Delta f=\frac{v_c}{2l}$，得：

$$l=\frac{v_c}{2\Delta f}=0.92\sim0.96\ \text{m}$$

经实际检测，桩的实际断裂深度在 1.0 m 处，可见诊断结果与实际情况是非常接近的。

4.6.4 内燃机故障诊断

1. 内燃机排气阀门间隙的诊断

内燃机排气阀门间隙正常与不正常，可通过内燃机振幅谱图反映出来。图 4-52

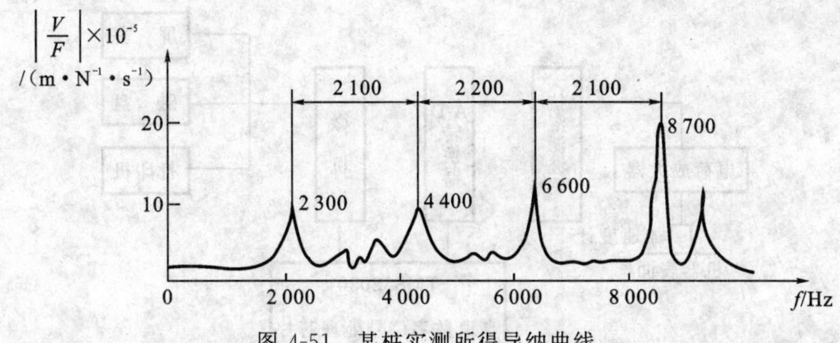

图 4-51　某桩实测所得导纳曲线

(a)所示为间隙正常情况；图 4-52(b)所示为间隙不正常情况，谱峰高，谱图与图 4-52(a)有较大不同。

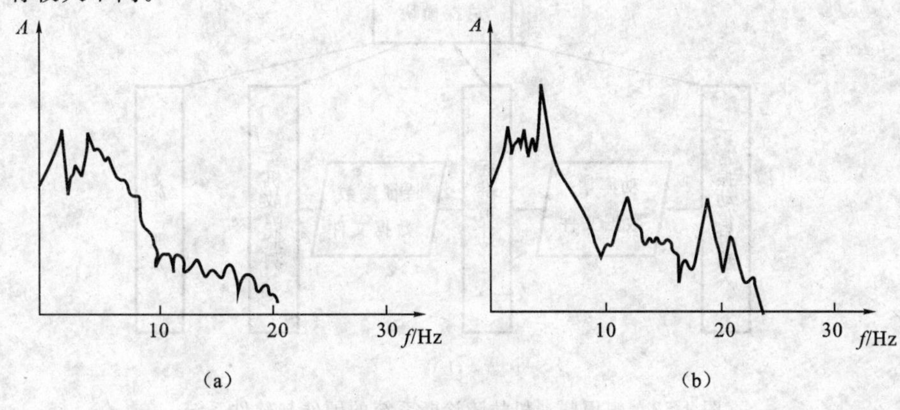

图 4-52　内燃机振动频谱
(a) 间隙正常；(b) 间隙过大

2. 舰用柴油机的故障诊断

可将机器分为正常和异常两种状态，通过采集足够多的在机器正常状态下运行的振动信号，提取其特征参数，并按给定的置信概率计算出特征参数在正常状态下的波动范围。在实际监测中，将测得的振动信号的特征参数与正常情况下特征参数的正常范围进行比较，一旦超出正常范围就将机器判为异常运行状态并发出警报。由于实际中仅用单一特征参数作为判别指标不可靠，往往会造成误判或漏判，因此同时选用 12 个不同的特征参数，并且当两个以上参数同时超过正常范围时就判断为异常。

经反复比较试用，主要以振动响应功率谱为基础，提取谱图相似因子、谱图向量因子及反映谱图随高低频变化的三个量作为特征参数。由于很多典型事故都可以从功率谱中分析诊断出来，如柴油机的拉缸、气阀间隙不正常、断油等，加之测试计算容易，因而不失为一种有效、实用的方法。

该系统的硬件与软件系统分别如图 4-53(a)和图 4-53(b)所示。

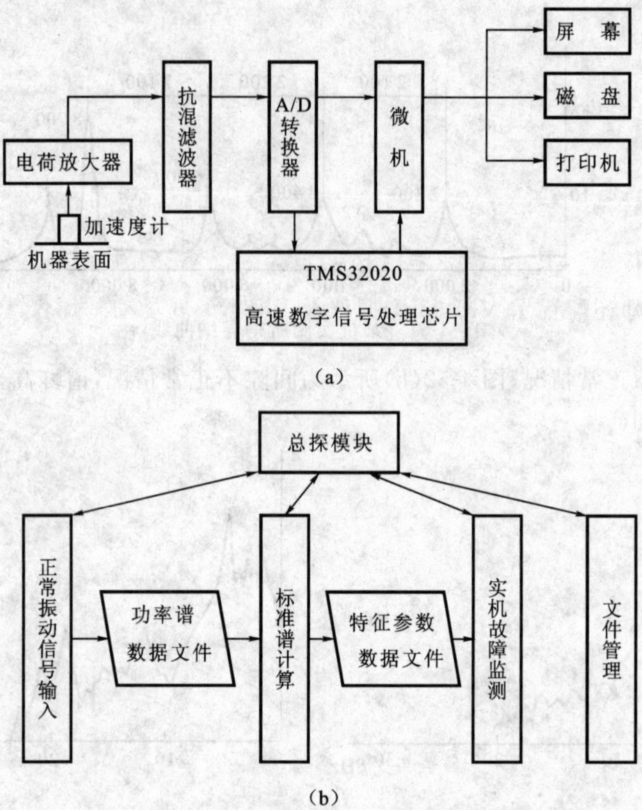

(a)

(b)

图 4-53　舰用柴油机故障诊断系统的硬件与软件系统

(a) 硬件系统；(b) 软件系统

4.6.5　故障诊断技术在石油装备中的应用

据统计，目前石油系统拥有重要石油装备上百万台，其中有相当数量属生产关键性设备。因此，将故障诊断技术应用于这些重要设备，可以及时地进行状态监测与故障判别，预测设备状态的发展趋势，减少事故隐患，确保安全生产，获取良好的经济效益。

1993 年 5 月，首届石油装备故障诊断技术研讨会在大庆油田召开；1995 年 8 月，又在大港油田召开了第二届研讨会。近年来，石油装备的故障诊断工作应用非常广泛，发展迅速，且取得了较好的成绩。

1. 大庆油田的设备故障诊断工作

大庆油田目前拥有主要专业设备近 10 万台(套)，由于注重设备的故障诊断工作，设备完好率、设备综合利用率均保持了较好的水平。

1) 设备与措施落实

大庆油田早在 1985 年就建成并逐步完善了 5 条活动设备不解体检测线，形成了从轻型汽车到重型汽车、从摩托车到轮式拖拉机的安全性能与动力性能的检测手段。此外还投资数百万元，在注水站、输油站、油库、电站等固定设备上开展在线和离线检测工作。其中，采油一厂机采大队组建了精密诊断中心，配置了恩泰克公司的IRD-890数据采集器和频谱分析仪、交流感应电机故障诊断系统和386微机处理设备，采用以振动监测为主、其他监测为辅的方法对数百台设备开展了状态监测和故障诊断工作。该油田在107座注水泵站、328座中转站、69座联合站、7座油库配置了213轴承故障检测仪、ZCY-216振动测量仪、DTQ217机器故障检查仪，各采油厂管理泵站设备的工程师还配置了VM-63测振仪及PF8503现场动平衡仪等。依据有关标准，结合油田设备的使用特点，他们制定了离心泵、压缩机、电机振动管理标准并定期检测点位。

采油一厂有70台注水泵，平均每天开泵28台，通过定期泵效与振动监测，使大修期由原来的10 000 h延长到15 000 h，每年节约大修费约35万元。对于故障比较复杂的情况，采用精密检测、频谱分析或专家系统进行诊断。据统计，采取以上措施后，仅注水泵、输油泵两种设备就节约修理费用300余万元。

2) 在线监测与专用监测仪器的应用研究

近年来，大庆油田在注水站推广了闭环微机集中巡控装置，对注水泵的运行性能参数(如温度、压力、排量、电流、泵效等)进行在线监测，并通过微机处理后反馈到出口闸门，使注水泵始终在高效区运行，目前大多数注水站推广了此系统。在南一油库、北二注水站、大庆热电厂等设置了振动源在线监测系统，一旦监测点振动超过规定值便自动报警，并可定时打印和绘制振幅、频率图谱，供操作者了解和分析机组的运行状态。

针对抽油机减速器运行中常常出现的串轴、打齿、侧隙增大超限、轴承游隙偏大、润滑不良等问题，采油二厂开发研制了抽油机减速箱运行状态监测仪。它可对减速器运行中的声波通过检波、对比、放大等程序，及时诊断出减速箱工作是否正常，检修后的减速箱试运转是否合格。

大庆热电厂在2号汽轮机上安装了在线故障诊断系统，可以诊断出诸如转子质量不平衡、转子初始弯曲、转子部件脱落、轴封碰摩、转子碰摩、联轴节偏差、转子不对中、机座标高差异、轴承箱与支座松动、油膜涡动、油膜振荡等10余种常见故障。该厂还为技术人员配置了目微仪、测振仪等离线监测仪器，对重要设备的运行状况进行监测，正常情况每周轮测一次，异常情况连续监测分析，避免了多次事故。

2. 大港油田的设备诊断技术

近年来，大港油田根据设备特点和工作条件，将振动分析技术、应力应变监测技术、超声监测技术、温度监测技术、腐蚀监测技术、无损监测技术等应用于设备的故障监测与诊断，取得了明显效果。

采油三厂从1993年起应用恩泰克PM和MM预测维修系统，对该厂的大型旋转机械进行状态监测。现已建立起数百台大型机泵 PM 系统数据库、大型电机 MM 系统数据库，确定测点数千个，巡检路径几十条。多年来，采油三厂对重要设备坚持监测，用 PM 软件绘制频谱图，及时发现几百处机械故障隐患，避免了突发性故障，节约了大量资金。该厂还设有专人负责故障监测工作，已建立起全部机泵的状态监测档案和工作台账，巡检工作做到了周期化、管理制度化。

炼油厂从 1992 年起成立了专门的设备状态监测机构，运用 PM 系统对重点设备进行定期、定点监测，并建立了监测档案，掌握劣化趋势，预报机器故障隐患部位及原因。他们还建立了“三步测试法”，即：设备停机前测试，安排修理内容；修理后试车时测试，进行针对性调整；竣工验收时测试，评价检修质量。此外，他们还不断完善重点设备的振动原始谱、正常谱和故障谱，为决策维修提供科学的信息。故障诊断技术的成功应用避免了多起突发事故，减少了过剩维修。

水电厂为从加拿大引进的 8 000 kW 燃气轮发电机组配备了一套振动在线监测系统，分别对永磁机、发电机、燃气轮机和主齿轮箱进行振动监测，系统的每条通道都可以进行频谱分析并打印出有关参数。1989 年该系统投入运行后，由于采用了预知性维修，使机组大修周期延长半年；1994 年还成功地预报了主齿轮箱驱动齿轮的齿损伤，避免了一起重大事故。

此外，大港油田还成立了锅炉压力容器的检测机构，配置了超声波探伤、X 光探伤、超声波测厚及无损探伤等仪器设备，对在用的数百台锅炉、3 000 多台压力容器及管道设备等进行无损检测，对正确指导维修和确保设备安全运行起到了重要作用。

设备状态监测与故障诊断技术的应用使大港油田的设备管理水平有了较大的提高，创造了大量的直接经济效益。

3. 采油厂注水离心泵机组的振动监测与诊断

多级注水离心泵是采油厂的关键生产设备，中国石油勘探开发科学研究院机械研究所的科研人员对其工作状况进行了监测与诊断，并开发了相应的硬件和软件，总结出了一套监测诊断方法。

1）布点方案及振动特征

采用 PM 系统先后两次对正在运行中的 5 台泵组进行了测试，共采集了 8 组 112 个时域样本并进行了频谱分析，取得了一些有用的结果。在此基础上，根据设备结构特点确定了图 4-54 所示的振动测试布点方案。图中 4H，5V 分别用于测泵的径向振动，监视叶轮和导液口环轴向碰摩；13V，14V 分别测试电机和泵支座的垂直方向振动；其余测点布置在泵和电机的轴承座处，测径向与轴向振动状态。

测试开始后，对每一测点采集到的信息逐一进行频谱分析，研究其振动频率成分和振动频率的分布特征，各测点分析频率的取值范围、轴向振动和支座振动的特点。例如，经分析认为，正常运行中泵的径向振动主要频率成分是工频和叶片通过频率，二者幅值大小是判断转子和叶轮平衡是否良好的依据。若工频的各阶倍频的幅

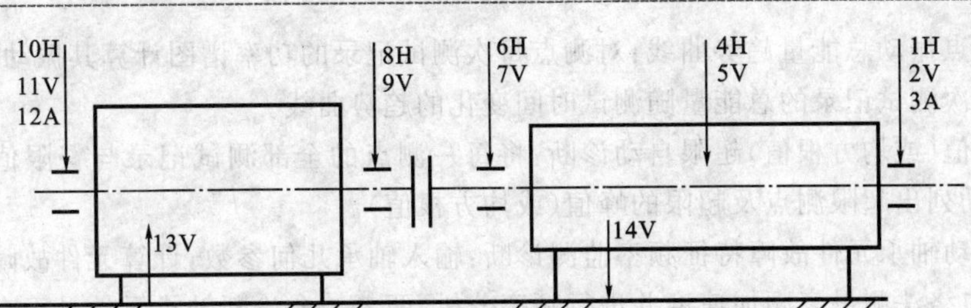

图 4-54　测点布置示意图

H—水平；V—垂直；A—轴向

值有异常变化，则可提供对中性等故障信息。就驱动电机而言，正常运行时，其径向振动频率为工频，其幅值大小表明转子的平衡程度，正常运行时其倍频幅值通常很小，若对中性不好等将引起倍频幅值的异常变化。图 4-55(a)中工频的谱峰突出，表明转子存在不平衡；图 4-55(b)中工频的倍频谱峰突出，表明对中性不理想。

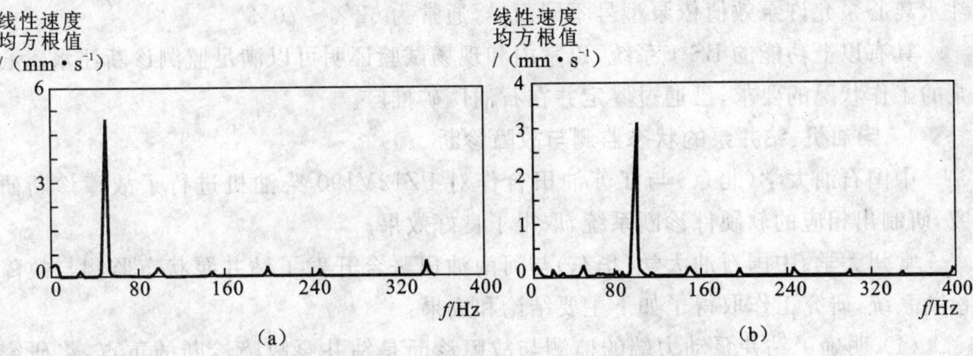

图 4-55　电机径向振动频率的典型分布形式

2）监测诊断方法

采用振动诊断与泵效监测相结合的综合监测诊断方法。

(1) 振动监测诊断。

① 时域(幅值域)显示时序曲线，给出最大峰值、峰-峰值或均方根值(速度)、幅值概率密度和概率分布函数。

② 频域作出幅值谱、功率谱、三维谱；六频段窄带报警窗可监视窗内谱峰、窗内功率。

③ 趋势监测诊断。

峰值趋势表：对每一测点，将多次测试记录的最大峰值(或均方根值)依测试时间顺序列成表，并引出给定的警限值，监视测点振动状况的发展趋势。

峰值趋势曲线：以测试时间为横坐标，拟合出最大峰值(或均方根值)随测试时间变化的趋势曲线，给出警限线，直观显示设备状态发展趋势，预测到达报警限值的时间，实现预测维修。

测点振动总能量趋势曲线:对测点每次测试记录的功率谱图计算其振动总能量,给出每次测试记录的总能量随测试时间变化的趋势曲线。

峰值(或均方根值)超限自动诊断:将每一测点的全部测试记录与警限值进行比较,自动列出超限测点及超限的峰值(或均方根值)。

滚动轴承元件故障特征频率监测诊断:输入轴承几何参数,计算元件故障特征频率;用包络法测量高频加速度并进行频率分析,两者结合诊断轴承元件是否有故障。

倒频谱分析:用于检测泵可能发生的冲击或滚动轴承、齿轮故障中较弱的周期信号。

共振解调技术:用共振解调包络分析法监测齿轮、轴承的损伤。

(2) 泵效监测诊断。

注水离心泵泵效能综合反映当前泵的内部情况和运行状态。通过测量泵入口水温、出口水温、入口水压、出口水压,再按温差法计算泵效,并自动与允限值进行比较。注水离心泵允许泵效值依泵型号不同而异,通常为 62%~70%。

具有以上功能的 BS-1 系统,以室内和现场试验证明可以满足监测诊断注水离心泵的工作状况的要求,已通过鉴定并在石油厂矿推广。

4. 柴油机、钻井泵的状态监测与故障诊断

中国石油大学(北京)与江苏油田合作对 PZ12V190 柴油机进行了故障诊断研究,研制出相应的软硬件诊断系统,取得了良好效果。

常州大学、中国石油大学(华东)与河南油田联合开发了钻井泵状态监测与故障诊断系统,研究工作取得了如下主要结论和成果:

(1) 明确了钻井泵动力端的监测与故障诊断是钻井泵故障诊断的重点,将研究工作的重点放在了动力端(主要是轴承上)。将共振解调、频谱分析和模糊择近原则等方法和技术相结合,成功提取出深埋于正常振动信息中的轴承故障信息。在此基础上,依据各种钻井泵轴承故障特征频率,较好地确定了轴承故障阈值,实现了钻井泵轴承的现场故障诊断。

(2) 通过对不同运行时间的钻井泵油样的跟踪铁谱和光谱分析,初步找到了泵工作状况与油样中 Al,Cu,Fe 等金属元素含量及铁谱中磨粒含量和大小的关系,为泵大修时间的确定提供了科学依据。

(3) 研究了基于幅值域、频域和小波包分频带能量值优化组合的钻井泵液力端神经网络诊断方法,对油田使用的多台钻井泵采用 BP 网络与 RBF 网络进行了不同输入特征参数和网络参数组合下的液力端状态监测与故障诊断效果分析比较,找出了诊断精度最高的特征参数组合以及最优的神经网络内部参数,取得了较高的诊断准确率。

(4) 在 NI 平台上用 Lab Windows/CVI 工具开发了钻井泵的状态监测和故障诊断系统软件。它们与振动测试硬件相结合,构成了一套分析诊断软硬件系统。此系

统既能对液力端进行监测诊断，又能对动力端进行监测诊断，已成功用于油田现场。

(5) 研究了 3NB-1300 钻井泵的运行可靠性，用 Bayes 方法确定了钻井泵的后验概率分布规律，提出了将运行可靠性研究与状态监测相融合的设想，并用实例证明了其可行性和可操作性；提出可以用研究动力端轴承寿命来代表泵寿命的观点，提出综合利用运行可靠度分析、振动测试分析、油样分析和常规检查各种信息资源的钻井泵剩余工作寿命的预测方法，并编制了相应的程序。

(6) 建立了确定钻井泵剩余工作寿命的计算模式，可用此计算模式求得轴承和钻井泵的剩余工作寿命。

第5章 其他机械故障诊断技术

Chapter 5

5.1 油样分析技术

润滑油在机器中循环流动，必然携带着机器中零部件运行状态的大量信息，这些信息可以提示机器中零件磨损的类型、程度，进而可用于预测机器的剩余寿命，因此近年来国内外都十分重视开展对润滑油液的分析和研究工作。

5.1.1 一般过程

整个抽样分析工作分为采样、检测、诊断、预测和处理五个步骤。

从润滑油中采样时，必须采集能反映当前机器中各个零部件运行状态的油样，要具有代表性。润滑油样的取样应在运转中或停机后马上进行，因为此时油与其中的微粒混合得比较充分。取样有两种常用方式。一种为静态取样，一般将取样管插入油面高度的一半以下。如注重较大磨损微粒，则在距沉积物 25 mm 处取样，应避免在死角处取样。另一种为动态取样，一般应在循环的回油管上，最好能在紊流断面处取样。取样容器必须干净。在正常磨损阶段，大型机械设备（柴油机、重型齿轮箱等）一般的取样时间间隔为 200 h 左右。

检测是指对油样进行分析，测定油样中磨损残渣的数量和粒度分布，初步判断机器的磨损状态。当机器属于异常磨损状态时，需要进一步进行诊断，即确定磨损零件和磨损的类型（如磨料磨损、疲劳剥落等）。

预测是指预测处于异常磨损状态的机器零件的剩余寿命和今后的磨损类型。根据所预测的磨损零件、磨损类型和剩余寿命可对机器进行处理，确定维修的方式、维修的时间以及确定需要更换的零部件等。

5.1.2 光谱分析技术

1. 基本原理

油样光谱分析技术是利用原子吸收或发射光谱的原理，对取自被诊断机械设备的润滑油进行分析，根据油中金属微粒成分及其含量判定机械设备运动零部件的磨损状况和程度。

这种方法对有色金属比较适用。例如，柴油机主轴瓦及连杆轴瓦的材料为钢背网状铝锡合金，这种合金是以锡-铝共晶软化相的形式存在的。通过油样光谱分析可知，润滑油中微量锡和铝的存在是来自主轴瓦和连杆轴瓦的磨损。因此，油样光谱分析方法不但可以定性地判断磨损的零件，而且可以从润滑油中金属成分含量的多少定量地判断零件磨损的程度。

油样光谱分析一般采用标准的光谱仪。

2. 光谱分析方法

光谱分析有两种方法，即发射光谱测定和吸收光谱测定。

1）发射光谱测定

用高压电(15 kV)直接激发油样品中的金属杂质，并对它们发射出的特性光谱进行分析。此方法适用于微粒＜10 μm 的情况。发射光谱分析仪器价格昂贵，但分析速度快(如已有仪器分析 20 种元素时为 40 个样品/h)。发射光谱测定原理如图5-1所示。

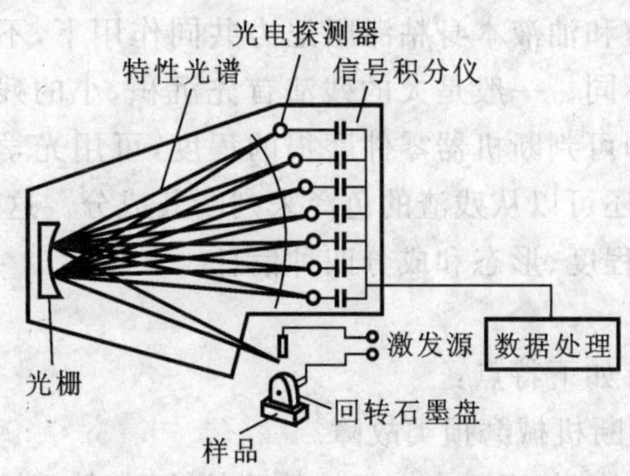

图 5-1　发射光谱测定方法原理图

2）吸收光谱测定

将油样品雾化后燃烧，用乙炔焰使其中的金属元素原子裂化，根据不同波长的单色锐线光源发出的特征辐射线吸收作用的不同来确定各种元素的含量。此方法精确度较高，但测每一种元素时光源要使用与元素相同的空心阴极灯，比较麻烦。

3. 应用实例

1）推土机变速箱油样分析监测

该推土机油样分析结果见表 5-1。

表 5-1　推土机油样分析记录

实验室编号	运转时间/h	Cu 含量/(mg·L^{-1})	Fe 含量/(mg·L^{-1})	Cr 含量/(mg·L^{-1})	Al 含量/(mg·L^{-1})	Si 含量/(mg·L^{-1})
128	5 614	13	85	0	4	16
274	6 027	20	525	1	4	24
343	6 591	24	928	1	4	17
694	7 458	18	86	0	3	10

在运行 6 027 h 的油样中 Fe 含量达 525 mg/L，已超过极限值，因此及时通知了用户。但该机仍继续运行，在运转到 6 591 h 后再采样分析，Fe 含量已达 928 mg/L，当第二个警告电报还未收到时，该机变速箱前进挡已经损坏，结果停机修理了一个月。如果当时及时修理，停机一个月的损失是可以避免的。

2）载重汽车油样分析监测

在对某载重汽车的油样分析中发现铝含量较高；进一步作润滑油压力试验，结果显示压力偏高；再打开滤油器，切开滤芯，发现存有大块铝片，用户及时拆检后发现是主轴承损坏。如果不及时修理，可能会使曲轴折断，由此避免了一次事故的发生。

5.1.3 铁谱分析技术

1. 基本原理

油样铁谱分析技术是目前使用最广泛、最有发展前途的润滑油分析方法。它的基本原理是将油样按一定的严格操作步骤稀释在玻璃试管或玻璃片上，使之通过一个强磁场。在强磁场力和油液本身粘滞阻尼力共同作用下，不同大小的残渣所移动的距离（距入口端）亦不同。一般是大的残渣首先沉积，小的残渣随后沉积。根据油样中残渣沉淀的情况即可判断机器零件磨损的程度，可用光学或电子显微镜观察残渣形貌，用光学显微镜还可以从残渣的色泽来判断其成分。这样，油样铁谱分析就提供了磨损残渣的数量、程度、形态和成分四种信息。

2. 特点

铁谱分析技术具有如下特点：

（1）可以有效地诊断机械磨损类故障。

（2）一般用于离线检测，不适合突发性故障的监测，但现已有在线式铁谱仪。

（3）需反复试验才能取得有代表性的油样和分析数据。

（4）对非磁性材料难以做到定量分析。

3. 铁谱分析仪

铁谱分析中使用的基本仪器为铁谱仪，铁谱仪有直读式和分析式两种。

直读式铁谱仪是将油样稀释后注入倾斜安放的玻璃管中，在磁场的作用下油液夹带着残渣向前流动。残渣在玻璃管中沉降的速度取决于本身的尺寸、形状、密度和磁化率，以及润滑油的粘度、密度和磁化率等许多因素。当其他因素不变时，残渣的沉降速度与其尺寸的平方成正比，同时还与残渣进入磁场后离管底的高度有关。直读式铁谱仪读取反映油样中残渣含量的数值十分简便，只需要约 5 min。磨损严重性指标可以选择比值 $D_L/(D_L-D_S)$ 或 $(D_L-D_S)/D_S$，后一指标可反映残渣大小的构成比。其中，D_S 表示正常磨损状态下的读数，磨粒大小为 1～2 μm；D_L 表示异常磨损状态下的读数，磨粒大于 5 μm。如仪器显示的读数范围为 0～190 DR 单位，当沉淀管底部完全被磨粒覆盖时就达到 190 DR 最大值。

分析式铁谱仪（图 5-2）可以确定残渣的形态和成分。它与直读式铁谱仪的不同之处是用玻璃片代替了玻璃管，将经过稀释后的油样放在磁场中，使残渣沉淀在玻璃片上，然后用双色光学显微镜或扫描电子显微镜对残渣进行观察，根据残渣的形态可以确定磨损的类型，并对各类金属微粒进行读数。

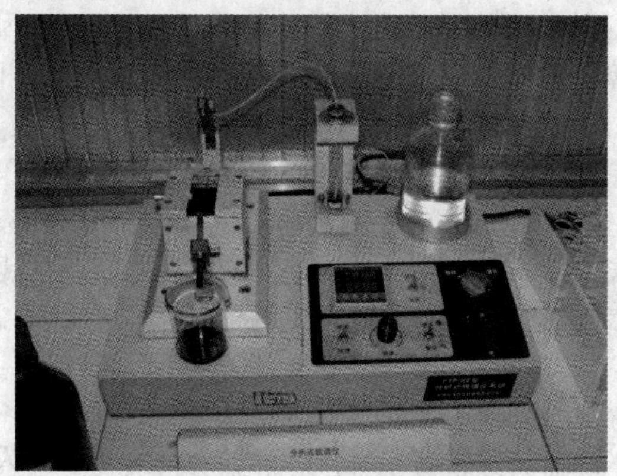

图 5-2　FTP-X2 型分析式铁谱仪

分析式铁谱仪的工作原理如图 5-3 所示。它利用装在铁谱显微镜上的光密度计从铁谱上读得不同位置的磨粒读数，其读数所代表的意义是在直径 1.2 mm 的现场中磨损颗粒的覆盖面积的百分比。读数的位置一个在靠近油样入口处，另一个在距谱片出口端 50 mm 处。这两个位置分别与直读式铁谱仪中两个读数的位置相对应，读数值分别称为大磨粒覆盖百分比 A_L 和小磨粒覆盖百分比 A_S，读数的范围是 0～100。

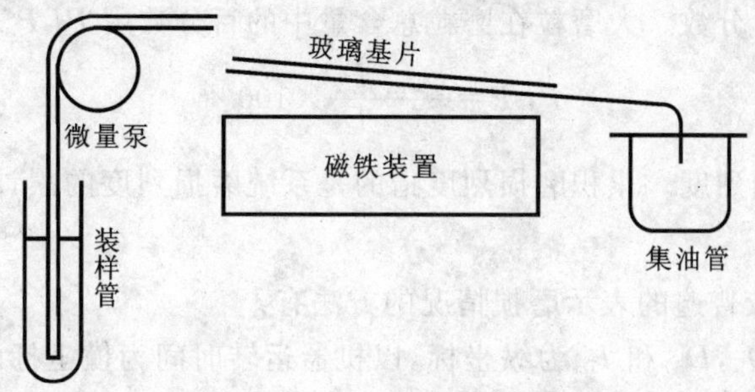

图 5-3　分析式铁谱仪原理图

4. 在线式铁谱仪

在线式铁谱仪可直接安装在机器的润滑系统油路中，实时测出机器中磨粒的浓度及尺寸分布，以此监测机器的工况。

在线式铁谱仪由监测装置和数字显示装置两部分组成。监测装置直接安装在油路系统中，它由一个收集磨屑的高梯度磁场和一个具有表面效应的电容传感器组成。传感器测出的磨屑浓度及尺寸分布用数字显示出来。

在线式铁谱仪显示两个磨粒定量数据：一个是磨粒的总浓度，另一个是大磨粒的百分数。当磨粒浓度值超过某一规定值时，数字显示装置还会发出警告信号。

在线式铁谱仪测量磨粒数据的方法与分析式或直读式铁谱仪略有不同,它不是测定某一定量油样中的磨粒,而是测量达到某一磨粒浓度值时的油样体积。当机器部件磨损率增加时,沉积一定数量磨粒浓度所需的油样体积会减少,以此表示油样中磨粒浓度的增加。这种方法的优点在于测量范围很宽且可靠,因而使在线式铁谱仪能够应用在各种类型的机器上。根据磨粒浓度和油样黏度的不同,一般测量时间可以从 30 s 到 30 min。

在线式铁谱仪适用于各种现场机械设备的工况监测,如液压系统、燃气轮机等,更适合于在各种试验台架上进行的样机试验。实验室研究表明,在线式铁谱仪能用于对一个循环润滑系统中磨粒浓度实时变化的测定,它与分析式铁谱仪的磨粒覆盖百分比有较好的对应关系。

5. 定量评价

利用铁谱仪评价机器磨损状态的指标主要有如下几种:

(1) 磨损烈度。磨损烈度指数 I_A 或 I_D 分别表示为:

$$I_A=(A_L+A_S)(A_L-A_S)=A_L^2-A_S^2 \tag{5-1}$$

$$I_D=(D_L+D_S)(D_L-D_S)=D_L^2-D_S^2 \tag{5-2}$$

(2) 标准磨粒浓度。1 mL 油样的磨粒浓度用 $SWPC$ 表示:

$$SWPC=\frac{D_L+D_S}{N} \tag{5-3}$$

式中 N——流过直读式铁谱仪油样的读数,mL。

(3) 大磨粒百分数。大磨粒在磨粒总含量中的百分数用 PLP 表示:

$$PLP=\frac{D_L-D_S}{D_L+D_S}\times 100\% \tag{5-4}$$

(4) 累积磨损烈度。累积磨损烈度指的是系统磨损烈度的累计值,用 $\sum(D_L+D_S)$ 表示。

目前使用比较普遍的表示磨损情况的方法有:

(1) 分别以 D_L、D_S 和 I_D 为纵坐标,以机器运转时间为横坐标画出曲线,根据曲线的缓慢或急剧上升趋势来判断磨损情况。

(2) 分别以 $\sum(D_L+D_S)$ 和 $\sum(D_L-D_S)$ 为纵坐标,以机器运转时间为横坐标画出曲线,将曲线突然互相靠近的一点作为磨损严重的特征点。

6. 应用实例

1) 化工厂搅拌器减速齿轮箱监测

在该减速齿轮箱的铁谱片上发现谱片入口端的磨粒沉积量很高,其中有许多大的金属磨粒。这些金属磨粒呈片状,表面没有线痕和氧化的迹象。它们的尺寸达 80 μm以上,尺寸与厚度之比约为 10∶1。由于谱片上没有发现氧化微粒,金属磨粒表面也没有氧化迹象,因而排除了减速器曾在高速、高温下运转或有润滑不良的情况。磨粒表面没有线痕表明其滑动速度低。根据以上观察分析，判断结果是由于齿轮的过载及齿轮疲劳，严重磨损情况正在发生，6 个月后齿轮箱将损坏。

2）齿轮系统油液的铁谱分析

表 5-2 是利用直读式铁谱仪测出的一齿轮箱在不同运转时间内的磨损工况。

表 5-2　齿轮箱磨损工况

样品号	运行时间/h	D_L	D_S	$I_D = D_L^2 - D_S^2$
1	0	40.69	30	755
2	1	90	52	5 396
3	5	104.6	58.9	7 471
4	10	104.5	58.7	7 474
5	15	94	62.5	4 929
6	21	63	46.1	1 844
7	30	60	49	1 199
8	40	53	45	784
9	45	53.8	37.5	1 488
10	50	52	32	1 680
11	55	57.6	41	1 637
12	60	46.5	35.4	909
13	65	51.5	36.6	1 313
14	70	37.6	28.9	579
15	75	43.3	30.5	944
16	80	43.1	35.9	569
17	85	47.8	33.7	1 149
18	90	47	38.2	750
19	95	47.31	33.8	1 096
20	102	60.9	45	1 683
21	105	80	45.6	4 320
22	110	120.1	65.5	10 134
23	115	79	57.5	2 934
24	119.5	138	83	12 155
25	123	116	86	6 060
26	130	112	71	7 503
27	135	138	76.8	13 145

从表中可见齿轮箱磨损全过程的变化趋势：在 0～5 h 内磨损烈度指数 I_D 增大，

是磨合期的明显特征；在正常磨损期，各项数值较低且趋于稳定(5～105 h)；从 105 h 开始，D_L+D_S，D_L-D_S 和 I_D 明显增加，预示一个严重磨损的开始。在整个严重磨损发展期间，I_D 等值始终维持着较高水平并持续增大。此例表明，对齿轮系统采用磨损烈度指数 I_D 表征磨损趋势是相当有效的。

3) 钻井泵动力端油样分析

为了用油样分析方法对钻井泵的运行状态进行监测诊断，对某油田 3 台 3NB1300C 钻井泵进行了跟踪采样分析监测，其中 2 台泵跟踪监测了 3 个月，1 台旧泵跟踪监测了 2 个月，每月进行 1 次采样和分析。通过监测分析，其中 1 台泵及时发现了问题，给出了立即检修的建议。

通过跟踪采样分析得到 2 个井队的 3NB1300C 钻井泵的检测报告：一个是 32639JS 井队 1 台新泵和 1 台旧泵 3 个月 3 组的对比跟踪检测报告，另一个是 32651JS 井队 1 台旧泵 2 个月的 2 次跟踪检测报告。由于时间短，32639JS 井队 2 台泵前后变化趋势不大，而 32651JS 井队因前次光谱分析检测发现铁质含量高，第 2 次检测发现铁质含量陡增，并且铁谱图片显示有异常磨损，这说明问题已相当严重。整理后的分析结果见表 5-3 和表 5-4。

表 5-3 钻井泵油样分析结果

钻 机		32639JS		泵 号			N-1#		
取样日期	分析日期	泵运行时间/h	油使用时间/h	Al 含量/$(\mu g \cdot g^{-1})$	Cu 含量/$(\mu g \cdot g^{-1})$	Fe 含量/$(\mu g \cdot g^{-1})$	D_L	D_S	磨损烈度 I_D
2005-11-25	2005-11-26	315	315	5.3	6.7	91.2	82.7	62.1	2 982.9
2005-12-22	2005-12-23	638	638	5.8	7.5	94.5	83.5	64.7	2 786.2
2006-01-24	2006-01-25	908	908	5.2	8.2	98.6	82.9	62.7	2 941.1
钻 机		32639JS		泵 号			N-2#		
取样日期	分析日期	泵运行时间/h	油使用时间/h	Al 含量/$(\mu g \cdot g^{-1})$	Cu 含量/$(\mu g \cdot g^{-1})$	Fe 含量/$(\mu g \cdot g^{-1})$	D_L	D_S	磨损烈度 I_D
2005-11-25	2005-11-26	3 764	318	2.6	8.3	82.3	83.5	67.2	2 456.4
2005-12-22	2005-12-23	4 089	643	3.2	8.7	84.2	85.2	64.4	3 111.7
2006-01-24	2006-01-25	4 385	936	3.4	9.1	96.4	86.4	72.5	2 208.7
钻 机		32651JS		泵 号			N-2#		
取样日期	分析日期	泵运行时间/h	油使用时间/h	Al 含量/$(\mu g \cdot g^{-1})$	Cu 含量/$(\mu g \cdot g^{-1})$	Fe 含量/$(\mu g \cdot g^{-1})$	D_L	D_S	磨损烈度 I_D
2005-12-22	2005-12-23	5 778	528	25.3	14.1	298	84.3	83.2	184.3
2006-01-24	2006-01-25	6 096	318	34.2	19	374	86.5	81.7	807.4

表 5-4　钻井泵油样分析结果分析

<table>
<tr><td>钻　机</td><td>32639JS</td><td>泵　号</td><td>N-1＃</td></tr>
<tr><td>第 1 个月情况</td><td colspan="3">这是一台运行刚超过 300 h 的新泵，检测表明油理化指标符合使用要求，油液中未见明显异常磨粒，设备润滑状况良好</td></tr>
<tr><td>第 2 个月情况</td><td colspan="3">油理化指标符合使用要求，油液中有部分疲劳剥离磨削和 Fe_2O_3，仍属正常磨损</td></tr>
<tr><td>第 3 个月情况</td><td colspan="3">油理化指标符合使用要求，油液中磨粒有所增多，属正常磨损</td></tr>
<tr><td>钻　机</td><td>32639JS</td><td>泵　号</td><td>N-2＃</td></tr>
<tr><td>第 1 个月情况</td><td colspan="3">油理化指标符合使用要求，油液中有疲劳剥离磨屑和层状磨屑，设备润滑不良</td></tr>
<tr><td>第 2 个月情况</td><td colspan="3">油理化指标符合使用要求，油液中出现球形磨粒及红色 Fe_2O_3</td></tr>
<tr><td>第 3 个月情况</td><td colspan="3">油理化指标符合使用要求，油液中 10 倍磨粒堆积，尘埃和金属磨粒明显增多，存在红色 Fe_2O_3（润滑系统含水）和黑色 Fe_3O_4（系统润滑不良所致）</td></tr>
<tr><td>钻　机</td><td>32651JS</td><td>泵　号</td><td>N-2＃</td></tr>
<tr><td>第 1 个月情况</td><td colspan="3">这是一台旧泵，已运行超过 5 000 h。经分析，油理化指标符合使用要求；油液光谱显示铁含量大，设备磨损加大；铁谱显示磨粒链加密并伴有疲劳剥离磨屑</td></tr>
<tr><td>第 2 个月情况</td><td colspan="3">检测表明油中水分超限，油液中光谱显示铁质含量陡增，同时铁谱显示油液中存在严重滑动磨粒和球形磨粒，建议立即进厂检修</td></tr>
</table>

表 5-5 为 32651JS 井队 2 号泵原始检测报告和铁谱磨粒图像。

表 5-5　32651JS 井队 2 号泵原始检测报告和铁谱磨粒图像

检测报告 1

送检单位：	32651JS	机总运行时间：	5 778 h	取样日期：	2005-12-22
设备名称：	3NB1300C	油使用时间：	528 h	分析日期：	2005-12-23
设备编号：	N-2＃	期间补油量：		润滑油牌号：	220 号齿轮油

理化指标

<table>
<tr><td colspan="2">项　目</td><td>使用标准</td><td>检测结果</td><td>单项评定</td><td>执行方法</td></tr>
<tr><td colspan="2">粘度(100 ℃)/($mm^2 \cdot s^{-1}$)</td><td></td><td></td><td></td><td>GB/T 265</td></tr>
<tr><td colspan="2">粘度(40 ℃)/($mm^2 \cdot s^{-1}$)</td><td>157～263</td><td>204</td><td>符　合</td><td>GB/T 265</td></tr>
<tr><td>闪点/℃</td><td>不低于</td><td>180</td><td>229</td><td>符　合</td><td>GB/T 3536</td></tr>
<tr><td>碱值/($mgKOH \cdot g^{-1}$)</td><td>不大于</td><td></td><td></td><td></td><td>GB/T 7304</td></tr>
<tr><td>酸值/($mgKOH \cdot g^{-1}$)</td><td>不大于</td><td></td><td></td><td></td><td>GB/T 7304</td></tr>
<tr><td>水分/%(质量分数)</td><td>不大于</td><td>1.0</td><td>0.4</td><td>符　合</td><td>GB/T 260</td></tr>
<tr><td>总不溶物/%(质量分数)</td><td>不大于</td><td></td><td></td><td></td><td>GB/T 8926</td></tr>
<tr><td>抗乳化性</td><td>不低于</td><td></td><td></td><td></td><td>GB/T 7305</td></tr>
<tr><td>铜片腐蚀/级</td><td>不大于</td><td></td><td></td><td></td><td>GB/T 5096</td></tr>
<tr><td>污染度</td><td>不大于</td><td></td><td></td><td></td><td></td></tr>
<tr><td colspan="2">含硫量/%(质量分数)</td><td></td><td></td><td></td><td>GB/T 17040</td></tr>
</table>

续表

<table>
<tr><td colspan="6">理化指标</td></tr>
<tr><td colspan="2">项　目</td><td>使用标准</td><td>检测结果</td><td>单项评定</td><td>执行方法</td></tr>
<tr><td colspan="2">ISO 等级</td><td></td><td></td><td></td><td></td></tr>
<tr><td colspan="2">NASA 等级</td><td></td><td></td><td></td><td></td></tr>
</table>

光谱分析结果

元　素	含量/($\mu g \cdot g^{-1}$)	元　素	含量/($\mu g \cdot g^{-1}$)	元　素	含量/($\mu g \cdot g^{-1}$)
Na	24	Pb	21	Ag	0
Mg	9.7	B	69	Sn	0
P	318	Zn	22.7	V	0
Ca	39.8	Cr	1.3	Si	102
Al	25.3	Mo	1.5	Ba	22.8
Cu	14.1	Ni	0	Cd	0
Fe	298	Ti	0	Mn	0

铁谱分析结果

<table>
<tr><td>D_L</td><td>D_S</td><td>I_D</td><td>$(D_L-D_S)D_L$</td><td>D_L+D_S</td><td>D_L-D_S</td></tr>
<tr><td>84.3</td><td>83.2</td><td>184.3</td><td>92.730 0</td><td>167.500 0</td><td>1.100 0</td></tr>
<tr><td>$(D_L-D_S)/D_S$</td><td colspan="2">$(D_L-D_S)/(D_L+D_S)$</td><td rowspan="2">备　注</td><td rowspan="2" colspan="2"></td></tr>
<tr><td>0.013 2</td><td colspan="2">0.006 6</td></tr>
<tr><td>检验结论</td><td colspan="5">该油理化指标符合使用要求；油液光谱显示铁含量大，设备磨损加大；铁谱显示磨粒链加密并伴有疲劳剥离磨屑</td></tr>
</table>

附：铁谱磨粒图像

10 倍磨粒

60 倍磨粒

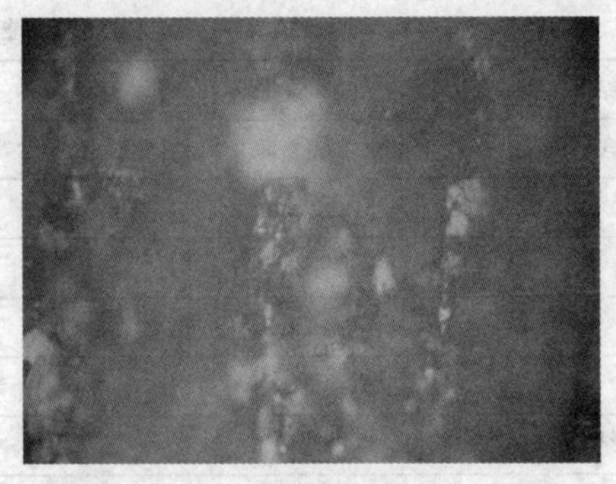

60 倍疲劳磨片

60 倍密积磨链

检测报告 2

送检单位：	32651JS	机总运行时间：	6 096 h	取样日期：	2006-1-24
设备名称：	3NB-1300	油使用时间：	846 h	分析日期：	2006-1-25
设备编号：	N-2＃	期间补油量：		润滑油牌号：	220 号齿轮油

理化指标

项　目		使用标准	检测结果	单项评定	执行方法
粘度(100 ℃)/(mm^2·s^{-1})					GB/T 265
粘度(40 ℃)/(mm^2·s^{-1})		157～263	198	符　合	GB/T 265
闪点/℃	不低于	180	234	符　合	GB/T 3536
碱值/(mgKOH·g^{-1})	不大于				GB/T 7304
酸值/(mgKOH·g^{-1})	不大于				GB/T 7304
水分/%(质量分数)	不大于	1.0	1.2	不符合	GB/T 260
总不溶物/%(质量分数)	不大于				GB/T 8926
抗乳化性	不低于				GB/T 7305
铜片腐蚀/级	不大于				GB/T 5096
污染度	不大于				
含硫量/%(质量分数)					GB/T 17040
ISO 等级					
NASA 等级					

光谱分析结果

元素	含量/(μg·g^{-1})	元素	含量/(μg·g^{-1})	元素	含量/(μg·g^{-1})
Na	22.4	Pb	24.8	Ag	0
Mg	10.2	B	65	Sn	0
P	316	Zn	21.3	V	0

续表

光谱分析结果

元 素	含量/($\mu g \cdot g^{-1}$)	元 素	含量/($\mu g \cdot g^{-1}$)	元 素	含量/($\mu g \cdot g^{-1}$)
Ca	45	Cr	0.9	Si	152
Al	34.2	Mo	0.8	Ba	18.7
Cu	19	Ni	0	Cd	0
Fe	374	Ti	0	Mn	0

铁谱分析结果

D_L	D_S	I_D	$(D_L-D_S)D_L$	D_L+D_S	D_L-D_S
86.5	81.7	807.4	415.200 0	168.200 0	4.800 0

$(D_L-D_S)/D_S$	$(D_L-D_S)/(D_L+D_S)$	备 注	
0.058 8	0.028 5		

检验结论	该油水分超限，油液中光谱显示铁质含量陡增，同时铁谱显示油液中存在严重滑动磨粒和球形磨粒，建议立即进厂检修

附：铁谱磨粒图像

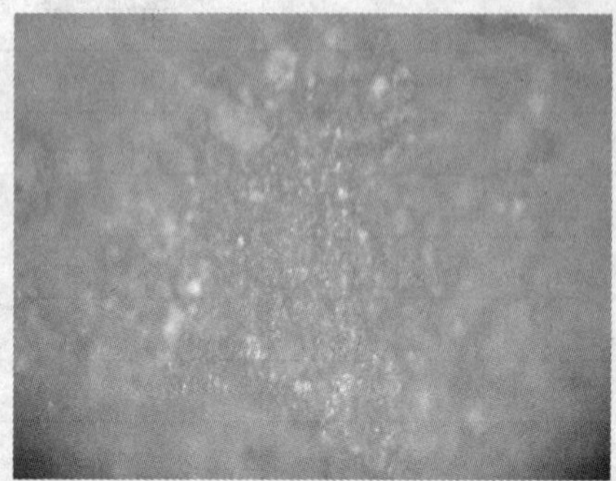

10倍磨粒

60倍磨链中有许多球形磨粒

60倍层状疲劳磨粒并带有蓝色回火

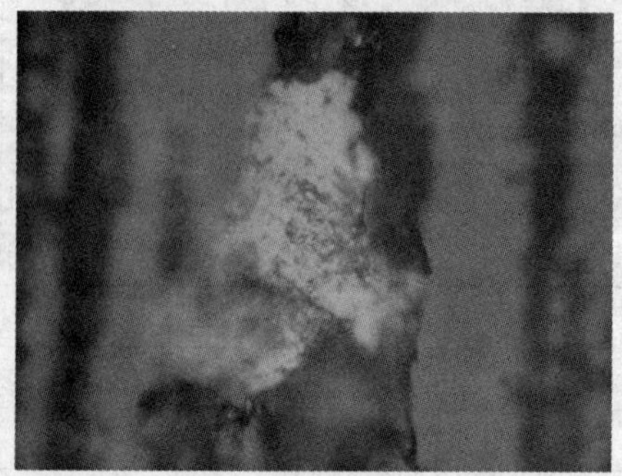

60倍滑动磨损磨屑

从油样检测报告中不仅可以了解油液的理化指标，而且可以了解油液中金属成分的含量以及磨屑的大小。从上述检测结果中可以看出，不仅金属磨屑的含量大小对动力端状态监测和故障诊断具有价值，而且可以以金属磨屑增长速率Δ_i作为考察动力端磨损故障发展的重要依据(见表5-6)，它完全可以作为故障诊断和寿命预测的重要依据。

金属磨屑增长速率Δ_i由式(5-5)计算：

$$\Delta_i=\frac{x_{2i}-x_{1i}}{t_{2i}-t_{1i}} \tag{5-5}$$

式中 x_{2i},x_{1i}——分别为相邻两次测量时油液中第i种金属后一次测量所得的磨屑含量值和前一次测量所得的磨屑含量值，μg/g；

t_{2i},t_{1i}——分别为相邻两次测量中后一次测量时泵运行的时间和前一次测量时泵运行的时间，h。

表5-6 泵动力端油样中金属磨屑增长速率

井队号	泵 号	运行周期/h	$\Delta_i/(\mu g\cdot g^{-1}\cdot h^{-1})$	
			Cu	Fe
32639JS	N-1#	315～638	0.002 48	0.010 22
32639JS	N-1#	638～908	0.002 59	0.015 19
32639JS	N-2#	3 764～4 089	0.001 23	0.002 15
32639JS	N-2#	4 089～4 385	0.001 35	0.007 43
32651JS	N-2#	5 778～6 096	0.015 41	0.238 99

油样的铁谱和光谱分析表明，随着泵运行时间的增加，由于不洁润滑油或疲劳损伤等原因，动力端的磨损状况越来越严重，油样中的金属磨粒和磨屑的含量越来越多，而且在铁谱图样中可以清楚地看到，在显微镜下放大60倍时磨链中有许多球形磨粒和片状滑动磨损磨屑，这说明轴承磨粒磨损严重且发生成片剥落。当磨损发展到一定程度时，轴承将因游隙过大或金属剥落而损坏，导致不能工作，如32651JS井队N-2#泵的铁屑增长速率已达0.238 99 μg/(g·h)，是32639JS井队使用的N-1#泵(新泵)同样指标的23.38倍，磨损已非常严重，如再不进厂大修，将难以继续工作。由此可见，可通过油样检测分析结果来预报轴承的状态，进而预测轴承的剩余寿命。

5.2 红外监测技术

5.2.1 基本原理

在太阳光谱中，在红光光谱之外的区域中存在一种看不见的、具有强烈热效应的辐射波，称为红外线。一般可见光的波长λ为0.4～0.7 μm，红外线的波长范围相当宽，为0.75～1 000 μm。红外线通常又分为四类：近红外，波长0.75～3 μm；中红外，波长 3～6 μm;远红外,波长 6～15 μm;超远红外,波长 15～1 000 μm。

物质结构研究表明,物质内部的电子、原子、分子都在不停地运动着,并且不时改变其能量状态。在通常情况下,它们总是处于能量很低的运动状态(基态);在外界干扰和刺激下,电子、原子和分子接受适当的能量而进入较高能量的运动状态(激发态),但是这种不稳定的状态又会迅速变化为较低能量的运动状态。在向低能级跃迁的过程中,必须将多余的能量释放出来,辐射出电磁波,并以光子的形式将能量带走。产生辐射的方式很多,最简单的方法是加热物体使之激发到高能级,进而产生辐射,这称为热辐射。物体温度越高,向外辐射的能量就越大。

物体的温度与辐射功率的关系由斯蒂芬-玻尔兹曼定律给出。1819 年,斯蒂芬根据实验总结出,绝对黑体的全部波长范围内的全辐射能与绝对温度的四次方成正比。1884 年,他根据热力学推导出同样的结果,因此称之为斯蒂芬-玻尔兹曼定律。其数学表达式为:

$$E_0 = \int_0^\infty e_0(\lambda, T)\,\mathrm{d}\lambda = \sigma T^4 \tag{5-6}$$

对于非黑体,可表示为:

$$E = \varepsilon\sigma T^4 \tag{5-7}$$

式中 E——单位面积辐射的能量,$\mathrm{W/m^2}$;

E_0——辐射能量,$\mathrm{W/m^2}$;

e_0——辐射能量函数;

λ——红外线波长,μm;

σ——斯蒂芬-玻尔兹曼常数,$\sigma=5.69\times10^{-8}\ \mathrm{W/(m^2\cdot K^4)}$;

T——热力学温度,K;

ε——比辐射率。

比辐射率即非黑体辐射度/黑体辐射度。$\varepsilon=1$ 的物体称为黑体,黑体能够在任何温度下全部吸收任何波长的辐射,热辐射能力比其他物体都强。一般物体不能将投射到其表面的辐射功率全部吸收,发射热辐射的能力也小于黑体,即 $\varepsilon<1$,但一般物体的辐射强度与热力学温度的四次方成正比,也相当可观,所以物体辐射强度随温度升高而显著增加。

物体能量的辐射与吸收并不是连续的,而是以一粒粒不可分割的粒子或"量子"形式进行的。黑体光谱辐射通量密度的分布规律由普朗克定律给出:

$$W_{\lambda b} = \frac{2\pi hc^2}{\lambda^5(\mathrm{e}^{hc/\lambda k}T-1)} \tag{5-8}$$

式中 $W_{\lambda b}$——波长为 λ 的黑体光谱辐射通量密度,$\mathrm{W/(m^2\cdot \mu m)}$;

c——光速,$c=3\times10^8$ m/s;

h——普朗克常数;

k——玻尔兹曼常数,$k=1.38\times10^{-23}$ J/K;

λ——波长，μm。

根据普朗克定律，对各种不同的温度作图可得到图 5-4 所示的一簇曲线。曲线的最高点所对应的波长 λ_m（单位为 μm）可由维恩位移定律给出：

$$\lambda_m = \frac{2\,898}{T} \tag{5-9}$$

由图 5-4 可知：

(1) 对于每一种温度都有一条辐射曲线与之相对应；

(2) 辐射曲线连续、平滑，具有单一峰值；

(3) 所有曲线都不相交，且随着温度的增高，曲线位置也增高；

(4) 当温度升高时，辐射曲线的峰值向波长较短的方向移动；

(5) 当温度升高时，辐射幅度按指数规律增加；

(6) 每条曲线下的面积就是斯蒂芬-玻尔兹曼定律所表示的辐射强度值；

(7) 曲线最高点对应的波长 λ_m 左侧，即短波段辐射的能量约占总能量的 25%，其余约 75% 的辐射能量存在于 λ_m 右侧的长波段内。

以上结论是对黑体研究而得出的，但对一般物体也适用，只要乘以一个系数，即比辐射率就可以了。

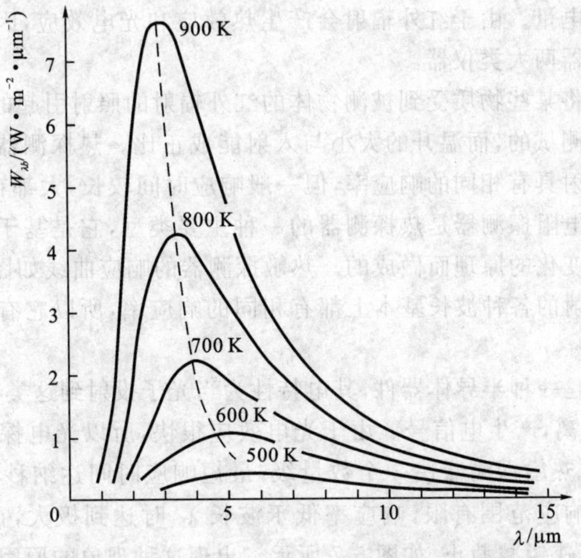

图 5-4 光谱辐射通量密度对波长的分布规律

斯蒂芬-玻尔兹曼辐射定律告诉我们，物体的温度越高，辐射强度就越大。只要知道了物体的温度及其比辐射率，就可算出它所发射的辐射功率；反之，如果测出了物体所发射的辐射强度，就可以算出它的温度。这就是红外测温技术的依据。由于物体表面温度变化时红外辐射将大大变化（如物体温度在 300 K 时，温度升高 1 K，辐射功率将增加 1.34%），因此目标物表层若有缺陷，其表面温度场将有变化，可以用灵敏的红外探测器加以鉴别。

5.2.2 红外测温系统

自从辐射强度与温度的关系被发现后,红外探测技术也就应运而生了。"二战"以来,军事和航天工程的迫切需要以及半导体物理学、光学、低温技术和计算机技术的日益成熟,促进了红外探测技术的迅速发展。

图 5-5 所示为红外测温系统的组成示意图,下面分别介绍其主要功能。

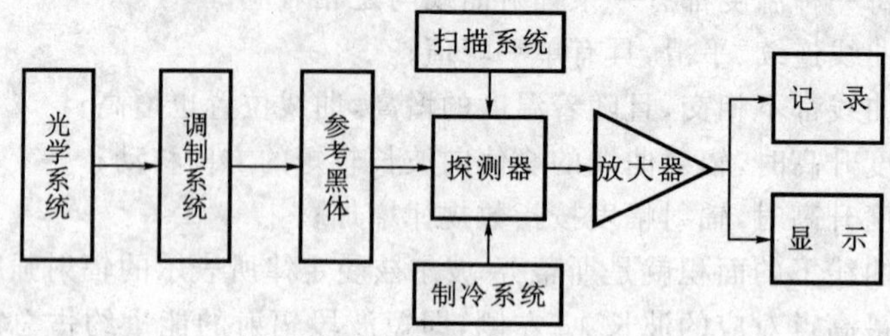

图 5-5 红外测温系统的组成

1) 红外探测器

红外探测器是红外检测系统中最关键、最重要的部分,它将所接收的红外辐射变换成易于测量的电量。由于红外辐射会产生热效应和光电效应,因此就形成了热探测器和光电探测器两大类仪器。

热探测器是将某些物质受到被测物体的红外辐射的照射引起的温度变化转化为电量输出来进行测试的,而温升的大小与入射能成正比。热探测器的优点是对于各种波长的红外辐射具有相同的响应率,但一般响应时间较长,大都在毫秒(10^{-3} s)数量级以上。热敏电阻探测器是热探测器的一种主要类型,它是基于热敏电阻受辐射加热时电阻发生变化的原理而做成的。热敏探测器的响应曲线如图 5-6 所示。由于热敏探测器对辐射的各种波长基本上都有相同的响应率,所以它有无选择性红外探测器之称。

光子探测器是一种半导体器件,其电特性为当光子投射到这类半导体材料上时,电子-空穴对便分离,产生电信号。由于光电效应很快,所以光电探测器对红外辐射响应时间极短,比热敏探测器快 3 个数量级,最短响应时间达纳秒(10^{-9} s)数量级。它的缺点是光谱响应范围有限,响应率低于波长 λ_p 时达到极大,在超过 λ_p 的长波区,响应率曲线迅速锐减截止,如图 5-7 所示。出现这种现象的原因是大于一定波长的光子能量不足以使电子释出。增强光子探测器电活性的办法是将探测器制冷,一般冷到液氮(−196 ℃)的低温,以使它们在较长的波段上都有响应并达到最佳灵敏度。

2) 光学系统

光学系统分为望远镜和显微镜两部分,一般由一系列透镜和反光镜组成。光学系统的作用是将红外辐射聚焦到探测器的敏感元件上,以尽可能多地吸收辐射而使

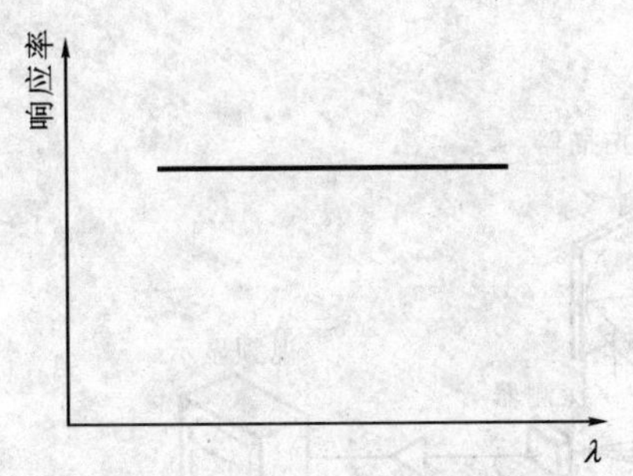

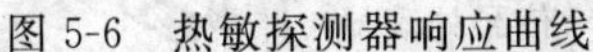

图 5-6 热敏探测器响应曲线

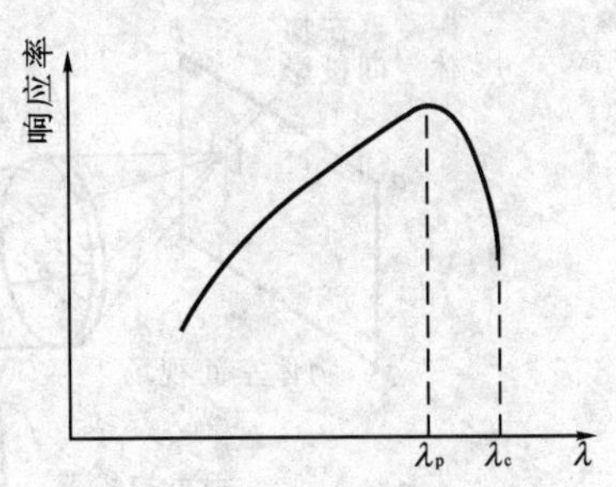

图 5-7 光子探测器响应曲线

噪声最小。

3）调制系统（调制盘）

调制盘是一种运动的装置，周期地阻断从目标物到达探测器上的红外辐射，这样就使得探测器的输出是一个交流信号，以便后续进行放大处理。在设计精良的系统中，可在快门关闭的时间内使探测器接受参考黑体的辐射，该参考黑体保持在已知的温度上，从而可建立目标辐射测量的基准，以便后续进行定量显示。

4）制冷系统

制冷系统的作用有两个：一是提高探测率；二是扩大探测器的工作波段。入射光子的能量要求大到一定程度（即波长小到一定程度），才能使物质内部基本粒子实现运动状态的跃迁。将敏感元制冷到接近绝对零度时，可使敏感元禁带能隙的宽度小到让低能的入射光子（波长相对来说较长）也能足以激发电子的跃迁，同时也使得探测器的热能含量低到不因其自身温度而自发跃迁的程度。红外探测器的制冷方法主要是利用液体汽化的沸点，实际工程上常用氮气制冷。氮气液体汽化的沸点为 77 K。

5）显示系统

显示系统包括示波器波形显示、电视图像显示、照相成像、数字转换和等温图打印显示等。

6）扫描系统

扫描系统是为显示辐射体的形状及温度场而设置的，它是一套光学机械扫描系统。扫描成像示意图如图 5-8 所示。

将红外探测器置于光学系统的焦点，它在每一瞬时只可以看到目标区域 *abcd* 中的一小部分，应用机械装置使光学系统能上下左右移动，这样瞬时视场就自左而右、自上而下地扫过整个目标，这称为一帧。一帧上往往包含着上万个像元。红外探测器“看”到任一瞬时视场时（设它的响应时间足够快），就立即输出一个与所接收的辐射通量成正比的信号。将每一瞬时视场得到的输出经电子放大，转换为视频信号，再在荧光屏上还原成目标的图像并显示或记录下来，此即光学机械扫描热成像过程。

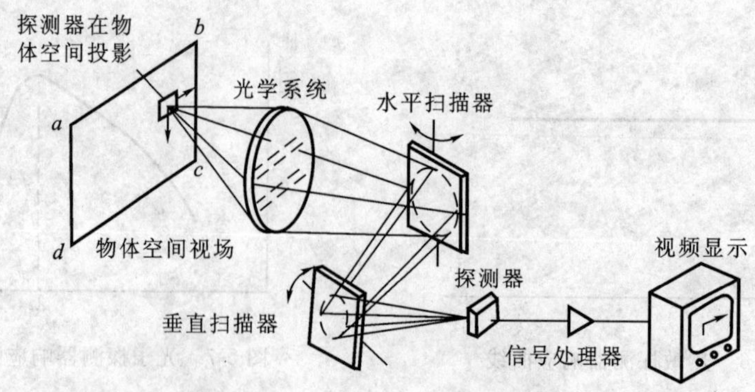

图 5-8　扫描成像示意图

现代新型热像仪还有很方便的温度量化功能，既可测出温度场，又可指示温度值的大小。热像仪的图像分辨率(两个相邻像元之间的分辨能力)可以大到一个地区(地质遥测勘探)，小到几微米(红外显微镜窥视)，温度分辨率可小到 10^{-3} ℃。

5.2.3　红外测温的特点

通过前面的讨论，可以归纳出红外测温具有如下特点：

(1) 非接触式测量。这一特点使得远距离、高速运动或带电目标的温度测量变得方便，而且不影响被测目标的温度分布。

(2) 反应速度快。辐射是次光速传播的，红外测温取决于测温仪表的响应时间，一般比基于热平衡原理测温仪器的响应时间短两个数量级以上，可用于实时显示。

(3) 灵敏度高。只要目标有微小的温度差就能分辨出来，一般红外测温仪都具有 0.1 ℃的温度分辨率和毫米级的空间分辨率。

(4) 测温范围广。根据不同要求，可以选择不同类型的仪器来实现零下几十摄氏度到上千摄氏度的温度测量。

5.2.4　红外诊断的应用

红外监测技术最早是在军事应用中发展起来的，至今仍占主导地位，且目前红外技术的应用已遍及国民经济各个领域。下面介绍红外技术在故障诊断和状态监测中的应用实例。

1. 火车轴箱温度检测

火车车体的自重和载重都是由车辆的轴箱传递到车轮的。在火车运行中，由于机械结构、加工工艺、摩擦及润滑不良等原因，轴箱会产生温度过高的热轴故障，如不及时发现和处理，轻则甩掉有热轴故障的车辆，重则导致翻车事故，造成生命危险和财产损失。为防止“燃轴”事故，利用红外测温技术制成了“热轴探测仪”，可以方便精确地用以检测。仪器安放在车站外两侧，当火车通过时，探测器逐个测出各个车轴箱的温度，并将探测器输出的每一脉冲(轴箱温度的函数)输送到站内检测室，根据脉冲高低就可判断轴箱发热情况及热轴位置，以便采取措施。目前，全国铁路 90% 的列检所安装了轴温红外探测仪，其准确率高达 99%。

2. 航空发动机壳体红外无损缺陷主动探查

红外无损缺陷主动探查是用一外部热源对被检查物体进行加热，在加热的同时或以后测量被检查物体表面温度或温度分布。加热物体时，热量将沿表面流动。如果物体无缺陷，热流将是均匀的；如果有缺陷存在，热流特性将改变，形成热不规则区，从而可发现缺陷所在。

主动探查在材料和机械加工工业中有广泛的应用，如对多层复合材料、蜂窝材料中缺陷和脱胶等的探查，对焊接质量的检测等。图 5-9 所示为单面法主动红外探查的原理，由 CO_2 激光器产生连续波，输出功率为 35 W，通过红外望远镜在被查样件表面聚焦以加热样件。样件作匀速转动(图 5-9a 为平动，图 5-9b 为转动)，激光在样件上形成热点，一小段时间后由红外辐射计接收到样件的热辐射，将信号送到示波器或 X-Y 记录仪中用曲线表示出来，如图 5-9(c)所示。

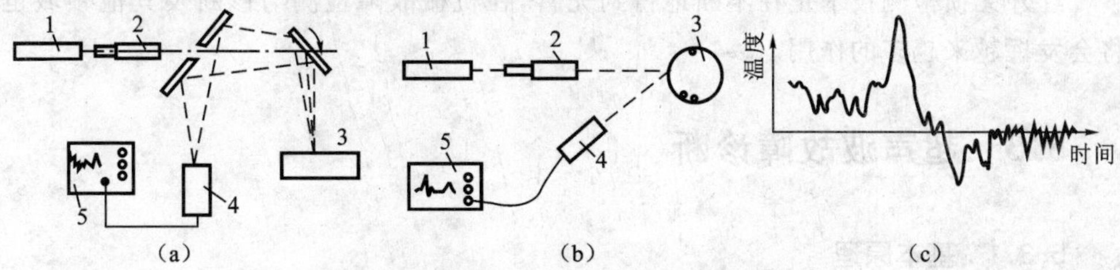

图 5-9　主动红外探查(单面法)原理图

1—CO_2 激光器；2—望远镜；3—样件；4—辐射计；5—示波器

航空发动机壳体一般采用胶合夹层结构，缺陷可能发生在外壳和衬里之间的第一界面，或在衬里和内壳之间的第二界面，如图 5-10(a)所示。用超声波、X 射线只能发现第一界面的缺陷；用红外辐射计作主动探查，不仅可以发现第一界面缺陷，也可发现第二界面的缺陷。图 5-10(b)所示为扫描一个周期后的记录，图中两负脉冲 C 和 D 对应于样件表面的参考基准，该基准是比辐射率 ε 很小的材料细线，辐射能力比样件表面低得多，用它来表示一个周期的起点和终点。曲线两高峰 A 和 B 表明缺陷所在位置，根据峰的高低及其他参数可以判明，缺陷分别在第一界面与第二界面。

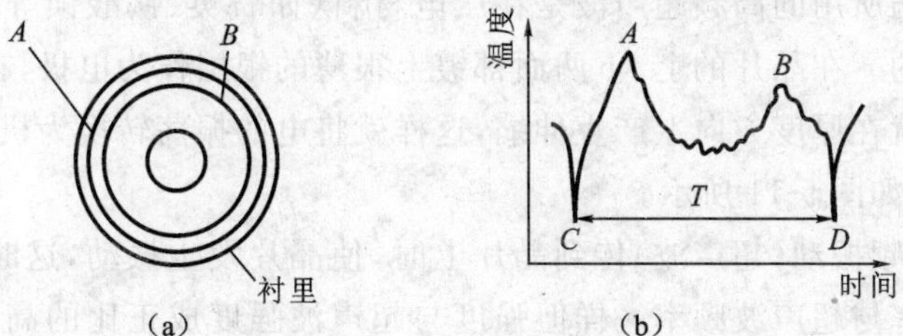

图 5-10　发动机壳体缺陷和红外扫描记录

A—第一界面缺陷；B—第二界面缺陷；T—扫描一圈的时间

3. 化工塔罐检测

石化企业中的催化装置、裂化装置及连接管等都是与热关联的重要生产设备，因此都可以用红外热像仪来监测。热像中过分明亮的区域表明材料或炉衬已因变薄而温度升高，由此可掌握生产设备的现场状态，为维修提供可靠信息。同时，也可监视生产设备的有关沉积、阻塞、热漏、绝热材料变质及管道腐蚀等情况，以便有针对性地采取措施，保证生产正常进行。

4. 检查焊接质量

样件的温度高于室温，观察其热像图，在其热流路径上的物理物性反映在相应的温度分布图中，从而可以发现隐患。另外，在未焊好的区域产生的摩擦导致发热，对应于这一产生摩擦的位置，样件外表面的热像将显示出一个高温区，从而可以确定未焊好部位所在的位置。

红外无损检测技术正在不断地得到完善，在机械故障检测与诊断及其他领域也将会发挥越来越多的作用。

5.3 超声波故障诊断

5.3.1 基本原理

在声学中，人耳可听到的声波范围大致为 20 Hz～20 kHz。低于 20 Hz 的称为次声波，高于 20 kHz 的称为超声波。用于探伤的超声波频率主要为 1～5 MHz。

超声波在探伤中得到广泛应用的主要原因在于：

(1) 超声波的波长以 mm 计，光波的波长更短一些，所以二者特性相近。超声波有很好的指向性，而且频率越高，指向性越好。

(2) 超声波可在物体界面上或内部缺陷处发生反射、折射和绕射，据此可对物体内部进行测量，并且波长越短，识别缺陷的尺寸越小。

1. 超声波的发生与接收

超声波探伤所用的高频超声波是在压电材料(如石英、钛酸钡等)晶片上施加高频电压后产生的。在晶片的上、下两面都镀上很薄的银层作为电极，在电极上加上高频电压后晶片就在厚度方向上产生伸缩，这样就将电的振荡转换为机械振动，并在介质中进行传播，如图 5-11 所示。

反之，将高频振动(超声波)传到晶片上时，使晶片发生振动，这时在晶片的两极间就会产生频率与超声波频率一样但强度与超声波强度成正比的高频电压，这就是超声波的接收。

2. 超声波的种类

作为一种弹性波，超声波是靠弹性介质中质点的不断运动进行传播的。当质点

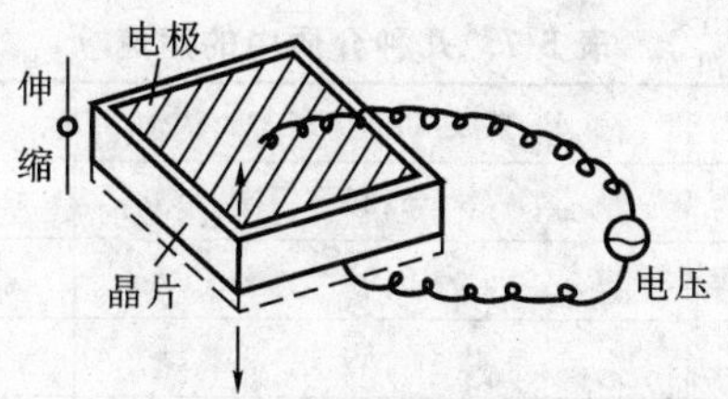

图 5-11 超声波的产生

振动方向与弹性波传播方向相同时，称为纵波（图 5-12a）。纵波又称为疏密波，是由于介质中的质点交替地受到拉伸和压缩形成的波形。纵波可以在固体、气体和液体介质中传播。质点振动方向与传播方向垂直的弹性波称为横波（图 5-12b）。横波只能在固体中传播。此外，还有在表面传播的表面波（图 5-12c）和在薄板中传播的板波。表面波的质点运动兼有纵波和横波的特性，运动轨迹比较复杂。

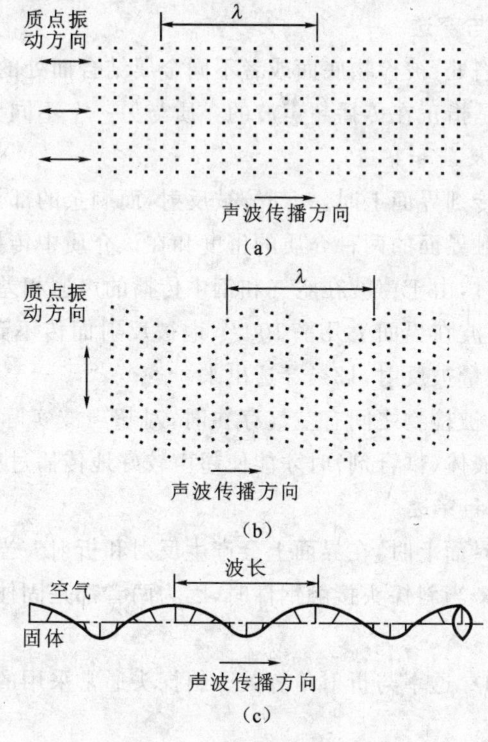

图 5-12 纵波、横波和表面波

(a) 纵波；(b) 横波；(c) 表面波

声波在介质中传播的速度是由传播介质的弹性系数、密度以及声波的种类决定的，与晶片和频率无关。表 5-7 列出了声波在几种介质中传播的速度。横波的声速一般认为是纵波的一半。

表 5-7 几种介质中的声速

介 质	纵波/$(km \cdot s^{-1})$	横波/$(km \cdot s^{-1})$
铅	6.26	3.10
钢	5.90	3.23
水	1.50	不传横波
油	1.40	不传横波
甘 油	1.90	不传横波

声速 c、波长 λ 与频率 f 之间有如下的关系：

$$c=f\lambda \tag{5-10}$$

例如，在钢中传播频率为 1 MHz 的超声波，如果是纵波则波长应为 5.9 mm，频率为 2 MHz 的波长应为 2.95 mm；如果是横波，则波长分别为 3.2 mm 和 1.6 mm。

3. 超声波的反射与穿透

当超声波传到缺陷处、被检物底面或者不同金属结合面处的不连续部分时，会发生反射。不连续部分是指正在传播超声波的介质与另一个不同介质相接触的界面。

1）垂直入射时的反射和穿透

当超声波垂直地传到界面上时，一部分被反射，而剩余的部分则穿透过去。这两部分的比率取决于接触界面的两种介质的密度和在该介质中传播的声速。当钢中的超声波传到空气界面时，由于声波在空气和钢中传播的声速相差较大，且两者的密度也相差很大，因此超声波在界面上几乎 100% 地被反射而传不到空气中去。在钢与水的界面上，88%的能量被反射，12%穿透出来。

因此，如果探头与被检物之间有空气存在时，对超声波实际不作传递，只有两者之间涂满油或甘油等液体（耦合剂）时才能使超声较好地传播过去。

2）斜射时的反射和穿透

当超声波斜射到界面上时，在界面上会产生反射和折射。当介质为液体时，反射波和折射波只有纵波。当斜探头接触钢件时，因为两者都是固体，所以反射波和折射波都存在纵波和横波。

在斜射时，折射的穿透率与折射角有关。斜探头通常采用的折射角为 35°～80°，这时穿透率最好。

4. 小物体上的超声波反射

当超声波碰到缺陷（即异物）或者空洞时，就会在那里发生反射和散射。可是，当这些缺陷的尺寸小于波长的一半时，由于衍射的作用，波的传播就与缺陷存在与否没什么关系了。因此，在超声波探伤中缺陷尺寸的检出极限为超声波波长的一半。

5.3.2　检测仪器与设备

1. 超声波探头

超声波探头实际上是一种机械能和电能互相转换的换能器，大多数是利用压电效应制作的，其功能是发生和接收超声波。

根据超声波波型的不同，探头可分为纵波探头（又称直探头或平探头）、横波探头（斜探头）和表面波探头等。根据诊断方法可分为接触式探头和水浸式探头。

纵波探头用于发射和接收纵波，其结构如图5-13所示，由保护膜、压电晶片、阻尼块、外壳、电器接插件等组成。

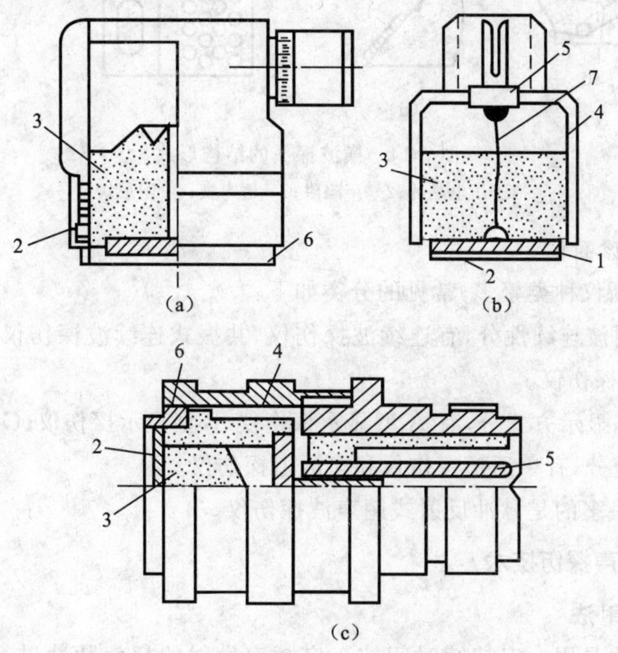

图5-13　纵波探头的结构形式

1—保护膜；2—晶片；3—阻尼块；4—外壳；5—电极；6—接地用金属环；7—导线

横波探头是应用波形转换而得到横波的，其结构如图5-14所示，通常由压电晶片、声陷阱、透声楔、阻尼块、电器接插件和外壳组成。由于在工件中折射横波时压电晶片产生的纵波要倾斜入射到工作表面上，因此晶片是倾斜放置的。由于有一部分声能在透声楔边界上反射后，经过探头内的多次反射返回到晶片被接收，从而加大发射脉冲的宽度，形成固定干扰杂波，所以要设置声陷阱来吸收这些声能。可以用在透声楔某部位打孔、开槽、贴吸声材料等方法制作声陷阱。横波探头的晶片是粘贴在透声楔上的，晶片多用方型，透声楔多用有机玻璃。为了使反射的声波不致返回到晶片上，不同折射角探头透声楔的尺寸和形状应当不同。横波探头的入射角和频率应根据理论计算确定。

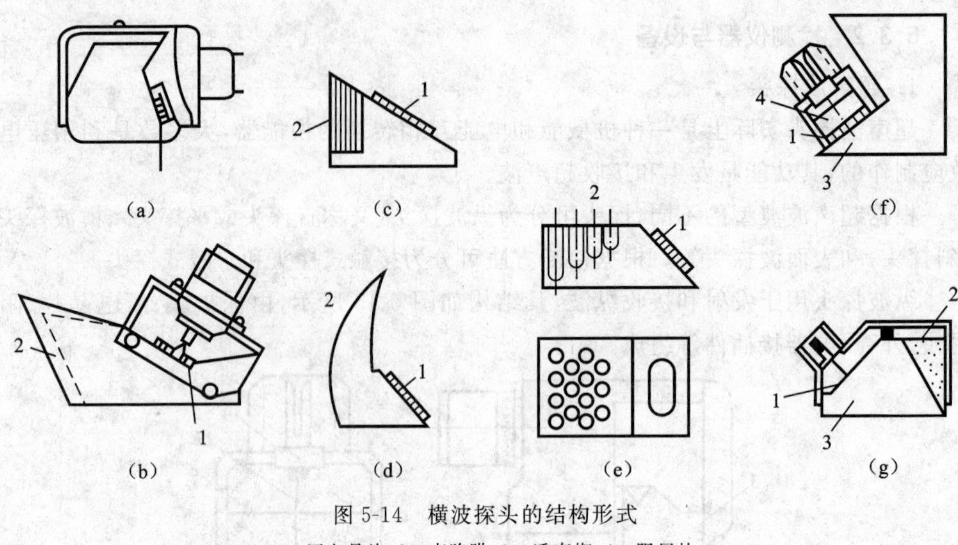

图 5-14　横波探头的结构形式

1—压电晶片；2—声陷阱；3—透声楔；4—阻尼块

2. 超声波诊断仪

超声波诊断仪种类繁多，常见的分类如下：

(1) 按发射波连续性分，有连续波探伤仪、共振式连续波探伤仪、调频式连续波探伤仪、脉冲波探伤仪。

(2) 按缺陷显示方式分，有 A 型显示探伤仪、B 型显示探伤仪、C 型显示探伤仪。

(3) 按通道分，有单通道探伤仪和多通道探伤仪。

目前使用最多的是脉冲反射式超声波探伤仪。

5.3.3　超声探伤技术

1. 脉冲反射法

脉冲反射法是用一定持续时间按一定频率发射的超声脉冲进行缺陷诊断的方法，其结果用示波管显示。

1) 直接接触纵波脉冲反射法

直接接触纵波脉冲反射法的原理如图 5-15 所示。将探头置于被测面上，电脉冲激励的超声脉冲经耦合剂进入工件，传播到工件底面，如底面光滑则脉冲反射回探头，声脉冲又变换回电脉冲，由仪器显示。仪器显示屏上的时基线与激励脉冲是同步触发的，在时基线的始端出现"始波"T(图 5-16)；当探头接收到底面反射波时，时基线上出现"底波"B。时基线上从 T 扫描到 B 的时间差为脉冲在工件中的传播时间，据此可算出其厚度。如果工件中有缺陷，探头接收到的缺陷反射"伤波"F 将显示在时基线上，故可利用 T，F 和 B 之间的距离关系判断缺陷的部位及大小。

设探伤面到缺陷的距离为 x，材料厚度为 t，于是在示波管上可以显示出发射脉

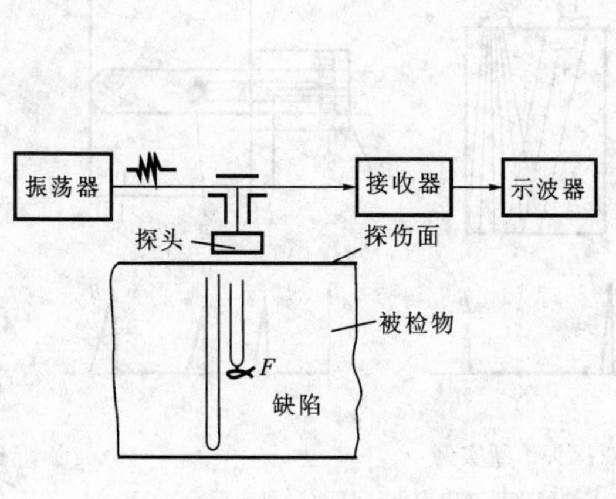

图 5-15　纵波脉冲反射垂直探伤原理

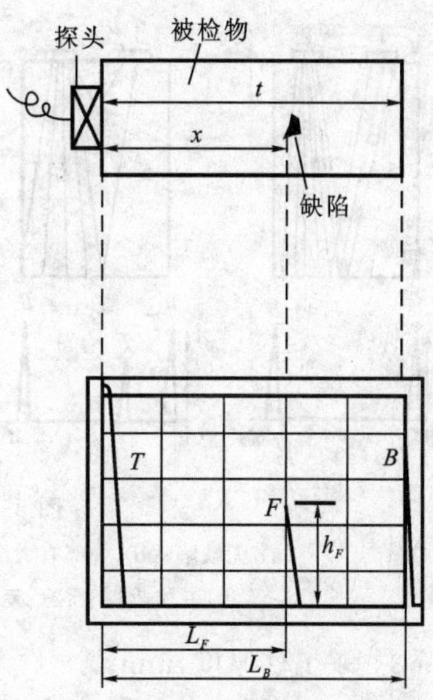

图 5-16　探伤图形的观察方法

冲 T 到缺陷回波 F 处的长度 L_F，从 T 到底面回波 B 处的长度 L_B。因为声速在被检物中传播是一个定值，因此可得下式：

$$\frac{x}{t}=\frac{L_F}{L_B} \tag{5-11}$$

由上式就可以准确地求出缺陷位置。

另外，因缺陷回波高度 h_F 是随缺陷的增大而增高的，所以可由 h_F 来估计缺陷的大小。当缺陷很大时，可移动探头，按显示缺陷的范围求出缺陷的延伸尺寸。

2）脉冲反射横波脉冲反射法

利用横波探头进行缺陷诊断时，有时用一个探头兼作发射和接收，即单斜探头法。也有分别用发射探头、接收探头的，即双斜探头法，如图 5-17(b)所示。横波在工件中传播时遇到工件表面将产生多次反射，直至声能衰减殆尽，如图 5-17(c)所示。

在单斜探头法中，横波遇到缺陷时会反射，被探头接收并显示。在双探头法中，发射脉冲遇到缺陷时，在缺陷表面反射后由接收探头接收并在荧光屏上显示。

2. 共振法

应用共振现象诊断工件缺陷的方法称为共振法。探头将超声波辐射到工件上后，连续调整发射频率，改变波长。当工件的厚度为超声波半波长的整数倍时，在工件的两个侧壁间超声能量将发生振荡，从而在工件中产生驻波，其波腹在工件的表面上。用共振法测厚时，在测得共振频率和共振次数后，可用下式计算工件厚度：

$$\delta=n\,\frac{\lambda}{2}=\frac{nc}{2f} \tag{5-12}$$

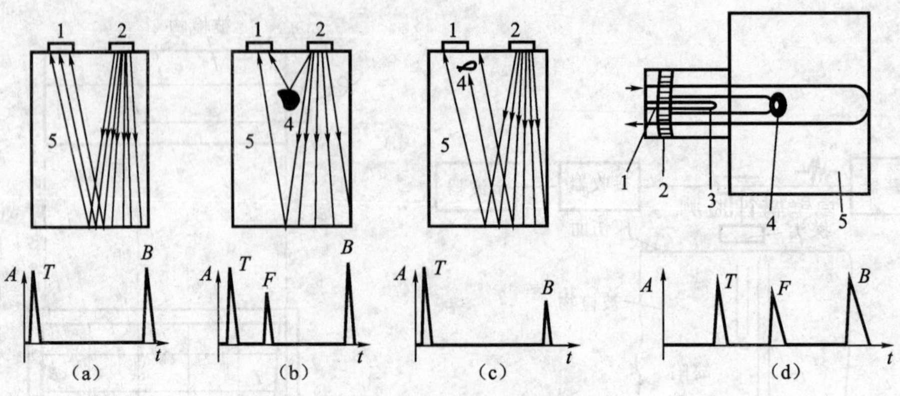

图 5-17 双探头诊断实例

(a) 无缺陷;(b) 中部有大缺陷;(c) 缺陷靠近接收探头;(d) 组合双探头

1—接收探头;2—发射探头;3—遮挡片;4—缺陷;5—工件

式中 δ——工件厚度,mm;

c——超声波在工件中的传播速度,km/s;

f——共振频率,MHz;

λ——波长,mm;

n——谐波阶次。

此法常用于壁厚的测量。另外,当工件中存在较大的缺陷或厚度改变时,将使共振现象消失或共振点偏移,故可用此现象诊断复合材料的胶合质量、板材点焊质量、均匀腐蚀量和板材内部夹层等缺陷。

3. 穿透法

穿透法测量如图 5-18 所示。该方法采用两个探头:一个探头发射超声能量,另一个探头接收超声能量。由于透过被检零件的超声能量取决于零件内部的状态,当存在严重的疏松或气穴时,大部分能量会反射或散射,因此另一探头所接收到的能量会有不同程度的减少。根据荧光屏上显示的发射脉冲幅值 A_T 和接收脉冲幅值 A_R 的比较,就可以判断材料的粘结质量并检查其内部的缺陷。

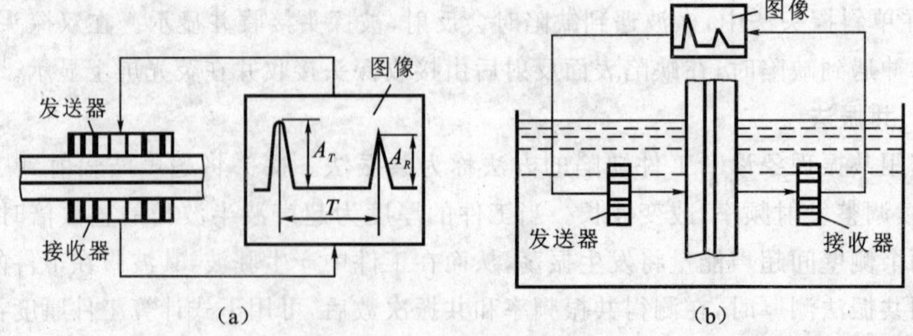

图 5-18 穿透法示意图

图 5-18(a)所示为探头直接与被检零件接触的方式;图 5-18(b)所示为用水做耦合剂的方式。为了取得较好的效果,可以用钛酸钡制作发射探头,用硫化锂制作接收探头,常用的超声波频率为 0.2～0.9 MHz。

5.3.4 应用实例

1. 管壁腐蚀监测

管道的管壁腐蚀情况是化工、炼油和动力厂设备运行状态监测的重要项目,常采用的监测方法是回波脉冲法。由于被检零件的两侧表面不平行,反射脉冲的幅值降低,反射脉冲的数目减少,特别是管道外径小时更为严重,因此这种方法只适用于外径大于 20 mm 的管道。

如图 5-19 所示,当管壁受到严重的腐蚀时,由于内壁形状不规则,回波信号将变宽且数目减少。一般情况下,往往只有第一个回波能够清楚地分辨出来,用它可以确定管壁的壁厚。当管壁进一步受到腐蚀时,第一个回波与发射波脉冲已难以区分,且由于散射和干涉的作用,回波的幅值也将大为减少。

为了能使这种方法获得满意的效果,要求管道的外壁光滑规则,没有漆层或其他包裹物。用这种方法所能达到的检测精度依管道的材料、晶粒的大小和排列的方向而定。对于锅炉管道用钢和细颗粒碳钢,测厚精度可达到±0.1 mm;对于铸件、奥氏体合金、黄铜、锰、铅等,可以达到 0.1～0.5 mm。

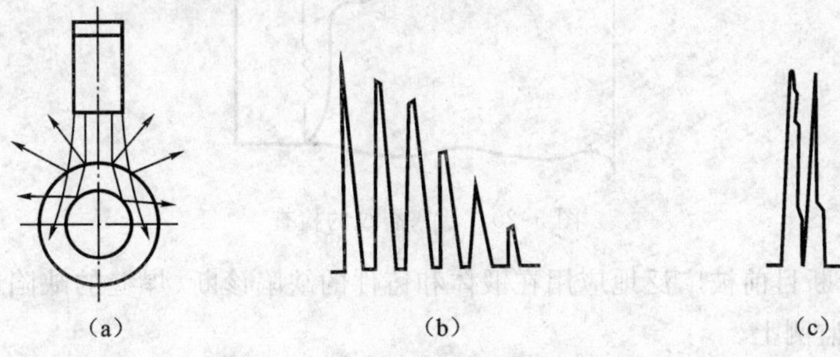

图 5-19 管道腐蚀的超声监测

(a) 测量原理;(b) 正常管壁回波信号;(c) 腐蚀管壁回波信号

2. 活塞裂纹诊断

国外曾经采用超声方法成功地检查了一批 1 200 kW 柴油机活塞在运行过程中内部裂纹的情况,在只揭盖不拆卸的前提下查出了带裂纹的活塞。这批活塞由球墨铸铁铸造,产生裂纹的原因是结构设计不良、材料选择不当、铸造工艺和热处理存在问题。

裂纹可能发生的区域如图 5-20 所示。超声探头沿半径方向在活塞顶部自 A 到 M 点移动时,可获得如下信息:

A,M—— 幅值定标点,因此处厚度可测;

1—— 无信号定标点；

2,3—— 当活塞无裂纹时，应从裙部反射超声波信号；

S—— 无裂纹时应为远信号，无回波。

当活塞上预计的裂纹区内有裂纹时，从 A 到 S 各位置的探头所发射的超声回波均可反映出异常情况。

可以看出，用超声方法对活塞进行现场探查具有如下的优点：

(1) 灵敏度高，反应快，可以迅速确定缺陷的位置；

(2) 渗透力强，可以检测原材料；

(3) 只需从一个方向检查活塞，不需拆开机器。

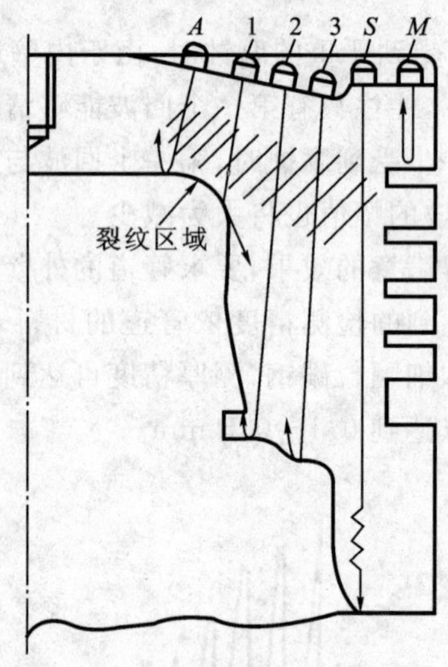

图 5-20 活塞裂纹的检查

超声诊断目前被广泛地应用在锻体和铸件的缺陷诊断、焊缝的缺陷诊断以及关键件的在线监测上。

超声诊断的缺点是：

(1) 当样件的几何形状复杂时，解释信号比较困难；

(2) 当材料晶粒较粗时，回波信号比较弱；

(3) 解释超声图像的技术性较强。

5.4 声发射故障诊断

5.4.1 基本原理

当材料受力作用产生变形或断裂时，或者构件在受力状态下使用时，以弹性波形式释放出应变能的现象称为声发射。声发射是一种常见的物理现象。如果释放的应变能足够大，就能发射出可以听得见的声音，如弯曲锡片时会听到噼啪声。但人耳听不到大多数金属材料的塑性变形和断裂的声发射，因为声发射的信号很微弱，需要借助灵敏的电子仪器才能检测出来。利用仪器检测、分析声发射信号和利用声发射信号推断声发射源的技术称为声发射技术。

声发射故障诊断的基本原理是必须有外部条件（如力、电磁、温度等因素）的作用，使材料的内部结构发生变化（如晶体结构滑移、变形或裂纹扩展等），才能产生能量释放，产生声发射。因此，声发射诊断是一种动态无损检测方法，是材料内部结构缺陷或潜在缺陷处于运动变化的过程中靠材料本身发出的弹性波而进行无损检测的，这一特点使它区别于超声等其他无损诊断方法。

由此可见，声发射的出现要具备两个条件：第一，材料要受外载作用；第二，材料内部结构不均匀或有缺陷。

综上所述，利用声发射可以提供材料的微观形变、开裂以及裂纹的发生和发展的动态信息。声发射源往往是材料破坏的发源地，由于声发射的活动往往在材料破坏之前很早就会出现，因此根据这些声发射的特点和发射的强度，不仅可以推知声发射源的目前状态，而且可以知道它形成的历史，预测其发展趋势，从而进行状态监测和故障诊断。

5.4.2　声发射信号的特征及表示方法

声发射作为一种能量释放过程，其能量的大小一般可表现为声发射率的高低，即单位时间发出声发射脉冲的数目、信号幅度的大小以及频率成分的宽窄。下面介绍声发射信号的特征及其表示方法。

1. 计数与计数率

裂纹每向前扩展一步就释放一次能量，产生一个声发射信号，于是传感器就接收到一个声发射波，其波形如同阻尼振荡的波形，称之为一个声发射事件。

声发射计数可以分为事件计数和振铃计数。图 5-21 所示为一突发型声发射信号记录，下面通过此图介绍计数的方法。一般的事件计数处理方法只注意事件的频度，而较少涉及信号的幅度，因此只是着重反映了裂纹扩展的步进次数。振铃计数是计算声发射事件中越过门槛电压 V_t 的振荡次数。门槛电压 V_t 可按不同材料的实际情况来设定，在仪器上 V_t 是可调的。如在图 5-21 中，在该事件中振铃数为 5。由此可见，声发射波谐振幅度越大，振铃数就越多，因此振铃计数在一定程度上反映了声发射信号的幅度。

若作声发射信号的包络线，则从包络线越过 V_t 的一点开始到包络线降至 V_t 的时间段称为事件宽度 t_e。在信号处理中，为了防止同一事件的反射信号被错误地当作另一个事件来处理，故设置了事件间隔 t_i，将 t_i+t_e 称为事件持续时间。

由此可见，在图 5-21 中，在事件持续时间内计一次数。如在事件持续时间内到达另一个越过门槛的事件，则当作是前一事件的反射信号来处理，不计入事件计数

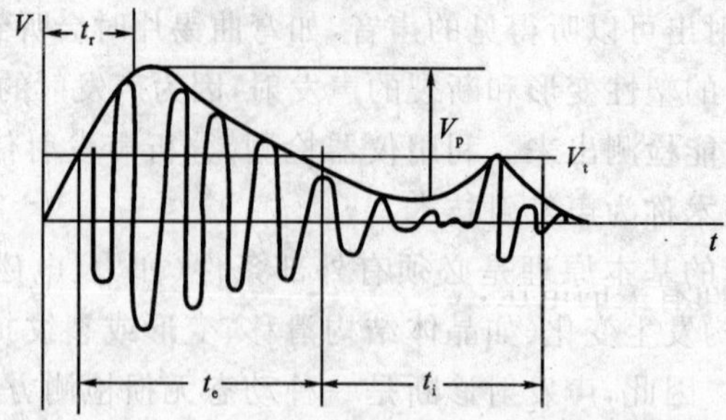

图 5-21　声发射信号的有关参数图解

t—时间；V—电压；t_r—上升时间；V_p—输出信号的最大幅值；

V_t—门槛电压；t_e—事件宽度；t_i—事件间隔

内。事件计算可以计单位时间的事件数目，称为事件计数率；也可以计从试验开始到结束（或某一阶段）的事件总数，称为事件总计数。事件总计数对时间的微分为事件计数率。

振铃计数是计振铃脉冲越过门槛的次数或单位时间内的振铃数，称为振铃计数率。计到某一特定时间的总的振铃数称为振铃总计数；也可以以事件为单位进行振铃计数，称为振铃事件。

2. 幅度与幅度分布

古典力学认为，振荡的能量与振荡幅度的平方成正比，故可用声发射信号的幅度作为声源释放能量的量度，其值可采用峰值和有效值。

幅度分布就是按信号幅度的大小范围分别对声发射信号进行事件计数。将仪器的动态范围分为若干等级，每个等级有一定的电平范围。若将声发射事件按幅度分类的等级分别计数，就称为事件分级幅度分布，如图 5-22 所示。若将声发射事件按越过各等级低端电压的事件数进行累计计数，则称为累计幅度分布。

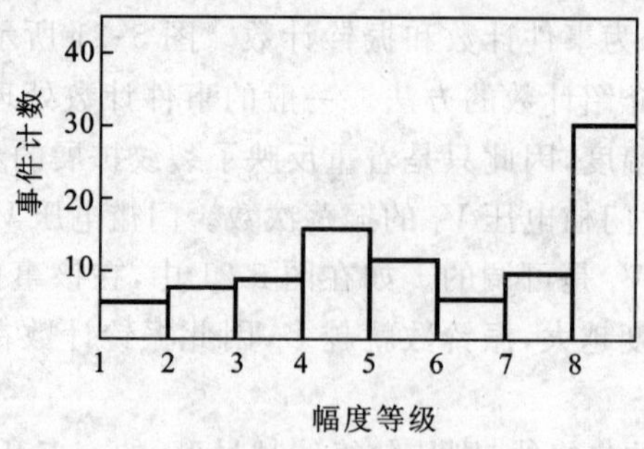

图 5-22　事件分级幅度分布

3. 能量和能量率

在声发射技术中多采用振铃计数法，但此法有下列缺点：振铃计数随信号频率而变；仅能间接地考虑信号的幅度；计数和重要的物理量之间没有直接的联系。

为了避免振铃计数法的缺点，提出了能量测量的方法。一个瞬变信号的能量 E 定义为：

$$E=\frac{1}{R}\int_{0}^{\infty}V^{2}(t)\mathrm{d}t \tag{5-13}$$

式中　R—— 电压测量线路的输入阻抗，Ω；

$V(t)$——与时间有关的电压，V。

据此，将声发射信号的幅度进行平方，然后进行包络检波，求出检波后的包络线所围的面积，将此作为信号所包含能量的量度。

能量量度的另一种方法是测量事件的宽度，将能量与事件宽度联系起来。

能量的测量方式有三种：测单位能量，称为能量率；测从试验开始到某一阶段的能量，称为总能量；测每个事件所包含的能量。

4. 频谱

频谱分析正在受到重视，它可以区别不同声源并了解声源发射的机理。许多研究工作者认为，声发射的频率成分与波形一样包含声发射微观过程的重要信息。频率分析的主要工作是测量声发射信号中的各种频率成分及它们的幅度，然后再加以分析比较。

5. 声发射源定位

有时需要近似地确定试件中声发射源的位置，从而确定开放性裂纹的坐标。此时，可以采用如下的近似计算方法。设有三个声发射传感器，其坐标位置分别为 $p_1(x_1,y_1)$，$p_2(x_2,y_2)$与 $p_3(x_3,y_3)$，声发射信号到达 p_1 和 p_2 的时差为 τ_{21}，到达 p_1 和 p_3 的时差为 τ_{31}，声发射波的传播速度为 v，则图 5-23 中参数为：

$$R_i=R_i(x,y)=\sqrt{(x-x_i)^2+(y-y_i)^2}\quad (i=1,2,3) \tag{5-14}$$

$$\left.\begin{array}{l}R_2-R_1-v\tau_{21}=0\\R_3-R_1-v\tau_{31}=0\end{array}\right\} \tag{5-15}$$

用牛顿法对上述联立方程求近似解，即可确定声发射源 M 的坐标(x,y)。

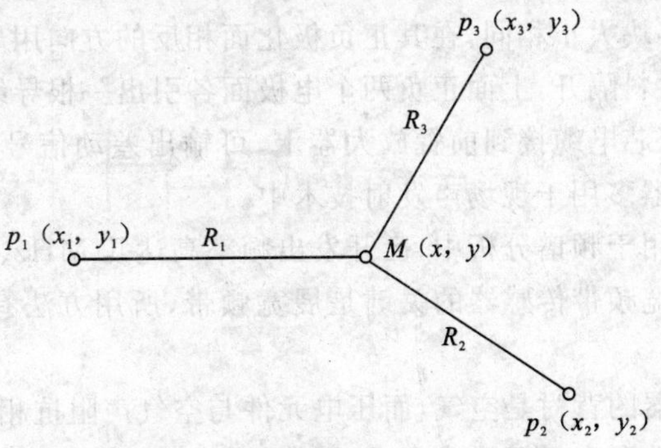

图 5-23　声发射源位置的近似确定

声发射源的定位的方法较多，可参考相关文献。

5.4.3 声发射仪概述

1. 声发射仪

在声发射技术中，由微观过程引起的声发射信号的强度很弱，只有利用声发射仪才能检测到。声发射仪的作用主要是：接收声发射信号；处理已接收到的声发射信号；显示处理后的声发射数据。声发射仪通常分为单通道、双通道和多通道声发射仪。

单通道声发射仪的工作原理如图 5-24(a)所示。声发射源发出的声波被传感器转化为电信号，经前置放大器放大，滤波器除去噪声，主放大器将信号放大到足够的幅度，供给数据处理器的插件。信号处理器具有事件形成、整形为方波供事件计数、设置门槛形成振铃信号、整形并作振铃计数等功能。计数器受时基控制，用数字显示，并通过数模转换成为模拟电压，供记录仪器记录。单通道声发射仪可测量幅度，也可进行幅度分析。

双通道声发射仪除具有单通道声发射仪的功能外，还可以进行线定位，其工作原理框图如图 5-24(b)所示。

多通道声发射仪除具有单通道和双通道声发射仪的功能外，主要特点是可作平面定位，并配有小型计算机实时处理数据。通道数可有 4,8,16,32,64,128 等。

目前声发射仪型号较多，如丹麦 B&K 公司生产的 8312,8313 及 8314 型高灵敏度压电换能器，配套使用的 2637 型前置放大器、2638 型宽带适调放大器和 4429 型脉冲分析仪等。

2. 声发射传感器

声发射接收传感器多用谐振式压电传感器、差动式压电传感器和宽带式压电传感器，在标定传感器时还用到电容式传感器。

谐振式压电传感器原理与超声用传感器相同。

差动式压电传感器是为解决电气噪声的干扰而设计的。它由一块压电陶瓷对半切开后制成，两个半块大小相同，在其正负极化面相反的方向用导电胶贴在传感器底座上，中间用绝缘材料隔开，上面正负两个电极面各引出一根导线分别与两个中间抽头相接，并用屏蔽双芯电缆接到前置放大器上，可输出差动信号，起抑制共模电噪声的作用。这种传感器多用于现场声发射技术中。

宽频带传感器用于频谱分析中，已开发出频率高达几 MHz、响应平坦、灵敏度较高的传感器。制作宽频带传感器的关键是展宽频带，所用方法有背衬吸收法和变厚度法。

由于一般传感器的背衬是空气，而压电元件与空气声阻抗相差很大，阻抗匹配使被激励的压电元件的两个界面形成多次反射，加长了振铃时间。因此，常在压电元件背后安装背衬匹配吸收体，吸收体的声阻抗与压电元件相近，使入射到压电元件的声

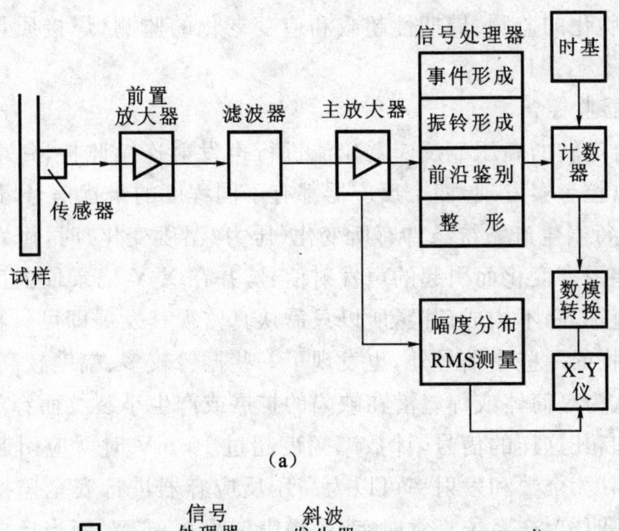

(a)

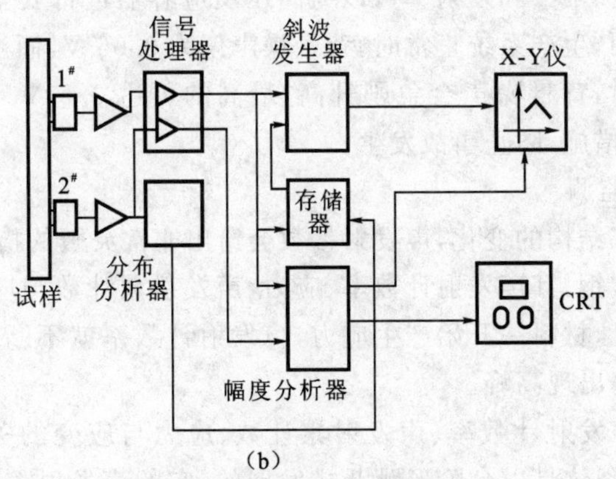

(b)

图 5-24　声发射仪原理框图

(a) 单通道声发射仪工作原理图；(b) 双通道声发射仪工作原理图

能全部进入吸收体而不反射。

变厚度传感器的压电元件制成厚度不同的不规则形状，其共振频率是由渐变厚度决定的一个宽频带，这是由压电元件自身作成的宽频带传感器。

电容式传感器是非接触式换能器，它避免了接触式传感器由于谐振而改变原波形的现象，故常作为传感器校准中的标准传感器。

声发射传感器的标定(校准)方法有：

(1) 相对标定法，包括对接法、氮气喷射法和电火花法；

(2) 绝对标定法，包括互易法和阶跃力标定法等。

5.4.4　声发射技术在设备故障诊断中的应用

声发射技术在结构完整性探查方面已经获得十分广泛的应用，其主要应用场合有：构件裂纹发生和发展的监测；压力容器水压试验的指示；氢脆和应力腐蚀裂纹的监测;中子辐射脆化的监测;周期性超载和应变老化的监测;焊接质量的监测以及声图像分析等。

1. 高压容器监控

某厂对四台运转的高压氧反应器轮流进行声发射连续监控,每个反应器周期为一星期。通过监控考察发现,四个反应器都有不同程度的干扰信号,最强时计数率幅度达到 8 mV。每当生产系统条件有所变化(压力、温度变化)时,声发射仪能灵敏地接收到由于这些因素变化而引起的声发射信号,并在 X-Y 记录仪上反映出来。由于所测信号的幅值不高,不构成危险,所以只需认真监视其发展即可。在所测试到的信号中,除外界干扰的一些小信号外,也发现了一些振铃较多、幅度较高的声发射信号,这些信号可以认为是筒体或焊缝潜在缺陷的扩展或产生小裂纹而释放出来的弹性应力波。由经验知,凡这样的信号,计数率幅度超过 10 mV 时就应引起重视。通过累计突发信号的幅度、个数和发射率可以为高压反应容器进行安全监控和评定提供可靠依据。实践证明,生产系统正常时,背景噪声仅为 0.06 V,而当反应器引出管或其他部位严重漏气时,背景噪声会急剧升高,最高的可达 0.5 V。背景噪声突然升高时,就应及时采取措施,防止事故发生。

2. 轧机裂纹监测

对于材料内部结构的变化,声发射参数会给出非常灵敏的指示。对于韧性钢材,主要是退火的低碳钢,其声发射计数率、应力、声发射累计数与应变的关系如图 5-25 所示。从图中可见,材料一开始产生应力,声发射计数率就不断升高,当达到屈服极限时声发射计数率出现高峰。

高强度钢的声发射计数率、声发射累计数、应力与应变的关系如图 5-26 所示。从图中可以看出,裂纹是以台阶形跳跃式发展的,它的声发射累计数有明显的拐点,而其声发射计数率在材料屈服前后没有像韧性材料那样展现出十分明显的峰值。但裂纹的每次迸发都在声发射计数率曲线上有一个明显的峰值出现,根据该曲线可以预报材料的开裂点。

日本新日铁公司利用这个关系成功地应用声发射技术监测生产中已产生裂纹的轧机框架。当检测出轧机已产生裂纹但又没有备件来更换时,新日铁公司采取了两项措施:一是降低轧制力 20%继续维持生产;二是在上述状况下用声发射技术对裂纹扩展进行监测。这就使新日铁公司赢得了 8 个月的时间,换上新轧机后再继续正常生产。新日铁公司还以同样的方法对已产生裂纹的齿轮型离合器进行了监测,也获得了成功。

5.5 计算机辅助监测诊断系统

随着计算机技术的飞速发展,用计算机来进行机械设备的故障监测与诊断已引

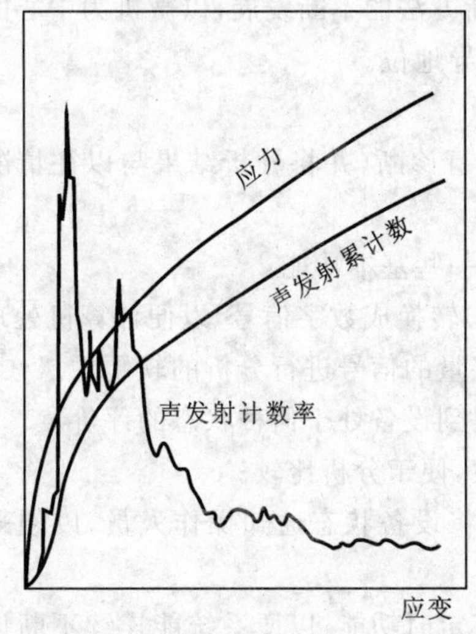

图 5-25 韧性钢声发射特性曲线

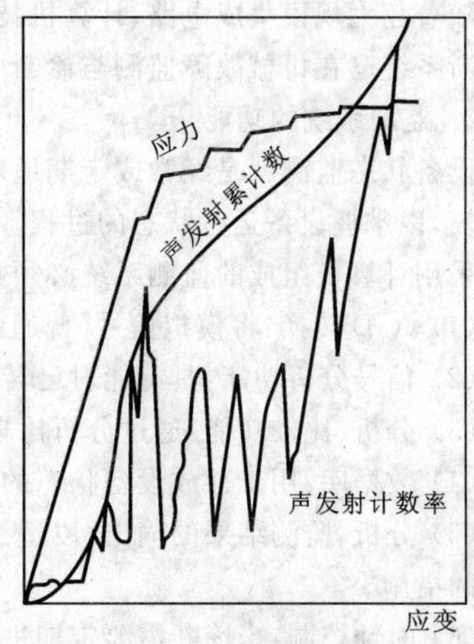

图 5-26 超高强度钢声发射特性曲线

起人们的广泛兴趣,并在工作实践中大量采用。这主要是因为,当所要监测和诊断的设备较多(如几十台或数百台)时,或者当故障发展较快(如滑动轴承从发热到烧毁有时只有几个小时,甚至只有几分钟的时间)时用人工来完成这种监测工作就变得很难实现,而采用计算机却可以很好地完成上述全部或部分工作。

所谓计算机辅助监测与诊断,就是在机械设备监测与故障诊断中广泛地应用计算机技术。借助计算机对机械设备进行连续监测,可在任何时刻很好地了解设备的运转状态。当设备出现故障时,计算机可及时地发出警报,提醒操作人员采取相应的措施,对设备及时进行控制,避免或减轻由此引起的损失。在故障诊断中,计算机能根据获得的设备的有关信号,及时地作出较好的诊断和解释。总之,采用计算机辅助监测与诊断系统后,工作效率及经济效益都要大大高于人工方法。

5.5.1 计算机监测诊断系统的组成与功能

1. 概述

监测诊断的基本方法是对信号的监测与分析处理,其核心问题是提取信号特征并建立特征与系统不同状态之间的关系,诊断的实质是模式识别问题。

关于信号处理,国内外已开发出多种专用信号分析仪,但由于这些分析仪价格比较昂贵,不可能普及使用。

与专用信号分析仪相比,用微机和软件建立的诊断系统有明显的优点:投资少,实际中易于推广应用;功能强且易于扩展和升级;使用维护方便等。在微机系统中加入专用信号处理板,可使微机信号处理能力和速度大大提高,基本达到专用信号分析仪的水平。

随着超大规模集成电路、计算机技术和诊断方法的不断发展，以微机为中心的监测诊断系统已在机械故障监测与诊断中占有主导地位。

2. 监测系统的功能

设备状态监测就是经常或定期地对设备进行诊断，并将分析结果与以往情况进行比较，以掌握设备运行状态的过程。

采用计算机组成的监测系统必须具备以下一些基本功能：

(1) A/D 转换：将模拟信号(普通的电信号)转换成数字信号，以便计算机处理。

(2) 信号分析功能：具有能对已转化成数字量的信号进行分析的软硬件。

(3) 分析、比较功能：通过分析比较，可以得到设备处于何种状态的评价。

(4) 数据库：用于存放设备状态的历史档案，便于分析比较。

(5) 分析、监测结果的输出：以适当的方式将设备状态通知操作人员，以便采取相应的措施。

(6) 时钟控制：当诊断需要定期进行时需有定时功能，以便系统能连续不断地对设备状态进行监测，定时功能还可用于 A/D 转换过程。

3. 监测系统的组成

为了实现上述功能，最简单的计算机监测诊断系统一般具有如图 5-27 所示的硬件配置。

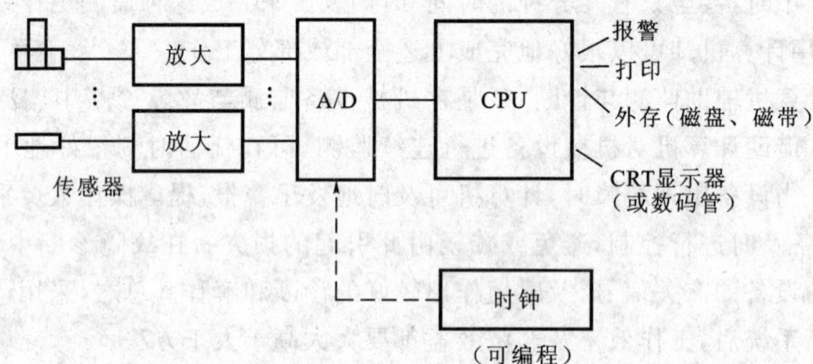

图 5-27　简单监测诊断系统的硬件配置

传感器送来的信号经 A/D 转换后进入计算机。计算机在可编程时钟的控制下完成各种监测任务，数据及分析结果可以通过打印机输出、CRT 显示器(或数码管)显示或存在磁盘(或磁带)上，作为数据库的一部分。

对于这种硬件配置比较简单的监测系统，其监测功能的绝大部分是由软件实现的。软件系统一般具有图 5-28 所示的结构与功能。

系统控制模块的主要作用是协调各任务间的完成顺序及方式，即解决什么时候开始采样、进行什么方式的信号处理、分析结果需打印还是存于数据库等问题。功能程序库中主要是一些信号处理程序。诊断策略部分主要是一些数据分析、比较程序或数据和指标，通过它们系统才能判断设备的状态。由于在很多情况下诊断策略部

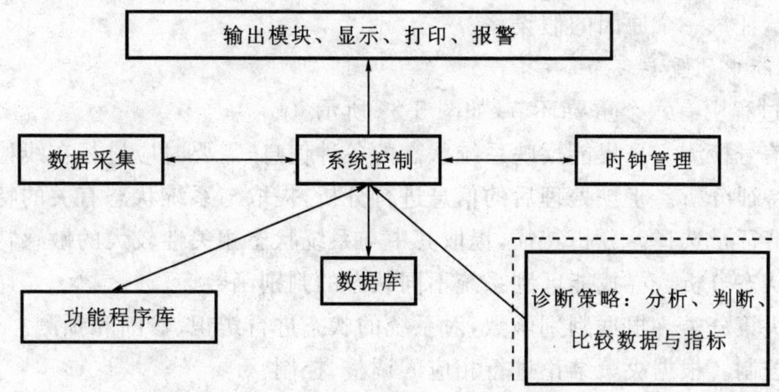

图 5-28　简单监测诊断系统的软件部分

分与系统控制部分相互交叉，故在图 5-28 中用虚线划开。

4. 诊断方法与过程

1）诊断方法

诊断方法可从不同角度加以分类。

(1) 按测取的信号分类。

按测取的信号，有振动、声、力、温度、超声、油污染、锈蚀等，其中振动信号最常用。

(2) 按提取信息和征兆的方法分类：

① 提取信息的方法，有直接法(特征信号即是征兆)和间接法(需从特征信号中进一步提取征兆)。

② 提取征兆的方法，有统计分析特征信号与征兆间关系的非参数模型法(如一般信号处理方法)和参数模型法(如时序模型法)等。

(3) 按征兆分析和识别的方法分类：

① 对比诊断法，将征兆与相应的参考基准模式进行比较诊断。

② 函数诊断法，将征兆与状态间的数学模型进行计算诊断。

③ 逻辑诊断法，根据征兆与状态间的逻辑关系进行推理诊断。

④ 统计诊断法，应用统计模式识别进行分类诊断。

⑤ 模糊诊断法，应用模糊逻辑对多种征兆与多种状态间的模糊关系进行分析诊断。

2）诊断过程

诊断的基本过程可分为五步：

(1) 特征信号的获取与其中征兆的提取；

(2) 根据征兆得出系统所处状态的初步结论；

(3) 对结论进行验证；

(4) 提出故障原因的假设；

(5) 验证每一个原因的假设。

3) 诊断中的重要环节

诊断过程中有六个重要环节,如图 5-29 所示。

(1) 信号检测。采集能反映系统状态的各种信息,需要时应进行在线检测。

(2) 特征分析。将预处理后的信息进行分析,提取与系统状态有关的特征。

(3) 特征量选择。分析特征,提取其中与系统状态相关性较大的敏感特征。

(4) 状态分析。寻找能区别系统不同状态的判别函数。

(5) 决策分类。根据判别函数,对系统的状态进行辨识、诊断和预测。

(6) 控制。根据决策结论进行相应的调整、控制。

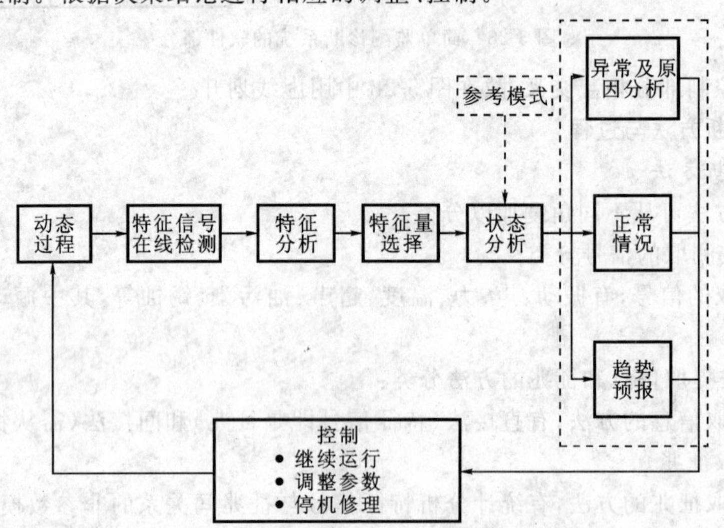

图 5-29　典型计算机监测诊断系统

5. 监测诊断的标准

一般来说,机械设备的监测和诊断有三种标准:

(1) 绝对标准。绝对标准用具体数值表示,超出它会产生故障。绝对标准是制造者的设计极限,或由理论分析推导出的指标。

(2) 相对标准。相对标准是按时间先后进行比较,将以往正常工况的测定统计值作为诊断标准。达到标准值的 1.5～2 倍时要引起注意,超过 4 倍为严重异常。

(3) 类比标准。类比标准是经验性数值,来自运行其他同类或类似规格设备的经验。

由于绝对标准使用方便,实际中应优先考虑使用。

5.5.2　高级计算机监测诊断系统

比较现代化的精密诊断系统或动态监测系统都是建立在微机辅助诊断基础上的多功能、自动化、智能化系统。实际上,目前以微机为主体的精密系统诊断技术已进入实用阶段，并逐步成为故障诊断技术的主导形式。为了更有效地实现对设备的监测和故障诊断，在许多情况下需要比较复杂的高级监测诊断系统。这种系统在执行状态监测时可以采用简单指标衡量的简易方式，当设备状态发生变化时则采用更复杂的技术来进行精密诊断。

1. 硬件配置

高性能的计算机监测诊断系统主要是配置了速度快、容量大的存储器和多种应用软件。系统一般都采用功能分布式结构的体系，即在采用高性能的微机作为系统的中心控制器的同时，还采用一些专用设备或处理器来完成诊断监测过程中某些特定的工作，形成一个多处理器的、具有一定并行处理能力的系统。系统的典型硬件配置如图 5-30 所示，主要由预处理器、数组处理器、显示处理器和中央处理机等构成。

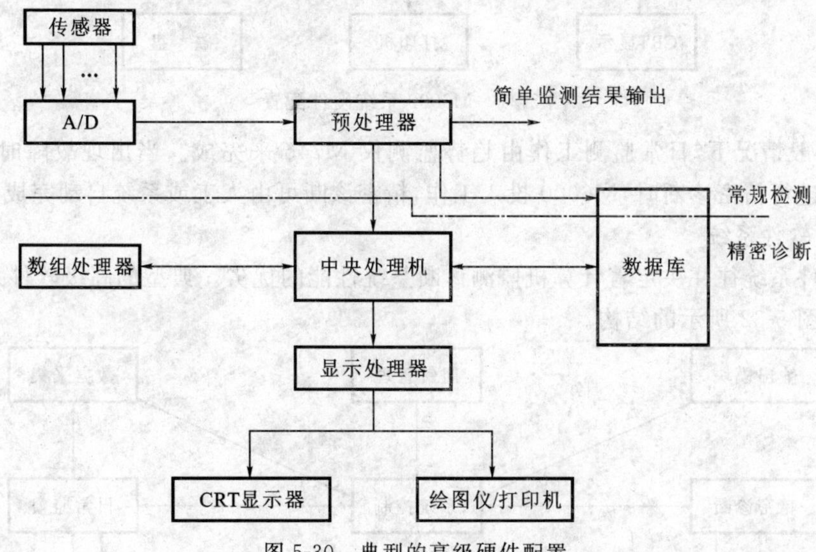

图 5-30　典型的高级硬件配置

预处理器主要负责数据采集以及简单的日常监测工作；数组处理器主要用于算术运算处理，如频谱分析时应用的傅里叶变换运算等；显示处理器主要负责整个系统的输出处理，包括图形的显示与输出、报警；中央处理机负责协调各处理机间的工作、数据库管理及诊断分析工作。

由于诊断工作被分成几个部分由几个处理器同时完成，使得这类系统具有高速的独特优点。它常用在对监视报警速度要求比较高或监测设备比较多的场合，如对化工厂全厂设备的监测、油田注水泵站的监测、发电机组的监测等。这类系统的另一个优点是具有一定的并行处理能力，如当中央处理机在对某台设备作比较复杂而费时的精密诊断时，系统仍可通过预处理器完成对其他设备的信号采集和日常监视工作。这种系统的不足之处是当诊断对象比较复杂或故障较多时，计算机还不能完全取代专家进行自动故障诊断工作，需要人的介入。此时，系统的中央处理机往往被专家用来作为在进行诊断时提供各种数据、指标和判别分析时的有力助手。

美国亚特兰大公司的 M6000 系统就是这样一种比较典型的高配置系统，它的硬件配置如图 5-31 所示。

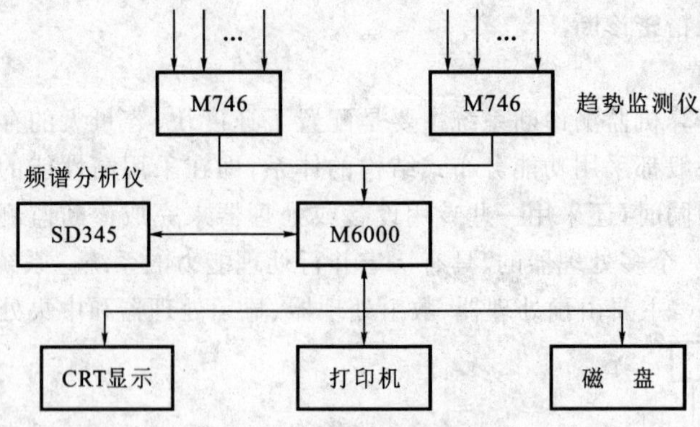

图 5-31　M6000 系统硬件配置

一般情况下，日常监测工作由趋势监测仪 M746 来完成。当出现故障时，或需对设备进行精密诊断时，M6000 投入工作，精密诊断可由人工或系统自动完成。

2. 软件系统

软件系统往往决定着计算机监测诊断系统性能的优劣。典型的高级软件系统一般具有图 5-32 所示的结构。

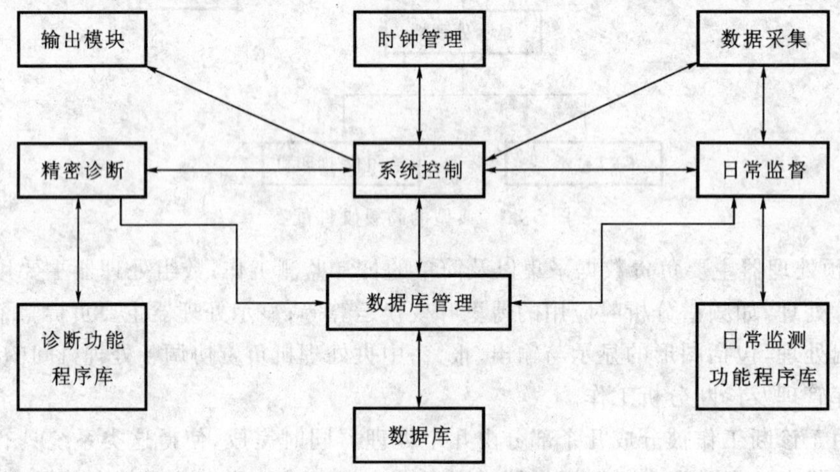

图 5-32　典型的高级软件系统

软件系统的先进性应主要反映在以下几个方面：

(1) 具有丰富的诊断功能程序库。该程序库中主要是一些信号处理程序，由于具有比较丰富的信号处理手段，可以对从机械设备上获取的信号进行多种功能的分析，建立多种设备状态判别指标，因而具有较强的故障诊断与状态监测的能力。

(2) 具有功能较强的系统控制软件。这体现在以下三个方面：

① 具有较好的人机对话功能，以便操作人员对设备状态进行了解和专家参与诊断工作。

② 具有一定的自学习能力，即系统对设备状态判别标准的选择与阈值的确定能力：当监测系统投入正常工作后，有一段“试运行”阶段，即自学习阶段，通过这段时间的运行，系统能自动将各种指标的阈值确定下来，从而节省为确定监测指标和阈值而耗费的大量时间、人力、物力。

③ 具有较强的状态识别能力。对于复杂的设备或故障比较复杂的情况，依据一个或几个指标之间的趋势比较很难作出状态好坏或故障位置的判断，因而必须采用多种指标的综合测量和评定。引入模式识别理论处理这类多指标分类、定性问题是软件先进性的体现。

(3) 具有丰富的输出方式。

(4) 数据库采用比较先进的结构与管理技术，它与系统控制软件相配合，进一步提高系统的性能。

亚特兰大公司的 M6000 系统主要配备了以下几方面的功能：

(1) 频谱与特征矢量监视；

(2) 实时监测指标值显示；

(3) 趋势监测与显示；

(4) 故障判别矩阵法；

(5) 开机、停机的速度谱图分析。

3. 发展趋势

计算机监测诊断系统最终要达到具有较高的智能，最大限度地代替人来实现对设备的状态监测与故障诊断。从这项技术本身来看，具有如下发展趋势：

(1) 以微机为主体的监测系统将是今后应用的主力军。因为它技术成熟，性能基本能满足一般机械设备的要求。必要时，还可与中央处理机相连后形成计算机故障诊断与监测网络。通过网络的远程监测与诊断系统已经实现。

(2) 功能强大的计算机、处理机的不断涌现，将使计算机监测诊断系统在速度、规模、容量方面有较大的突破，也为将人工智能、模式识别等学科的研究成果引入系统提供物质基础。

(3) 人工智能技术的应用。人工智能关于自学习机制研究的突破必定会对监测诊断系统自学习能力的提高带来巨大的影响。另外，专家系统的应用将使监测诊断系统向智能化迈进一大步。

(4) 模式识别理论用于监测诊断技术将使系统处理问题的能力得到极大提高，从而使监测诊断系统得到更加广泛的应用。

目前，计算机辅助监测诊断技术已日趋成熟，应用十分广泛，在裂纹的深度检测、发动机喷管壁的温度辅助检测、注水泵和往复泵的故障监测诊断、超声探伤、发动机故障诊断、机床故障辅助诊断以及大型旋转机械故障监测诊断等许多方面都有成功应用的实例，显示了广阔的发展前景。

第6章 机械故障诊断新技术

Chapter 6

6.1 故障诊断的模糊数学方法

模糊数学能够处理各种边界不明的模糊集合的数量关系。由于故障原因和相应的症状之间往往没有明确的规律可循，在复杂机械系统中可能出现的各种故障也就很难甚至不可能用精确的数学模型来描述，而模糊数学的方法可将各种故障及症状视为两类不同的模糊集合，它们之间的关系能够用一个模糊关系矩阵来描述，那么两个模糊集合中子集合之间的相互关系就可以用映射来确定。实际应用表明，在复杂机械系统故障分析中模糊数学方法是有效的，它为机械状态分类与故障识别提供了一种新的分析方法。

6.1.1 模糊数学的基本概念

1. 模糊关系方程

用一个集合来定义一个系统（一台机械设备或一个部件）中所有发生的各种故障的原因，这个集合用 Y 来表示：

$$Y=\{y_1,y_2,\cdots,y_n\} \tag{6-1}$$

或

$$Y=\{y_i\,|\,i=1,2,\cdots,n\}$$

式中　n——故障种类的总数。

同样，由这些故障原因所引起的各种症状（如温度变化、压力波动、油液污染、噪声和振动特征变化等）也能被定义为一个集合，并用 X 来表示：

$$X=\{x_1,x_2,\cdots,x_m\} \tag{6-2}$$

或

$$X=\{x_i\,|\,i=1,2,\cdots,m\}$$

式中　m——各种症状的总数。

模糊集合理论指出，故障原因的模糊子集合与它们的各种症状的模糊子集合之间有下列逻辑关系：

$$\underset{\sim}{\boldsymbol{Y}}=\underset{\sim}{\boldsymbol{X}}\circ\underset{\sim}{\boldsymbol{R}} \tag{6-3}$$

其中，"∘"表示模糊逻辑算子，$\underset{\sim}{\boldsymbol{R}}$ 表示模糊关系矩阵。

从式(6-3)可以看出，如果症状向量 $\underset{\sim}{\boldsymbol{X}}$ 和模糊关系矩阵 $\underset{\sim}{\boldsymbol{R}}$ 已知，则故障向量 $\underset{\sim}{\boldsymbol{Y}}$ 就可以求出来。

2. 隶属度函数的定义

在当前多数诊断技术中，如故障树诊断法等，无论是采用距离法还是采用统计分类法，都是以布尔逻辑为基础，即只存在两种可能性，当事件发生时用"1"表示，当事件未发生时用"0"表示。这种二值逻辑在简单的诊断系统中能得到十分明确的结论，但却不能表示复杂情况。对于复杂的机械设备，尤其是出现早期故障时，人们不能简单地用"是"或者"否"来描述出现故障的可能性和故障的程度。模糊逻辑正好可弥补二值逻辑的不足，它将[0,1]分成许多区间，它们分别表示 x_i 隶属于事件 A 的不同程度，定义为隶属度函数，用 $\mu_{\underset{\sim}{A}}(x)$ 表示：

$$\mu_{\underset{\sim}{A}}(x)\Rightarrow[0,1] \tag{6-4}$$

且称集合

$$\underset{\sim}{A}=\{x,\mu_{\underset{\sim}{A}}(x)\mid x\in X\} \tag{6-5}$$

为在 X 中的模糊集合。图 6-1 所示为不同 x_i 值的隶属度函数 $\mu_{\underset{\sim}{A}}(x)$ 的值。

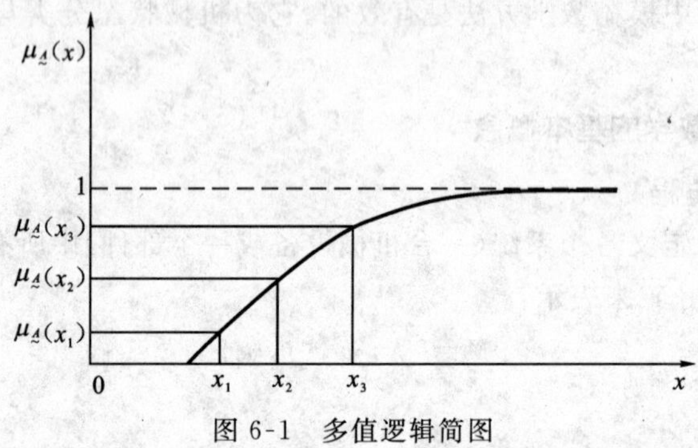

图 6-1 多值逻辑简图

3. 隶属度函数的确定

隶属度函数可以由特征曲线来确定，也可以用推理法和模糊统计试验予以确定。当可用实数闭区间表示论域时，可以根据问题的性质分别采用各种曲线作为隶属度函数。常用的有如下几种：

1）偏小型

(1) 降半 Γ 型，如图 6-2 所示。

$$\mu(x)=\begin{cases}1 & (x\leqslant a)\\ e^{-k(x-a)} & (x>a,k>0)\end{cases} \tag{6-6}$$

(2) 降半正态型，如图 6-3 所示。

$$\mu(x)=\begin{cases}1 & (x\leqslant a)\\ \mathrm{e}^{-k(x-a)^2} & (x>a,k>0)\end{cases} \tag{6-7}$$

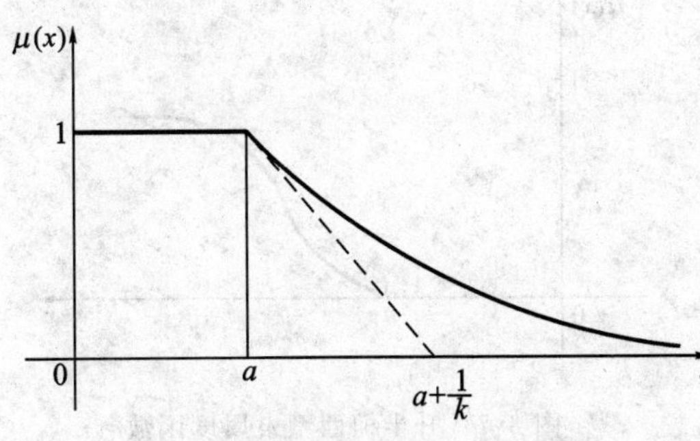

图 6-2　降半 Γ 型隶属度函数

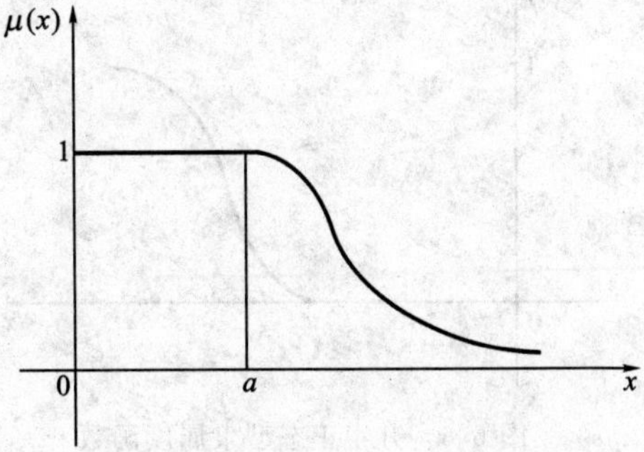

图 6-3　降半正态型隶属度函数

(3) 降半柯西(Cauchy)型，如图 6-4 所示。

$$\mu(x)=\begin{cases}1 & (x\leqslant a)\\ \dfrac{1}{1+\alpha(x-a)^{\beta}} & (x>a,\alpha>0,\beta>0)\end{cases} \tag{6-8}$$

2) 偏大型

(1) 升半 Γ 型，如图 6-5 所示。

$$\mu(x)=\begin{cases}0 & (x\leqslant a)\\ 1-\mathrm{e}^{-k(x-a)} & (x>a,k>0)\end{cases} \tag{6-9}$$

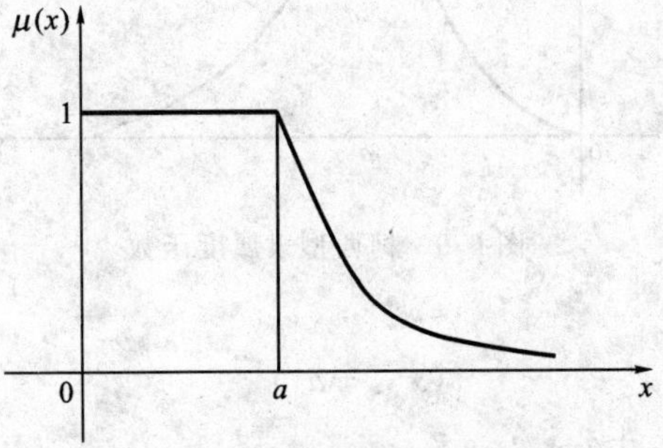

图 6-4　降半柯西型隶属度函数

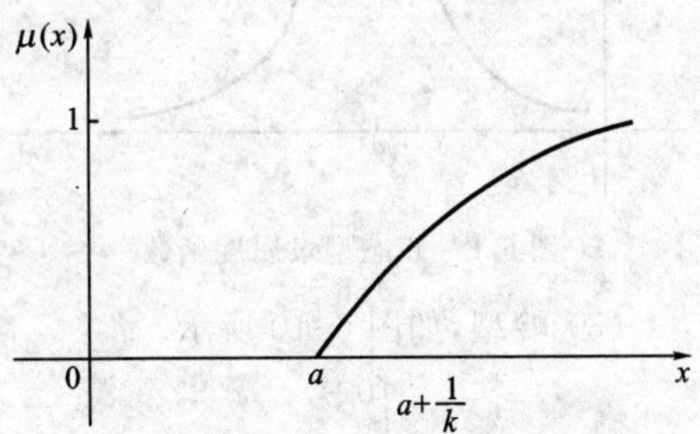

图 6-5　升半 Γ 型隶属度函数

(2) 升半正态型，如图 6-6 所示。

$$\mu(x)=\begin{cases}0 & (x\leqslant a)\\ 1-\mathrm{e}^{-k(x-a)^2} & (x>a,k>0)\end{cases} \tag{6-10}$$

(3) 升半柯西型，如图 6-7 所示。

$$\mu(x)=\begin{cases}0 & (x\leqslant a)\\ 1-\dfrac{1}{1+\alpha(x-a)^{\beta}} & (x>a,\alpha>0,\beta>0)\end{cases} \tag{6-11}$$

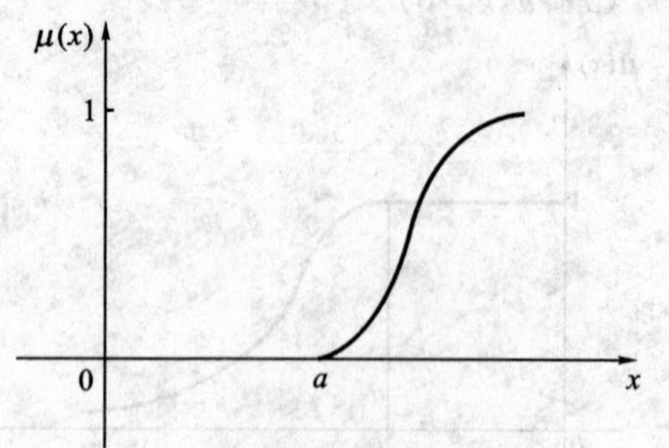

图 6-6　升半正态型隶属度函数

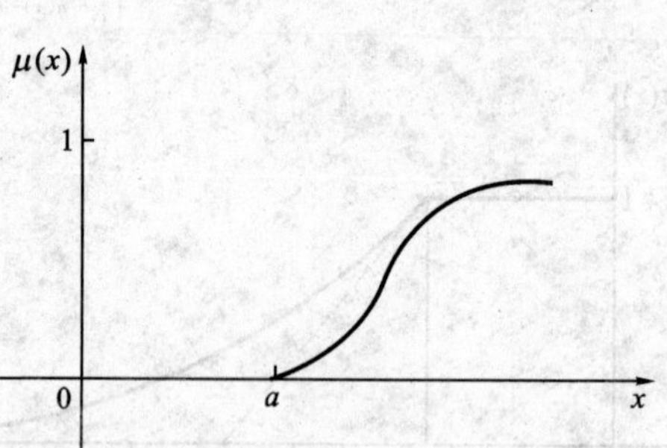

图 6-7　升半柯西型隶属度函数

3）对称型

（1）正态型，如图 6-8 所示。

$$\mu(x)=\mathrm{e}^{-k(x-a)^2}\quad (k>0) \tag{6-12}$$

（2）柯西型，如图 6-9 所示。

$$\mu(x)=\frac{1}{1+\alpha(x-a)^{\beta}}\quad (\alpha>0,\beta\text{为正偶数}) \tag{6-13}$$

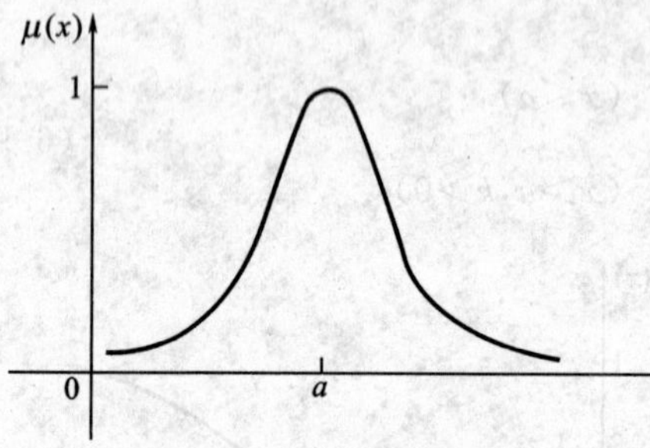

图 6-8　正态型隶属度函数

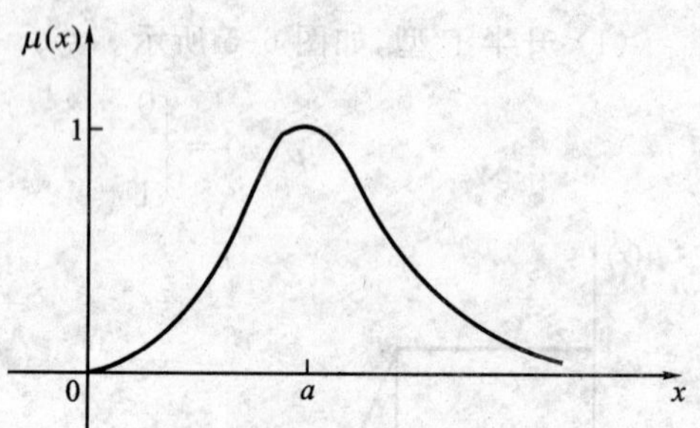

图 6-9　柯西型隶属度函数

（3）岭型，如图 6-10 所示。

$$\mu(x)=\begin{cases}0 & (x\leqslant -a_2)\\ \dfrac{1}{2}+\dfrac{1}{2}\sin\dfrac{\pi}{a_2-a_1}\left(x-\dfrac{a_2+a_1}{2}\right) & (-a_2<x<-a_1)\\ 1 & (-a_1\leqslant x\leqslant a_1)\\ \dfrac{1}{2}-\dfrac{1}{2}\sin\dfrac{\pi}{a_2-a_1}\left(x-\dfrac{a_2+a_1}{2}\right) & (a_1<x\leqslant a_2)\\ 0 & (a_2<x)\end{cases} \tag{6-14}$$

4．模糊逻辑运算

下面简单介绍模糊逻辑运算的主要规则，这些规则在推导模糊关系方程时将要

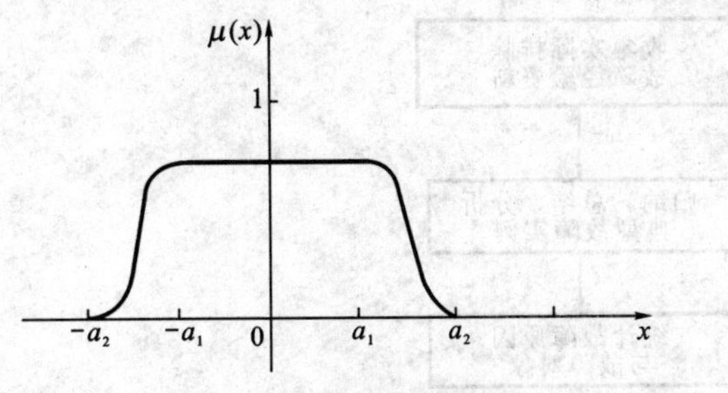

图 6-10　岭型隶属度函数

用到。

设 $\underset{\sim}{X},\underset{\sim}{Y},\underset{\sim}{Z}$ 是隶属度分别为 $\mu(x),\mu(y),\mu(z)$ 的三个模糊子集，它们的否、交、和、最大的下限值和最小的上限值分别为：

$$\underset{\sim}{Z}=\overline{\underset{\sim}{X}}:\qquad \mu(z)=1-\mu(x) \tag{6-15}$$

$$\underset{\sim}{Z}=\underset{\sim}{X}\wedge\underset{\sim}{Y}:\qquad \mu(z)=\min[\mu(x),\mu(y)] \tag{6-16}$$

$$\underset{\sim}{Z}=\underset{\sim}{X}\vee\underset{\sim}{Y}:\qquad \mu(z)=\max[\mu(x),\mu(y)] \tag{6-17}$$

$$\underset{\sim}{Z}=\inf\underset{\sim}{X}:\qquad \mu(z)=\wedge\mu(x_i)\qquad (x_i\in\underset{\sim}{X}) \tag{6-18}$$

$$\underset{\sim}{Z}=\sup\underset{\sim}{X}:\qquad \mu(z)=\vee\mu(x_i)\qquad (x_i\in\underset{\sim}{X}) \tag{6-19}$$

其中，x_i 表示集合 $\underset{\sim}{X}$ 中的某一元素。

5. 模糊关系矩阵的确定

由式(6-3)可知，模糊诊断结果可以用关系矩阵 $\underset{\sim}{\boldsymbol{R}}$ 和症状向量 $\underset{\sim}{\boldsymbol{X}}$ 来确定。模糊关系矩阵 $\underset{\sim}{\boldsymbol{R}}$ 表示故障原因和各种症状之间的因果关系，矩阵中每个元素真值的大小表明了它们之间相互关系的密切程度。

模糊关系矩阵可用下式表示为：

$$\underset{\sim}{\boldsymbol{R}}=\{\mu_{\underset{\sim}{R}}(x_i,y_i)\mid x_i\in X,\ y_i\in Y,\ 1\leqslant i\leqslant n,1\leqslant j\leqslant m\} \tag{6-20}$$

或表示为：

$$\underset{\sim}{\boldsymbol{R}}=[\mu_{\underset{\sim}{R}}(x_i,y_i)]_{n\times m}$$

其中，矩阵中的行表示各种症状与某种原因的密切程度；矩阵中的列表示各种原因与某种症状的密切程度。

同一故障现象可能对应多种故障原因，同一种故障原因又对应着多种异常症状，所以原因-症状之间的关系错综复杂。为了能够根据症状诊断出原因，需要预先定出故障原因与异常症状之间的亲近程度，即确定各种症状与原因之间的权系数。权系数的大小可根据专家的经验和统计方法综合评定而得到；也可以用人工智能的方法，即通过机器的初步学习确定该权系数，再经过反复实践调整，直到完全符合故障原因与异常症状之间的因果关系。确定权系数的整个过程如图 6-11 所示。

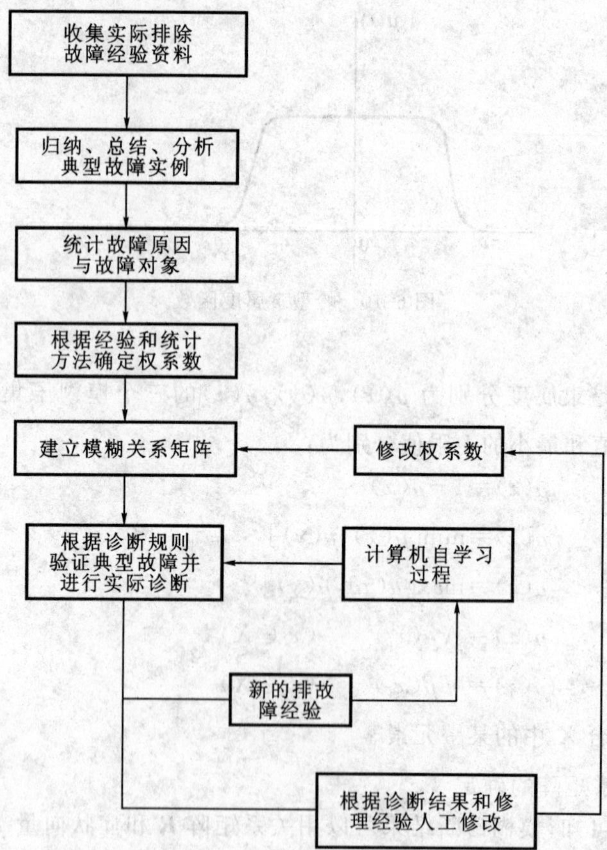

图 6-11　建立模糊关系矩阵的程序

6.1.2　模糊模式识别

模糊模式识别大致上有两种，即直接方式和间接方式。直接方式按最大隶属原则判别被识别对象的归类；间接方式则按择近原则判别被识别对象的归类。

1. 直接模式识别方法

直接模式识别方法又称个体模式识别。

设论域 U 上有 n 个模糊子集

$$\underset{\sim}{A}_1, \underset{\sim}{A}_2, \cdots, \underset{\sim}{A}_n$$

它们分别表示 n 个模糊模式，对于 U 上的任一元素 u_0 为一具体识别对象，要判断 u_0 属于哪一个模式，可按以下最大隶属原则进行判别。

若有 $i \in \{1,2,\cdots,n\}$，使

$$\mu_{\underset{\sim}{A}_i}(u_0) = \max[\mu_{\underset{\sim}{A}_1}(u_0), \mu_{\underset{\sim}{A}_2}(u_0), \cdots, \mu_{\underset{\sim}{A}_n}(u_0)] \tag{6-21}$$

则认为 u_0 相对隶属于 $\underset{\sim}{A}_i$，并称此为最大隶属原则。

直接模式识别方法本身很简单，其难点在于建立恰当的隶属度函数需要对被识

别对象和模式的特征有足够的了解，还需要借鉴别人的成功经验和自己的不断实践，掌握模式的特征，从而确定合适的隶属度函数。另外，还可以在确定一个初步的隶属度函数之后，再通过逐渐调整（即“学习”），使之更符合实际。

2. 间接模式识别方法

间接模式识别方法又称群体模式识别。

设有 n 个模式，每个模式由 m 个特征来描述，于是就有 $n\times m$ 个表示模式不同特性的模糊集合：

$$\underset{\sim}{A}_{ij} \qquad (1\leqslant i\leqslant n, 1\leqslant j\leqslant m)$$

$$\underset{\sim}{B}_{j} \qquad (1\leqslant j\leqslant m)$$

求出$\underset{\sim}{A}_{ij}$与$\underset{\sim}{B}_{j}$贴近度$(\underset{\sim}{A}_{ij}\circ\underset{\sim}{B}_{j})$中的最小值：

$$S_i=\overset{\wedge}{1\leqslant j\leqslant m}(\underset{\sim}{A}_{ij}\circ\underset{\sim}{B}_{j}) \qquad (1\leqslant i\leqslant n)$$

若有 S_{i0} 为 S_i 中的最大值，即：

$$S_{i0}=\overset{\vee}{1\leqslant j\leqslant m}S_i$$

则判定样本 B 最贴近第 i 个模式，即 B 属于第 i 类。

择近原则是模式识别的间接方法，该方法是建立在贴近度基础上的。为了给出贴近度的定义及其计算方法，首先介绍内积和外积的概念。

设 $\underset{\sim}{A}$，$\underset{\sim}{B}$ 是论域 U 上的两个模糊子集，记为：

$$\underset{\sim}{A}\circ\underset{\sim}{B}\overset{\Delta}{=}\bigvee_{u\in U}(\mu_{\underset{\sim}{A}}(u)\wedge\mu_{\underset{\sim}{B}}(u)) \tag{6-22}$$

$$\underset{\sim}{A}\odot\underset{\sim}{B}\overset{\Delta}{=}\bigwedge_{u\in U}(\mu_{\underset{\sim}{A}}(u)\vee\mu_{\underset{\sim}{B}}(u)) \tag{6-23}$$

并分别称为模糊子集 $\underset{\sim}{A}$ 和 $\underset{\sim}{B}$ 的内积与外积。

例如，设有论域

$$U=\{a,b,c,d,e,f\}$$

且有 U 上的模糊子集

$$\underset{\sim}{A}=0.6/a+0.8/b+1/c+0.8/d+0.6/e+0.4/f$$

$$\underset{\sim}{B}=0.4/a+0.6/b+0.8/c+1/d+0.8/e+0.6/f$$

根据定义，它们的内积和外积分别为：

$$\begin{aligned}A\circ B&=(0.6\wedge0.4)\vee(0.8\wedge0.6)\vee(1\wedge0.8)\vee(0.8\wedge1)\vee(0.6\wedge0.8)\vee(0.4\wedge0.6)\\&=0.4\vee0.6\vee0.8\vee0.8\vee0.6\vee0.4=0.8\end{aligned}$$

$$\begin{aligned}A\odot B&=(0.6\vee0.4)\wedge(0.8\vee0.6)\wedge(1\vee0.8)\wedge(0.8\vee1)\wedge(0.6\vee0.8)\wedge(0.4\vee0.6)\\&=0.6\wedge0.8\wedge1\wedge1\wedge0.8\wedge0.6=0.6\end{aligned}$$

又如，设论域 U 为实数轴 R，$\underset{\sim}{A}$ 和 $\underset{\sim}{B}$ 是 R 上的两个正态型模糊集合，分别具有隶属度函数

$$\underset{\sim}{\mu_A}(x)=\mathrm{e}^{-\left(\frac{x-a_1}{b_1}\right)^2} \quad (b_1>0)$$

$$\underset{\sim}{\mu_B}(x)=\mathrm{e}^{-\left(\frac{x-a_2}{b_2}\right)^2} \quad (b_2>0)$$

求其内积和外积。

此例中隶属度函数如图 6-12 所示。

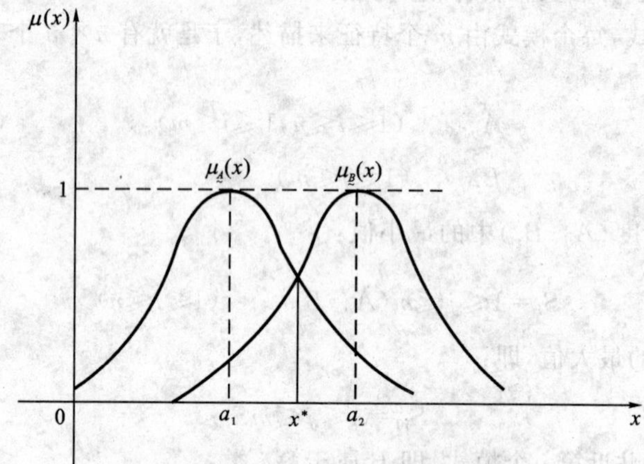

图 6-12 正态型模糊集隶属度函数

由图 6-12 可知，内积是两模糊集隶属度最小中的最大值，为图中两相交隶属度函数曲线交点的纵坐标，即：

$$\underset{\sim}{A}\circ\underset{\sim}{B}=\mathrm{e}^{-\left(\frac{a_1-a_2}{b_1+b_2}\right)^2}$$

这个交点的纵坐标可由 $\left(\frac{x-a_1}{b_1}\right)^2=\left(\frac{x-a_2}{b_2}\right)^2$ 解出 x^*，然后再代入任一隶属度函数的表达式中求出。x^* 即两曲线交点的横坐标，但要注意 x^* 另有一个根，因为不介于 a_1 和 a_2 之间，不合要求而舍弃。

外积是两模糊集隶属度最大中的最小值，在图中为 0，即：

$$\underset{\sim}{A}\odot\underset{\sim}{B}=0$$

在此基础上，给出贴近度的定义如下：

$$(\underset{\sim}{A},\underset{\sim}{B})\overset{\triangle}{=}\frac{1}{2}[\underset{\sim}{A}\circ\underset{\sim}{B}+(1-\underset{\sim}{A}\odot\underset{\sim}{B})] \tag{6-24}$$

称为模糊集 $\underset{\sim}{A}$ 和 $\underset{\sim}{B}$ 的贴近度，式(6-24)即为贴近度的定义式。

按式(6-24)，对于以上两例，其贴近度分别为：

$$(\underset{\sim}{A},\underset{\sim}{B})=\frac{1}{2}\times[0.8+(1-0.6)]=0.6$$

$$(\underset{\sim}{A},\underset{\sim}{B})=\frac{1}{2}\times[\mathrm{e}^{-\left(\frac{a_1-a_2}{b_1+b_2}\right)^2}+1]$$

择近原则：设给定论域 U 上的 n 个模糊子集 $\underset{\sim}{A}_1,\underset{\sim}{A}_2,\cdots,\underset{\sim}{A}_n$ 及另一模糊子集 $\underset{\sim}{B}$ 为

被识别对象，若有 $i\in\{1,2,\cdots,n\}$，使得

$$(\underset{\sim}{B},\underset{\sim}{A_i})=\max_{1\leqslant i\leqslant n}(\underset{\sim}{B},\underset{\sim}{A_i}) \tag{6-25}$$

则认为 $\underset{\sim}{B}$ 与 $\underset{\sim}{A_i}$ 最为贴近。

设 $\underset{\sim}{A_1},\underset{\sim}{A_2},\cdots,\underset{\sim}{A_n}$ 是 n 个已知模型，若 $\underset{\sim}{B}$ 与其中的 $\underset{\sim}{A_i}$ 最贴近，则 $\underset{\sim}{B}$ 应归于模型 $\underset{\sim}{A_i}$，这个原则就称为择近原则。

最大隶属原则与择近原则都比较简单，它们广泛应用于各种模糊性问题中。故障诊断中的模糊模式识别已有不少应用的实例，它可以用于确定故障的性质、类别、程度、部位和故障原因。

6.1.3　模糊聚类分析

模糊聚类是一种根据模糊集理论在模糊分类关系基础上进行的聚类。它也是模糊模式识别的另一种手段，可以解决模式识别的一些问题。聚类分析的方法大致可分为两种，即系统聚类分析和逐步聚类分析，这里只介绍系统聚类分析法。

聚类分析的对象称为样本，样本由能反映其特性的若干指标或参数来表征。进行聚类分析就是按照样本之间的性质、特征等方面的相似程度，采取科学的方法将它们分出类别。因此，聚类分析的基本依据是各样本的指标或参数的原始数据。

由样本间的相似程度，根据模糊关系的分析，可以建立一种模糊相似关系。聚类分析正是在这种相似关系的基础上进行的。由于要进行分类的样本一般都是有限的，而且表征这些样本的原始数据也都是一组离散的有限个数据，故其模糊相似关系可用模糊矩阵来表示。由此可见，进行模糊聚类分析的关键是根据样本的原始数据建立其模糊相似关系矩阵，且用于分类的模糊相似关系矩阵还必须满足自反性、对称性和传递性的要求。

1. 数据的标准化

设 U 是欲进行分类的对象的全体，每一个样本必由一组数据 $x'_{i1},x'_{i2},\cdots,x'_{im}$ 来表征，这些数据就是反映样本性质、特征的指标或参数。由于各种数据之间的量纲、单位和数值大小各异，故需对其进行标准化处理。标准化又称正规化，可按下式进行：

$$x=\frac{x'-\overline{x'}}{\sigma} \tag{6-26}$$

式中　x'——原始数据；

$\overline{x'}$——原始数据的平均值；

σ——原始数据的标准差；

x——处理后的数据。

2. 标定

所谓标定，就是建立 U 上的模糊相似关系 $\underset{\sim}{R}$，$\underset{\sim}{R}$ 的隶属度函数 $\mu_{\underset{\sim}{R}}(u_i,u_j)$ 表示 u_i

与 u_j 按其性质相似的程度。$\underset{\sim}{R}$ 可表为相似矩阵 $\underset{\sim}{\boldsymbol{R}}=[r_{ij}]$，元素 r_{ij} 即为隶属度 $\mu_{\underset{\sim}{R}}(u_i, u_j)$，显然 $0\leqslant r_{ij}\leqslant 1$。

确定 r_{ij} 的方法很多，参照普通聚类分析确定相似系数的方法，可以按照实际情况从下列 13 种方法中选取一种来确定 r_{ij}。

1）欧氏距离法

$$r_{ij}=\sqrt{\frac{1}{n}\sum_{k=1}^{m}(x_{ik}-x_{jk})^2} \tag{6-27}$$

式中　x_{ik}——第 i 个点第 k 个因子的值；

x_{jk}——第 j 个点第 k 个因子的值。

2）数量积法

$$r_{ij}=\begin{cases}1 & (i=j)\\ \dfrac{1}{M}\sum_{k=1}^{m}x_{ik}x_{jk} & (i\neq j)\end{cases} \tag{6-28}$$

式中　M——适当选择的正数。

M 应满足：

$$M\geqslant\max_{ij}\left(\sum_{k=1}^{m}x_{ik}x_{jk}\right) \tag{6-29}$$

3）夹角余弦法

$$r_{ij}=\frac{\left|\sum_{k=1}^{m}x_{ik}x_{jk}\right|}{\sqrt{\sum_{k=1}^{m}x_{ik}^2\sum_{k=1}^{m}x_{jk}^2}} \tag{6-30}$$

4）相关系数法

$$r_{ij}=\frac{\sum_{k-1}^{m}(x_{ik}-\overline{x_i})(x_{jk}-\overline{x_j})}{\sqrt{\sum_{k=1}^{m}(x_{ik}-\overline{x_i})^2}\sqrt{\sum_{k=1}^{m}(x_{jk}-\overline{x_j})^2}} \tag{6-31}$$

$$\overline{x_i}=\frac{1}{m}\sum_{k=1}^{m}x_{ik}$$

$$\overline{x_j}=\frac{1}{m}\sum_{k=1}^{m}x_{jk}$$

5）指数相似系数法

$$r_{ij}=\frac{1}{m}\sum_{k=1}^{m}\mathrm{e}^{-\frac{3}{4}\frac{(x_{ik}-x_{jk})^2}{s_k^2}} \tag{6-32}$$

式中　s_k——适当选择的正数。

6）非参数法

令 $x'_{ik}=x_{ik}-\overline{x_i}$，$n^+$ 为 $\{x'_{i1}x'_{j1},x'_{i2}x'_{j2},\cdots,x'_{im}x'_{jm}\}$ 之中大于零的个数，n^- 为 $\{x'_{i1}x'_{j1},x'_{i2}x'_{j2},\cdots,x'_{im}x'_{jm}\}$ 之中小于零的个数，则有：

$$r_{ij}=\frac{|n^+-n^-|}{n^++n^-} \tag{6-33}$$

7）最大最小法

$$r_{ij}=\frac{\sum_{k=1}^{m}\min(x_{ik},x_{jk})}{\sum_{k=1}^{m}\max(x_{ik},x_{jk})} \tag{6-34}$$

8）算术平均最小法

$$r_{ij}=\frac{\sum_{k=1}^{m}\min(x_{ik},x_{jk})}{\frac{1}{2}\sum_{k=1}^{m}(x_{ik}+x_{jk})} \tag{6-35}$$

9）几何平均最小法

$$r_{ij}=\frac{\sum_{k=1}^{m}\min(x_{ik},x_{jk})}{\sum_{k=1}^{m}\sqrt{x_{ik}x_{jk}}} \tag{6-36}$$

10）绝对值指数法

$$r_{ij}=\mathrm{e}^{-\sum_{k=1}^{m}|x_{ik}-x_{jk}|} \tag{6-37}$$

11）绝对值倒数法

$$r_{ij}=\begin{cases}1 & (i=j)\\ \dfrac{M}{\sum_{k=1}^{m}|x_{ik}-x_{jk}|} & (i\neq j)\end{cases} \tag{6-38}$$

式中的 M 应适当选取，以使得 $0\leqslant r_{ij}\leqslant 1$。

12）绝对值减数法

$$r_{ij}=\begin{cases}1 & (i=j)\\ 1-C\sum_{k=1}^{m}|x_{ik}-x_{jk}| & (i\neq j)\end{cases} \tag{6-39}$$

式中的 C 应为适当选取的正数，以使得 $0\leqslant r_{ij}\leqslant 1$。

13）打分评定法

打分评定法是请有关专家打分评定的方法。一般可用百分制，然后再除以 100，即得[0,1]闭区间中的一个小数。为避免主观,可采用多人打分再平均取值的方法来确定 r_{ij}。

上述方法中究竟选取哪一种,要根据实际问题的具体特点而定。

如果应用某种方法求出的 r_{ij} 值不在[0,1]闭区间之中,而在[-1,1]中,则可利用下式进行变换,使之全部压缩在[0,1]闭区间内:

$$r'_{ij}=0.5+\frac{r_{ij}}{2} \tag{6-40}$$

式中 r'_{ij}——变换后的新元素;

r_{ij}——计算出的在[-1,1]之间的数据。

3. 聚类

根据标定建立的模糊相似关系 $\underset{\sim}{R}$ 可以着手进行聚类,但是 $\underset{\sim}{R}$ 必须是一个所谓的模糊等价关系才能聚类。用以上方法建立的模糊相似关系 $\underset{\sim}{R}$ 一般并不能满足等价关系的条件,还需按下述方法对 $\underset{\sim}{R}$ 进行改造。

对于论域 U 为有限集合的情况,设给定 U 上的一个模糊关系 $\underset{\sim}{R}=[r_{ij}]_{m\times n}$:

(1) 若有 $r_{ij}=1(i=1,2,\cdots,n)$,即每一个元素自己与自己具有模糊关系 $\underset{\sim}{R}$ 的程度为1,则称 $\underset{\sim}{R}$ 为具有自反性的模糊关系。例如相似关系就具有自反性,因为自己与自己是完全相像的,其 r_{ij} 均应为1。

(2) 若有 $r_{ij}=r_{ji}(i,j=1,2,\cdots,n)$,即 i 元素与 j 元素具有模糊关系 $\underset{\sim}{R}$ 的程度和 j 元素与 i 元素具有模糊关系 $\underset{\sim}{R}$ 的程度相同,则称 $\underset{\sim}{R}$ 为具有对称性的模糊关系。

(3) 若有 $\underset{\sim}{R}\circ\underset{\sim}{R}\subseteq\underset{\sim}{R}$,即 $\underset{\sim}{R}$ 与它自身的合成包含 $\underset{\sim}{R}$,则称 $\underset{\sim}{R}$ 为具有传递性的模糊关系。例如,A 物理量与 B 物理量有相同的数量级,B 物理量与 C 物理量有相同的数量级,那么 A 物理量与 C 物理量的数量级也必相同,这就是传递性。

一个模糊关系 $\underset{\sim}{R}$ 如果同时满足自反性、对称性和传递性,则称 $\underset{\sim}{R}$ 是一个模糊等价关系。

只有模糊等价关系才能用来进行分类。这是因为:具有自反性,才能保证任一样本自己与自己在同一类;具有对称性,才能保证如甲和乙同类,则乙和甲也必同类;具有传递性,才能保证如甲与乙同类、乙与丙同类,则甲与丙也必同类。

如果得到的模糊关系 $\underset{\sim}{R}$ 不满足传递性的要求(一般按上述方法得到的模糊关系 $\underset{\sim}{R}$ 都满足自反性和对称性),则需要对其进行改造,使之满足传递性,成为模糊等价关系。改造的方法可以是逐步取乘幂:$\underset{\sim}{R}^2=\underset{\sim}{R}\circ\underset{\sim}{R}$,$\underset{\sim}{R}^4=\underset{\sim}{R}^2\circ\underset{\sim}{R}^2$,$\underset{\sim}{R}^8=\underset{\sim}{R}^4\circ\underset{\sim}{R}^4$,…,若在某一步有 $\underset{\sim}{R}^{2k}=\underset{\sim}{R}^k=\underset{\sim}{R}^*$,则 $\underset{\sim}{R}^*$ 便是一个模糊等价关系,即可用来进行聚类分析。

若模糊关系矩阵 $\underset{\sim}{\boldsymbol{R}}$ 是模糊等价关系，那么对于任意 $\lambda\in[0,1]$ 所截取的 λ 截矩阵 $\boldsymbol{R}_\lambda$ 也必定是等价关系。每一个普通等价关系 $\boldsymbol{R}_\lambda$ 可以决定一个 λ 水平的分类。对于任一 $\lambda\in[0,1]$，分类时 $\boldsymbol{R}_\lambda$ 中各元素改为这样取值：大于或等于 λ 的元素都改取为 1，小于 λ 的元素都改取为 0，根据 $\boldsymbol{R}_\lambda$ 中 1 与 0 的排列情况即可分出类来。

例如，设论域

$$U=\{x_1,x_2,x_3,x_4,x_5\}$$

给定 U 上的模糊关系 $\underset{\sim}{\boldsymbol{R}}$，其自反性和对称性从矩阵 $\underset{\sim}{\boldsymbol{R}}$ 中可明显看出，经过验证可知还满足：

$$\underset{\sim}{R}\circ\underset{\sim}{R}\subseteq\underset{\sim}{R}$$

根据定义，模糊关系矩阵 $\underset{\sim}{\boldsymbol{R}}$ 是一个等价关系：

$$\underset{\sim}{\boldsymbol{R}}=\begin{bmatrix}1 & 0.48 & 0.62 & 0.41 & 0.47\\0.48 & 1 & 0.48 & 0.41 & 0.47\\0.62 & 0.48 & 1 & 0.41 & 0.47\\0.41 & 0.41 & 0.41 & 1 & 0.41\\0.47 & 0.47 & 0.47 & 0.41 & 1\end{bmatrix}$$

现根据不同的 λ 水平再进行分类：

(1) 当 $\lambda=1$ 时，按照上述关于 $\boldsymbol{R}_\lambda$ 的取值方法有：

$$\boldsymbol{R}_1=\begin{bmatrix}1 & 0 & 0 & 0 & 0\\0 & 1 & 0 & 0 & 0\\0 & 0 & 1 & 0 & 0\\0 & 0 & 0 & 1 & 0\\0 & 0 & 0 & 0 & 1\end{bmatrix}$$

此时从 1 与 0 的排列情况，U 分成五类，即：

$$\{x_1\},\{x_2\},\{x_3\},\{x_4\},\{x_5\}$$

(2) 当 $\lambda=0.62$ 时，有：

$$\boldsymbol{R}_{0.62}=\begin{bmatrix}1 & 0 & 1 & 0 & 0\\0 & 1 & 0 & 0 & 0\\1 & 0 & 1 & 0 & 0\\0 & 0 & 0 & 1 & 0\\0 & 0 & 0 & 0 & 1\end{bmatrix}$$

此时 U 分成四类，即：

$$\{x_1,x_3\},\{x_2\},\{x_4\},\{x_5\}$$

(3) 当 $\lambda=0.48$ 时，有：

$$\boldsymbol{R}_{0.48}=\begin{bmatrix}1&1&1&0&0\\1&1&1&0&0\\1&1&1&0&0\\0&0&0&1&0\\0&0&0&0&1\end{bmatrix}$$

此时 U 分成三类，即：

$$\{x_1,x_2,x_3\},\{x_4\},\{x_5\}$$

(4) 当 $\lambda=0.47$ 时，有：

$$\boldsymbol{R}_{0.47}=\begin{bmatrix}1&1&1&0&1\\1&1&1&0&1\\1&1&1&0&1\\0&0&0&1&0\\1&1&1&0&1\end{bmatrix}$$

此时 U 分成二类，即：

$$\{x_1,x_2,x_3,x_5\},\{x_4\}$$

(5) 当 $\lambda=0.41$ 时，所有样本全归于一类，即：

$$\boldsymbol{R}_{0.41}=\begin{bmatrix}1&1&1&1&1\\1&1&1&1&1\\1&1&1&1&1\\1&1&1&1&1\\1&1&1&1&1\end{bmatrix}$$

总结以上的分析结果，可得到一个动态聚类图，如图 6-13 所示。从聚类图中可以看出各样本的归类情况。在实际问题中，可根据具体情况及要求确定一个 λ 水平（称为置信水平），从而由 $\boldsymbol{R}_\lambda$ 得出其分类。

在故障诊断技术中，聚类分析不仅可用于故障分类、模式向量维数压缩，也可以用来进行识别分析和预测。

6.1.4 模糊综合诊断

一般情况下，一种机械状态可能引起多种症状，而一种症状也可能在不同程度上反映多种机械状态，因此要正确诊断机械设备所处的状态，就必须尽可能利用多种症状进行综合诊断。

模糊综合评判法是机械故障综合诊断中一种颇为有效的方法。在模糊数学方法中，对每一种机械状态和每一种症状均应有相应的隶属度，对于多个状态和多种症状则应有隶属度模糊向量，而这两个模糊向量之间可用模糊关系矩阵来联系。如果获得了症状的隶属度模糊向量，就可以通过此向量和模糊关系矩阵求出状态的隶属度模糊向量，由状态的隶属度模糊向量中各元素的大小便可诊断出机械所处的状态。

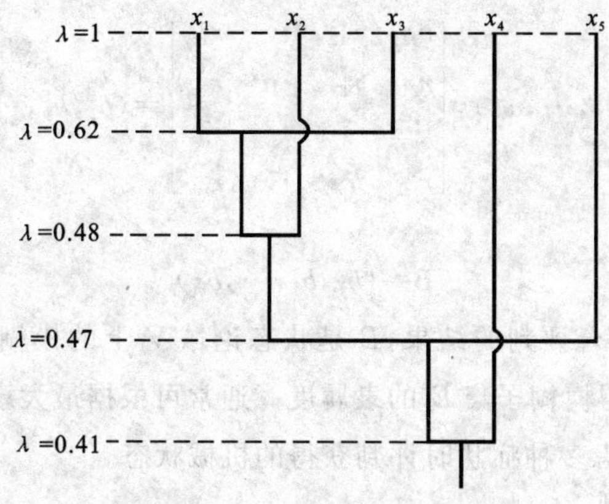

图 6-13　动态聚类图

1. 模糊综合评判数学模型

设进行综合评判的症状集合为 $U=\{u_1,u_2,\cdots,u_m\}$，评判结果的状态集合为 $V=\{v_1,v_2,\cdots,v_n\}$，症状论域 U 和状态论域 V 之间的模糊关系可用评判矩阵

$$\underset{\sim}{\boldsymbol{R}}=\begin{bmatrix}\underset{\sim}{\boldsymbol{R}}_1\\ \underset{\sim}{\boldsymbol{R}}_2\\ \vdots\\ \underset{\sim}{\boldsymbol{R}}_m\end{bmatrix}=\begin{bmatrix}r_{11} & r_{12} & \cdots & r_{1n}\\ r_{21} & r_{22} & \cdots & r_{2n}\\ \vdots & \vdots & & \vdots\\ r_{m1} & r_{m2} & \cdots & r_{mn}\end{bmatrix} \tag{6-41}$$

来表示。其中，

$$r_{ij}=\mu_{\underset{\sim}{R}}(u_i,v_j)\qquad(0\leqslant r_{ij}\leqslant 1) \tag{6-42}$$

表示从症状 u_i 着眼，该事物被评为 v_j 状态。矩阵中的第 i 行 $\underset{\sim}{\boldsymbol{R}}_i=(r_{i1},r_{i2},\cdots,r_{in})$ 为第 i 个症状 u_i 的单症状评价，它是 V 上的模糊子集。由此可见，单症状评价是多症状评价的基础。

一般来说，各个单症状在总评定症状中所起的作用大小不会完全相同。设症状论域 U 上的症状模糊子集为：

$$\underset{\sim}{A}=a_1/u_1+a_2/u_2+\cdots+a_m/u_m\qquad(0\leqslant a_i<1) \tag{6-43}$$

或简化表示为模糊向量

$$\underset{\sim}{\boldsymbol{A}}=(a_1,a_2,\cdots,a_m) \tag{6-44}$$

其中，a_i 为症状 u_i 对 $\underset{\sim}{\boldsymbol{A}}$ 的隶属度，它是单症状 u_i 在总评定症状中所起作用大小和所占地位轻重的度量，或称权重。

当模糊向量(或权重分配)$\underset{\sim}{\boldsymbol{A}}$ 和模糊关系矩阵 $\underset{\sim}{\boldsymbol{R}}$ 已知时，应用模糊矩阵的复合运算，可得：

$$\underset{\sim}{\boldsymbol{A}}\circ\underset{\sim}{\boldsymbol{R}}=\underset{\sim}{\boldsymbol{B}} \tag{6-45}$$

或

$$(a_1,a_2,\cdots,a_m)\circ\begin{bmatrix}r_{11} & r_{12} & \cdots & r_{1m}\\ r_{21} & r_{22} & \cdots & r_{2m}\\ \vdots & \vdots & & \vdots\\ r_{m1} & r_{m2} & \cdots & r_{mn}\end{bmatrix}=(b_1,b_2,\cdots,b_m) \tag{6-46}$$

并有：

$$\underset{\sim}{\boldsymbol{B}}=(b_1,b_2,\cdots,b_m) \tag{6-47}$$

式(6-46)就是综合评判的结果，$\underset{\sim}{B}$ 是状态论域 V 上的模糊子集，b_j 为第 j 种状态 v_j 对综合评判所得模糊子集 $\underset{\sim}{B}$ 的隶属度。通常可根据最大隶属原则选取 b_j 中的最大者，即为同时考虑多种症状时评判获得的机械状态。

2. 模糊运算模型

由式(6-43)至式(6-45)可知，$\underset{\sim}{\boldsymbol{B}}$ 中的元素 b_j 是通过 $\boldsymbol{A}$ 和 $\underset{\sim}{\boldsymbol{R}}$ 的模糊矩阵复合运算获得的。对于具体问题来讲，常用的模糊运算一般有四种模型。

1) $M(\wedge,\vee)$模型

对 $\underset{\sim}{\boldsymbol{B}}$ 中任一元素 b_j，若按 Zadeh 算子运算，可用下式表示：

$$b_j=\bigvee_{i=1}^{m}(a_i\wedge r_{ij}) \tag{6-48}$$

如将此式改写成：

$$b_j=\max[\min(a_1,r_{1j}),\min(a_2,r_{2j}),\cdots,\min(a_n,r_{nj})] \tag{6-49}$$

即为取小(∧)取大(∨)运算。这是“主要症状决定型”综合评判模型，因为其结果只是由指标最大者决定，其余指标在一定范围内变化并不影响评判结果，故这种模型比较适用于有单项主要症状就认为是综合特征的情况。

此模型中的 $\underset{\sim}{\boldsymbol{A}}$ 不具有权向量的含义，其中的 a_i 也不要求归一化，即不要求 $\sum_{i=1}^{m}a_i=1$。

2) $M(\cdot,\vee)$模型

将 $M(\wedge,\vee)$模型中的“∧”改成“·”，此时有：

$$b_j=\bigvee_{i=1}^{m}a_i\cdot r_{ij} \tag{6-50}$$

此模型与 $M(\wedge,\vee)$接近，属于“主要症状突出型”综合评判模型，因为其仍然用取大(∨)。但是用代数积“·”运算，较取小(∧)要“精细”一些，在一定程度上反映了非主要症状的作用。它可用于 $M(\wedge,\vee)$模型的评判结果不可区别的失效情况，能够起一定的“加细”作用。

此模型中的 $\underset{\sim}{\boldsymbol{A}}$ 也没有权向量的含义，各 $a_i(i=1,2,\cdots,m)$的和也不一定等于1。

3) $M(\cdot,\oplus)$模型

此模型的表达式为：

$$b_j = \min\left(1, \sum_{i=1}^{m} a_i \cdot r_{ij}\right) \tag{6-51}$$

模型中⊕表示环和，定义为：

$$a \oplus b \stackrel{\Delta}{=} \min(1, a+b)$$

式中的符号 $\sum_{i=1}^{m}$ 表示对 m 个数在⊕运算下求和。

这是"加权平均型"的综合评判模型，因其依照各症状在总评因素中所起作用的大小均衡兼顾，同时考虑了所有因素的影响，所以各 a_i 具有代表各症状 u_i 重要性的权系数的含义，因而应满足归一化的要求，即 $\sum_{i=1}^{m} a_i = 1$。

若将⊕改为＋，即普通的实数加法，则式(6-51)蜕化为普通矩阵的运算，式(6-51)成为：

$$b_j = \sum_{i=1}^{m} a_i \cdot r_{ij}, \quad \sum_{i=1}^{m} a_i = 1 \tag{6-52}$$

此时称它为 $M(\cdot,+)$ 模型。

模型 $M(\cdot,\oplus)$ 和 $M(\cdot,+)$ 都是"加权平均型"，$\underset{\sim}{\boldsymbol{B}}$ 中所有元素 b_j 都是各个症状共同影响的结果。它适用于要求整体性能的情况。

4) $M(\wedge,\oplus)$ 模型

此模型的表达式为：

$$b_j = \sum_{i=1}^{m} a_i \wedge r_{ij} \tag{6-53}$$

这也是一种"主要症状突出型"综合评判模型。它与 $M(\wedge,\vee)$ 相接近，但又比 $M(\wedge,\vee)$ 精细，类似于 $M(\cdot,\vee)$。

上述四种常用的综合评判模型，对于同一种评判对象，在同样的 $\underset{\sim}{\boldsymbol{A}}$ 和 $\underset{\sim}{\boldsymbol{R}}$ 下按各种模型计算的结果有所不同，这与人从不同角度观察同一事物而可能得出不同的结论一样。可以证明，其相对大小的顺序如下：

$$\underset{\sim}{\boldsymbol{B}}(\wedge,\oplus) \geqslant \underset{\sim}{\boldsymbol{B}}(\cdot,\oplus) \geqslant \underset{\sim}{\boldsymbol{B}}(\cdot,\vee)$$

$$\underset{\sim}{\boldsymbol{B}}(\wedge,\oplus) \geqslant \underset{\sim}{\boldsymbol{B}}(\wedge,\vee) \geqslant \underset{\sim}{\boldsymbol{B}}(\cdot,\vee)$$

在实际应用中，综合评判的最后结果 $\underset{\sim}{\boldsymbol{B}}$ 的绝对大小没有多大意义，有意义的是不同对象间的比较，即相对大小。

给出一组故障症状，为了判定机械状态，可先用 $M(\wedge,\vee)$ 和 $M(\cdot,\oplus)$ 计算，再在 $M(\cdot,\vee)$ 和 $M(\wedge,\oplus)$ 中选择其一进行计算。选择原则是，根据上述不等式，当算得的 $B(\wedge,\vee)$ 和 $B(\cdot,\oplus)$ 的偏差小时，宜选 $M(\wedge,\oplus)$ 计算；反之则选 $M(\cdot,\vee)$ 计算。

在特别复杂的机械系统中，需要考虑的症状因素往往很多，症状间还可能分属不同的层次。当遇到这类问题时，通常可将症状集合按某些属性分成几类，先对最低层

次的每一类症状进行综合评判，再对评判结果进行各类之间的高层次的综合评判，这就是所谓二级综合评判模型。二级或多级综合评判模型既能反映故障症状因素之间的不同层次，又可避免由于综合因素过多而难于确定各因素在评判中所起作用大小的模糊子集的隶属度函数问题。

模糊综合诊断的思想是根据人利用模糊逻辑而能识别事物这一特点形成的，是一种较为科学的诊断方法。这一方法的关键是如何定义各种模糊症状向量、模糊状态向量、模糊关系矩阵以及选择适当的模糊逻辑运算模型。典型的模糊诊断系统组成如图 6-14 所示。

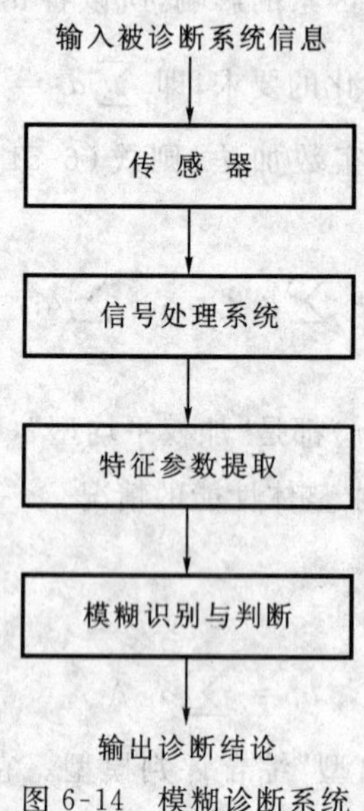

图 6-14　模糊诊断系统

6.1.5　机械故障模糊诊断实例

下面简单介绍一个工业汽轮发电机组模糊故障诊断实例。

1. 诊断方法

考虑故障论域 V 为：

$$V=\{v_1(\text{不平衡}),v_2(\text{不对中}),v_3(\text{油膜振荡}),\cdots\} \tag{6-54}$$

其中各元素 v_i 的隶属度 μ_{vi} 组成模糊向量 $\underset{\sim}{\boldsymbol{B}}$：

$$\underset{\sim}{\boldsymbol{B}}=(\mu_{v1},\mu_{v2},\cdots) \tag{6-55}$$

症状论域 U 为：

$$U=\{x_0(\text{某部位通频振幅值}),x_1(\text{一阶振幅}),x_2(\text{二阶振幅}),\cdots\} \tag{6-56}$$

其中各元素 x_i 的隶属度 μ_{xi} 组成模糊向量 $\underset{\sim}{\boldsymbol{A}}$：

$$\underset{\sim}{\boldsymbol{A}}=(\mu_{x0},\mu_{x1},\cdots) \tag{6-57}$$

两论域之间存在某种关系，即模糊关系矩阵 $\underset{\sim}{\boldsymbol{R}}$ 将它们相互联系，此即多因素综合评判。

$$\underset{\sim}{\boldsymbol{B}}=\underset{\sim}{\boldsymbol{A}}\circ\underset{\sim}{\boldsymbol{R}} \tag{6-58}$$

症状的隶属度 $\underset{\sim}{A}$ 可以从测量数据通过一定的隶属度函数求得。对于故障诊断中“振动大”的命题，可以用下述隶属度函数（升半柯西分布）求得：

$$\mu(x)=\begin{cases}0 & (0\leqslant x\leqslant a)\\ \dfrac{k(x-a)^2}{1+k(x-a)^2} & (a<x<\infty)\end{cases} \tag{6-59}$$

式中，$a\neq 0, k=1/2\,500$。

当振幅超过 50 μm 时，“振动大”的隶属度大于 0.5，以 0.5 为允许限值。对频谱分析中各谐波的幅值可采用不同的隶属度函数。例如，对一次谐波取式(6-59)的 $\mu(x)$ 作为衡量“振动大”的度量；对二次谐波，可取 $\mu^{\frac{1}{2}}(x)$ 作为衡量“振动较大”的度量；对油膜振荡时出现的半波幅值，可取 $\mu^{\frac{1}{4}}(x)$ 作为衡量“振动稍大”的度量。

2. 模糊关系矩阵的确定

模糊关系矩阵是大量分析、试验、测试和现场实践经验的总结，可以通过大量试验和总结有关专家、技术人员及工人的经验来确定，也可以参考有关资料，如白木万博的“得分表”来确定合理的模糊关系矩阵。

式(6-58)可展开如下

$$\underset{\sim}{\boldsymbol{B}}=\underset{\sim}{\boldsymbol{A}}\circ\underset{\sim}{\boldsymbol{R}}\Leftrightarrow \mu_{vi}=\max[\min(r_{ij},\mu_{xj})]=\bigvee_j(r_{ij}\wedge\mu_{xj})\qquad(i=1,2,\cdots,n;j=1,2,\cdots,m) \tag{6-60}$$

展开后得：

$$\mu_{vi}=(r_{i0}\wedge\mu_{x0})\vee\cdots\vee(r_{im}\wedge\mu_{xm})=\max[\min(r_{i0},\mu_{x0}),\cdots,\min(r_{im},\mu_{xm})] \tag{6-61}$$

以上运算代表一种保守型的主因素突出的决策思想。这种运算模型的运算结果会使信息丢失过多，评价过于粗糙。为此，应将故障症状信号分成若干组症状群。例如，将频谱分析的信号作为一组症状群，将升速和降速时的信号又分为另一组症状群等。在同一症状群内，建议采取普通代数运算的乘法“· ”和加法“+”；对不同症状群之间的综合，建议用代数和“$\hat{+}$”运算。若 a,b 代表两个不同的症状群，则有：

$$a\hat{+}b=a+b-ab \tag{6-62}$$

这个模型运算的基本思想是：在同一症状群内将模糊变换[式(6-60)]用普通的矩阵运算来实现，故：

$$\mu_{vi}=(r_{i0}\mu_{xi})+(r_{i1}\mu_{x1})+\cdots+(r_{im}\mu_{xm})\qquad(i=1,2,\cdots,n) \tag{6-63}$$

其中，运算 $(r_{ij}\mu_{xj})$ 可看成是对隶属度 μ_{xi} 的修正，r_{ij} 可看成是加权值，因而要求 r_{ij} 归一化，即 $\sum\limits_{j=0}^{m}r_{ij}=1\ (i=1,2,\cdots,n)$；代数和“+”则表示对诸因素的综合。

各症状之间采用运算“$\hat{+}$”,是因为它在综合评判中既能考虑主次因素,也可对主因素评判起到扶持和加强的作用。

3. 诊断实例之一——MMMD-I 系统

哈尔滨工业大学黄文虎教授等在研制成的 MMMD-Ⅰ系统中将模糊综合评判方法引入振动故障诊断中。该系统列有 20 类故障,对故障产生的“症状”也列为 20 项,分成两个“症状群”,分别由两个模糊关系矩阵连接故障类别和振动症状之间的关系,见表 6-1。第一个模糊关系矩阵$\underset{\sim}{\boldsymbol{R}}_1$针对振动频谱的隶属度向量$\underset{\sim}{\boldsymbol{A}}_1$,第二个模糊关系矩阵$\underset{\sim}{\boldsymbol{R}}_2$针对振动其他特征的隶属度向量$\underset{\sim}{\boldsymbol{A}}_2$,故障隶属度向量$\underset{\sim}{\boldsymbol{B}}$可由下式计算得到:

$$\underset{\sim}{\boldsymbol{B}}=\underset{\sim}{\boldsymbol{A}}_1\circ\underset{\sim}{\boldsymbol{R}}_1\hat{+}\underset{\sim}{\boldsymbol{A}}_2\circ\underset{\sim}{\boldsymbol{R}}_2 \tag{6-64}$$

表 6-1 机组振动故障类别和模糊关系矩阵

序号	故障类别	第一个模糊关系矩阵$\underset{\sim}{\boldsymbol{R}}_1$										第二个模糊关系矩阵$\underset{\sim}{\boldsymbol{R}}_2$(其他特征)									
		频率为转速倍数的谐波分量																			
		(0.01~0.39)$\times f_1$	(0.40~0.49)$\times f_1$	0.50$\times f_1$	(0.51~0.99)$\times f_1$	1$\times f_1$	2$\times f_1$	3~5$\times f_1$	奇数倍$\times f_1$	高频$>5f_1$	电网倍频	运行中振幅突变	24 h随负荷而变	轴向振动	轴心位置	临界转速	不随转速而变	随转速增加振幅增加	升速中振幅突变	当$\frac{n_{cr}}{3}$时三阶谐波大	半速涡动
		1	2	3	4	5	6	7	8	9	10	11	12	13	14	15	16	17	18	19	20
1	初始不平衡					90	5	5										100			
2	转子部件脱落					90	5	5				100									
3	转子暂时热弯曲					90	5	5					100								
4	汽封碰摩	10	10		10	20	10	20	10	10											
5	轴向碰摩	10	10		10	20	10	20	10	10				100							
6	轴向不对中					40	50	10						100							
7	轴承对轴颈偏心					80	20								100						
8	轴裂纹					40	20	20		20										100	
9	转子红套过盈不足	40	40		10				10										100		
10	轴承座松动	50	40					10											100		
11	箱体支座松动	30	20						50										100		
12	联轴器不精确	10	20		10	20	30	10													
13	间隙引起振动					40	20	20	20										100		
14	亚谐共振			100																	
15	油膜涡动		100																		100
16	油膜振荡		100													100					
17	蒸汽涡动		30	10	60														100		
18	气流压力脉动	20	20					20	20	20							100				
19	阀门振动									100											
20	电网干扰										100						100				

后来黄文虎教授等又研制了 MMMD-Ⅱ微机型汽轮发电机组振动监测和故障诊断系统，其模糊诊断功能可区分 9 种典型故障，见表 6-2。诊断分为频谱特征、其他特征和人机对话三个方面，分别称为第一、第二、第三症状群。各种症状群的症状隶属度函数为：

$$\mu(x)=\begin{cases}\dfrac{k^2(x-x_0)^2}{1+k^2(x-x_0)^2} & (x>x_0)\\ 0 & (x\leqslant x_0)\end{cases} \tag{6-65}$$

症状隶属度与故障隶属度之间的关系用模糊关系矩阵 $\boldsymbol{R}$ 表达，即：

故障隶属度＝症状隶属度∘模糊关系矩阵

故障诊断程序框图如图 6-15 所示。此系统在某次诊断时的诊断报告见表 6-2。

表 6-2　诊断报告

序　号	故障类型	隶　属　度			
		频谱特征	其他特征	人机对话	综合意见
1	质量不平衡	0.227 23	0.827 92	0	0.227 23
2	初始轴弯曲	0.227 23	0	0	0.227 23 *
3	不对中	0.098 51	0	0	0.098 51 *
4	碰摩热弯曲	0.227 23	0.068 71	0	0.068 71
5	温差热弯曲	0.227 23	0.051 09	0	0.051 09
6	碰　摩	0.179 63	0.051 09	0	0.051 09
7	轴承箱或汽缸松动	0.029 55	0.068 71	0	0.029 55
8	部件脱落	0.227 23	0.010 64	0	0.010 64
9	油膜振荡(涡动)	0	0	0	0 *

注：表中 * 表示信息不足(第二、第三症状群没有信息)。

4. 诊断实例之二——钻井泵轴承故障的模糊识别

1) *原理与方法*

如前所述，模糊模式识别大致有两种方法：一种是直接方法，按最大隶属原则归类，主要应用于个体的识别；另一种是间接方法，按择近原则归类，一般用于群体模型的识别。根据本例问题的特点，将择近原则应用于基于共振解调的轴承故障模糊识别中取得了良好的诊断效果。

所谓择近原则，指的是若 $A_i, B\in\mathscr{F}(U)$，$i=1,2,\cdots,n$，若存在 i_0，使

$$N(A_{i0},B)=\max[N(A_1,B),N(A_2,B),\cdots,N(A_n,B)] \tag{6-66}$$

则认为 B 与 A_i 最贴近，即判 B 与 A_i 为一类。

应用择近原则进行轴承故障及类型的模糊识别，关键是建立模糊集的隶属度函数，然后再应用模式识别原则进行识别。此处采用的方法为：

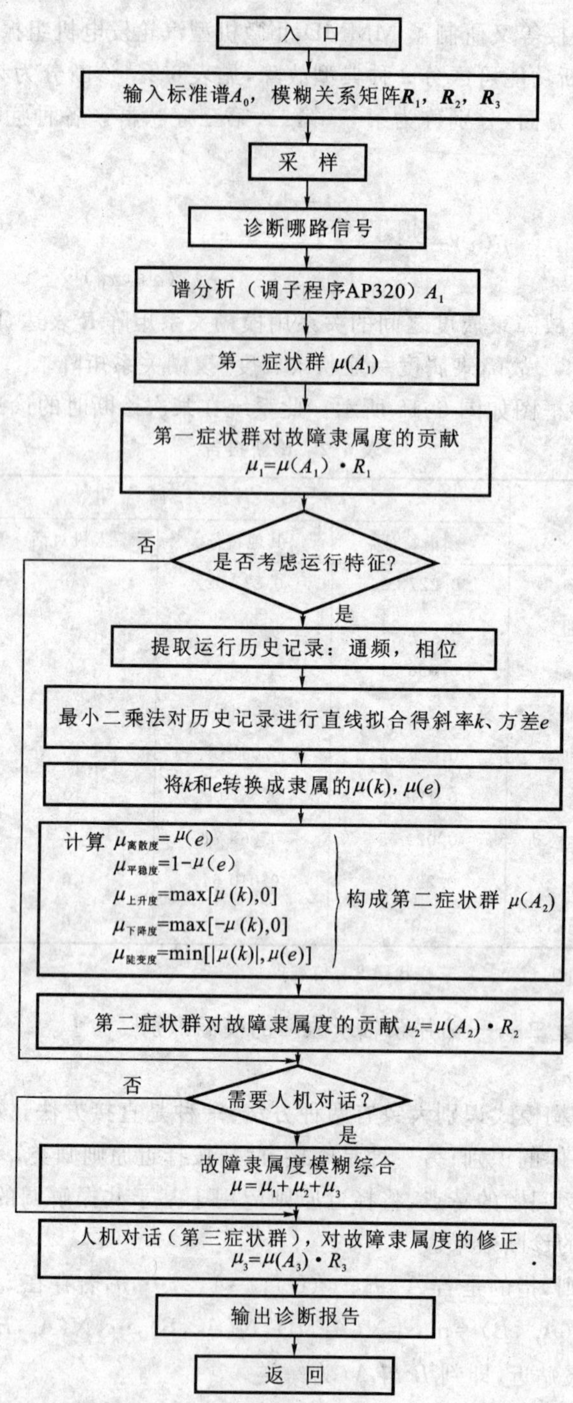

图 6-15 故障诊断程序框图

(1) 根据理论计算公式求出频率与故障之间的关系 A：

$$A=\{a_{ij}\} \qquad (i=1,2,\cdots,n;j=1,2,\cdots,m) \tag{6-67}$$

式中　n——轴承故障的种类数；

m——谐波数。

经理论计算得到的所研究往复泵轴承的几种故障特征频率见表 6-3。表中轴转频中的两值对应的分别是往复泵在额定冲次 110 冲/min、120 冲/min 的计算结果。两轴在转速上相差了一个齿轮传动比 3.81，所以在同一个冲次下，传动轴的转频是曲轴转频的 3.81 倍。

表 6-3　轴承的故障特征频率

轴承型号	轴转频/Hz	外圈故障频率/Hz	内圈故障频率/Hz	滚动体故障频率/Hz
32844	f_r	$0.449\,020f_r$	$0.551\,975f_r$	$9.705\,901f_r$
	6.985 0	3.136 405	3.855 545	67.795 718
	7.620	3.421 532	4.206 049	73.958 965
4053172	f_r	$0.446\,230f_r$	$0.553\,771f_r$	$9.191\,304f_r$
	1.833 3	0.818 088	1.015 247	16.850 724
	2.0	0.892 460	1.107 542	18.382 608
228/666.75	f_r	$0.466\,322f_r$	$0.533\,678f_r$	$14.779\,101f_r$
	1.833 3	0.854 924	0.978 410	27.095 019
	2.0	0.932 644	1.067 356	29.558 202

(2) 对测得的振动曲线进行频谱分析，求出自功率谱，进行归一化处理，得到 B。

$$B=\{b_k\} \qquad (k=1,2,\cdots,p) \tag{6-68}$$

式中　p——功率谱的总线数；

b_k——在频率为 f_k 处的功率谱值。

(3) 选用柯西分布函数构造隶属度函数，即：

$$\mu_j(x)=\frac{1}{1+\alpha(x-a_{ij})^{\beta}} \tag{6-69}$$

式中，$\alpha>0$，取 $\alpha=0.05$；β 为正偶数，取 $\beta=2$。

构造隶属度函数遵循的原则是使所采集的频率值与理论计算所得的各故障特征频率值相距愈近，函数值愈大。因此，选用柯西分布函数是合适的，因为该分布为一钟形分布，其形状在中心频率处两边对称，曲线形状较为陡峭，由各种干扰引起的谱线在频率轴上的偏离不会很大。系数 α 和 β 需根据实际情况由经验确定。

(4) 对于各种故障的每一条谱线，定义其隶属程度为：

$$\sigma(a_{ij},B)=\sum_{k=1}^{p}[b_k\mu_j(f_k)] \tag{6-70}$$

式中乘 b_k 充分考虑了与各频率对应的能量的影响，即起加权作用。

(5) 判定故障类型：

$$\sigma(A_i, B) = \sum_{j=1}^{m} (a_{ij}, B) \tag{6-71}$$

根据$\sigma(A_i, B)$值的大小判断轴承是否有故障，若有故障时属于何种故障。

2) 基于共振解调的故障模糊识别

研究对象：

(1) 新泵（正常工况）。泵号：2-0607-0102；泵压：10 MPa；已运行 1 686 h；活塞冲次：120 次/min。

(2) 旧泵（含有故障）。泵号：2-0607-9507；泵压：5 MPa；已运行 12 406 h；活塞冲次：110 次/min。

两泵测点布置相同。

加上共振解调仪的测试分析系统测试计算得到多个测点轴承的时域和频域曲线图，其中测点 1 位于曲轴右支承轴承处。通过上述故障模糊识别方法求得的各轴承对各类故障的贴近值见表 6-4 和表 6-5。

表 6-4 旧泵各轴承对故障的贴近值

测 点	贴近值(外圈)	贴近值(内圈)	贴近值(滚子)
1	0.472 26	0.472 77	0.215 18
2	0.320 88	0.311 00	0.080 49
3	0.348 69	0.346 03	0.102 98
4	0.289 75	0.287 87	0.082 22
5	0.274 09	0.279 83	0.135 46
6	0.341 10	0.345 19	0.153 81
7	0.294 26	0.292 67	0.026 73

表 6-5 新泵各轴承对故障的贴近值

测 点	贴近值(外圈)	贴近值(内圈)	贴近值(滚子)
1	0.299 19	0.297 17	0.147 33
2	0.295 30	0.297 57	0.110 63
3	0.300 70	0.295 29	0.098 08
4	0.237 29	0.319 48	0.102 28
5	0.300 47	0.297 43	0.147 36
6	0.314 87	0.312 09	0.041 54
7	0.282 66	0.281 14	0.022 16

经分析和实验室试验得知，正常轴承的内、外圈贴近值一般在 0.4 以下，在 0.4 以上就可认为有故障且不能再继续使用；对轴承滚子故障，此值约在 0.2 以下，在0.2 以上就可认为有故障。因此，观察表中的各值，可以明显看到新泵各轴承均无异常，

而旧泵测点 1(曲轴右支承轴承)的贴近值异常,均超过了以上限值,可认为该轴承出现了相应的故障。在实际检修时证明这一判断结论完全符合实际情况。

6.2　故障诊断的人工神经网络方法

人工神经网络(artificial neural network)是人工智能(artificial intelligence)的一个重要分支,是在现代神经生理学和心理学研究的基础上,模拟人的大脑神经元结构特性而建立的一种非线性动力学系统。进入 20 世纪 90 年代,机械故障诊断的重要发展方向是智能化诊断,而人工神经网络的理论和方法则为智能化诊断开辟了一条崭新的途径。

6.2.1　神经网络模型

1. 人工神经元模型

图 6-16 所示为一个含有几个加权输入和一个非线性输出的典型人工神经元模型。当权系数为正时,称为兴奋型输入;当权系数为负时,称为抑制性输入。

神经元的特性是由一个内部阈值或偏置(θ)及一种非线性作用函数 f 所确定的。图 6-17 所示为常用的三种非线性作用函数。神经元的输出为:

$$y = f\left(\sum_{i=1}^{n} W_i x_i - \theta\right) \tag{6-72}$$

式中　y——神经元输出;

x_i——神经元输入;

W_i——权系数;

θ——偏置(阈值);

f——非线性作用函数。

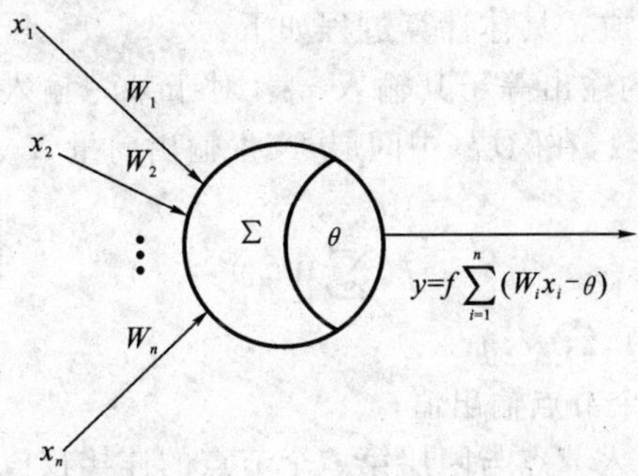

图 6-16　人工神经元模型

2. 前向式(BP)神经网络模型

1) 模型

机械故障诊断中常用的人工神经网络模型为前向式(亦称多层感知器或 BP)网

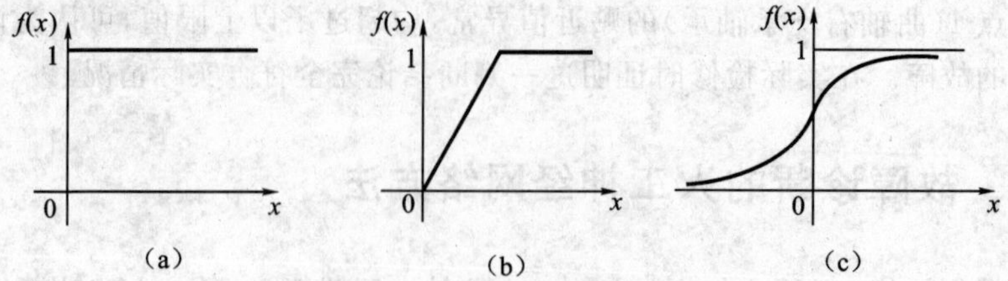

图 6-17　神经元非线性函数

(a) 阈值型；(b) 分段线性型；(c) Sigmoid 函数

络模型。模型中神经网络由各神经元按一定的拓扑结构相互连接而成，如图 6-18 所示。它通过对连续的或间断的输入作出状态反馈而完成信息的加工处理或故障的诊断与识别，模型中输入层节点数为 n、隐层节点数为 l、输出层节点数为 m。

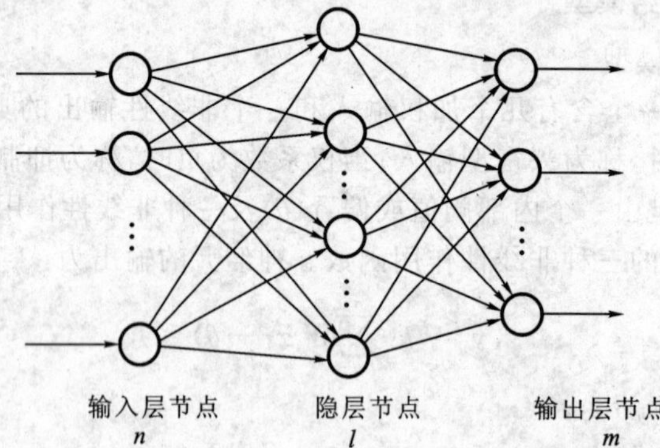

图 6-18　带有一个隐层的前向人工神经网络模型结构

2) 算法

前向人工神经网络模型的学习过程由前向计算过程和误差的反向传播(back error propagation)过程组成。具体计算过程如下：

(1) 输入层节点 i 的输出等于其输入 x_i。对于某一输入样本向量 $\boldsymbol{X}$，网络对其加权后经非线性作用函数，在隐层(中间层)产生输出向量 $\boldsymbol{X}'$：

$$\boldsymbol{X}'=(x_1',x_2',\cdots,x_l')$$

$$x_j'=f(\sum W_{ij}x_i-\theta_j) \tag{6-73}$$

式中　$j=1,2,\cdots,l;i=1,2,\cdots,n$；

x_j'——隐层第 j 个节点输出值；

W_{ij}——第 i 个输入节点与隐层第 j 个节点的连接权值；

θ_j——隐层第 j 个节点的偏置(阈值)。

函数 f 采用 Sigmoid 函数，即：

$$f(x)=\frac{1}{1+\mathrm{e}^{-x}} \tag{6-74}$$

(2) 向量 $\boldsymbol{X}'$ 经输出层与隐层权值作用及输出层非线性函数计算得输出向量 $\boldsymbol{Y}=$

$(y_1, y_2, \cdots, y_m)$，即：

$$y_k = f(\sum W'_{jk} x'_j - \theta'_k) \tag{6-75}$$

式中　$j=1,2,\cdots,l; k=1,2,\cdots,m$；

y_k——输出层第 k 个节点的输出值；

W'_{jk}——输出层第 k 个节点与隐层第 j 个节点的连接权值；

θ'_k——输出层第 k 个节点的偏置(阈值)。

(3) 设期望输出向量 $\boldsymbol{Y}'=(y'_1, y'_2, \cdots, y'_m)$，误差函数 E 为期望输出 $\boldsymbol{Y}'$ 与实际输出 $\boldsymbol{Y}$ 之差的平方和，即：

$$E = \frac{1}{2}\sum_k (y_k - y'_k)^2 \tag{6-76}$$

(4) 神经网络的学习算法采用最速梯度下降法，即：

$$\Delta W_{ij} = -\eta \frac{\partial E}{\partial W_{ij}} \qquad (\eta > 0) \tag{6-77}$$

经计算，可得出输出层节点的误差项 δ_k 为：

$$\delta_k = (y'_k - y_k) y_k (1 - y_k) \tag{6-78}$$

隐层节点的误差项 δ'_j 为：

$$\delta'_j = x'_j (1 - x'_j) \sum_k \delta_k W_{jk} \tag{6-79}$$

(5) 为了改善学习收敛速度，权值可按下式调整：

$$W'_{jk}(n+1) = W'_{jk}(n) + \eta\delta_k x'_j + \mu[W'_{jk}(n) - W'_{jk}(n-1)] + \gamma[W'_{jk}(n-1) - W'_{jk}(n-2)] \tag{6-80}$$

$$W_{ij}(n+1) = W_{ij}(n) + \eta\delta'_j x_i + \mu[W_{ij}(n) - W_{ij}(n-1)] + \gamma[W_{ij}(n-1) - W_{ij}(n-2)] \tag{6-81}$$

式中　n——迭代(调整)次数；

η, μ, γ——常数，用于调整学习的收敛速度。

通过以上的训练学习，可求出网络的连接权 W_{ij} 和 W'_{ik}，此时学习过程结束。故障诊断过程就是给训练好的网络输入给定的信号，网络运用权值运算回忆输出过程。前向神经网络的训练算法框图如图 6-19 所示。

3. 径向基网络

径向基(radial basis function，RBF)神经网络起源于数值分析中的多变量插值的径向基函数方法。它是具有单隐层的三层前馈网络，其所具有的最佳逼近特性是 BP 网络所不具备的。它的网络结构为：假设网络中的输入节点、隐含层节点、输出节点数分别为 N, L, M，其中隐含层的作用是对输入模式进行变换，将低维的模式输入数据转换到高维空间，以利于输出层进行分类识别。与 BP 网络相比，径向基神经网络的神经元个数可能要比前向 BP 网络的神经元个数多，但是它所需要的训练时间

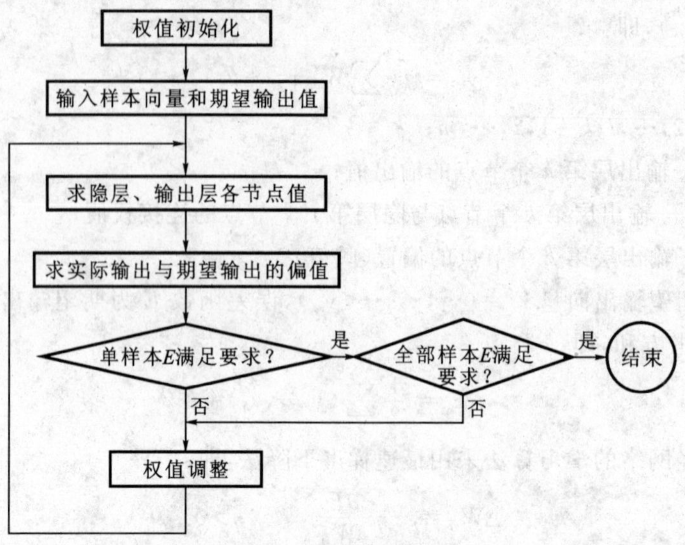

图 6-19　前向神经网络训练算法框图

却比前向 BP 网络少得多。

隐层采用高斯核函数的形式，隐层第 i 个单元对应的输出为：

$$z_i(t)=\exp\left[-\frac{\sum_{i=1}^{N}[x_j(t)-C_i]}{2\sigma_i^2}\right]\quad(1\leqslant i\leqslant N)\tag{6-82}$$

式中　$z_i(t)$——第 i 个隐层单元的输出(径向基函数)；

$x_j(t)$——第 j 个输入模式矢量；

C_i——隐层第 i 个单元的变换中心矢量；

σ_i——第 i 个中心矢量的形状参数(半径)。

RBF 的输出层为线性处理单元，其第 j 个单元对应的输出 $y_i(t)$ 为：

$$y_i(t)=\sum_{i=1}^{n}w_{ji}(k)z_i(t)+\theta_j(t)=\sum_{i=0}^{n}w_{ji}(k)z_i(t)\quad(1\leqslant j\leqslant M)\tag{6-83}$$

式中，$w_{j0}(k)=\theta_j(k)$；$z_0(t)=1$；$w_i(k)=[w_{j0}(k),w_{j1}(k),\cdots,w_{jn}(k)]^{\mathrm{T}}$；$z(t)=[z_0(t),z_1(t),\cdots,z_n(t)]^{\mathrm{T}}$。

从上式可以看出，当每个隐层单元对应的中心矢量和半径确定后，网络结构中的未知参数只剩下输出单元的线性权值和阈值。

1) 单元聚类中心及半径的确定

确定 RBF 单元中心的方法是 K-均值算法，其具体过程如下：

(1) 初始化所有的聚类中心 $C_j(j=1,2,\cdots,N)$，通常将其初始化为最初的 N 个训练样本。

(2) 将所有样本 $X^p(p=1,2,\cdots,P,P$ 为样本总数$)$按照最近的聚类中心分组，即如果 $\|X^p-C_j\|=\min(\|X^p-C_i\|)$，则将样本 X^p 划归到聚类中心 C_i。

(3) 计算每个类的均值并作为新的聚类中心：

$$C_j = \frac{1}{N_j} X^p \tag{6-84}$$

式中 N_j——第 j 类的样本数。

(4) 重复步骤(2)和(3)，直到所有聚类中心不再变化。利用 K-均值算法获得各个聚类中心后，即可将之赋给各 RBF 单元并作为 RBF 的中心。

每一个聚类中心的半径 σ_j 等于其与该类的训练样本之间的平均距离，即：

$$\sigma_j = \frac{1}{N_j} \sum_{x^p \in C_j} (X^p - C_j)^{\mathrm{T}} (X^p - C_j) \tag{6-85}$$

2) 网络权值的计算

在确定隐层的中心和半径后，神经网络计算的任务就剩下求隐层和输出层之间的权值。它可用递推最小二乘法(RLS)求得。

定义衰减因子 λ，RBF 网络的计算误差能量 $J(k)$ 可表示为：

$$J(k) = \frac{1}{2} \sum_{i=1}^{k} \lambda^{k-i} \sum_{j=1}^{M} [d_i(t) - y_j(t)]^2 \tag{6-86}$$

式中 k——算法的迭代次数；

$d_i(t)$——样本的理想输出。

将网络输出 $y_i(t)$ 代入上式，并将 $J(k)$ 对 $w_i(k)$ 求导，写成矩阵形式为：

$$R(k) W_i(k) = D_i(k) \tag{6-87}$$

式中的 $R(k)$ 和 $D_i(k)$ 为迭代式，其迭代方程为：

$$\left.\begin{aligned} R(k) &= \lambda R(k-1) + X(k) X^{\mathrm{T}}(k) \\ D_i(k) &= \lambda D_i(k-1) + X(k) d_i(k) \end{aligned}\right\} \tag{6-88}$$

定义 $R(k)$ 的逆矩阵以及 Kalman 增益 $g(k)$：

$$P(k) = R^{-1}(k)$$

$$P(k) = \frac{1}{\lambda} [P(k-1) - g(k) X^{\mathrm{T}}(k) P(K-1)] \tag{6-89}$$

将式(6-87)的两边同乘以 $P(k)$ 并代入式(6-88)中，可得网络权值的迭代方程为：

$$\left.\begin{aligned} W_i(k) &= W_i(k-1) + g(k)[d_i(k) - X^{\mathrm{T}}(k) W_i(k-1)] \\ J(k) &= \lambda J(k-1) + \frac{1}{2} \sum_{j=1}^{N} [d_i(k) - X^{\mathrm{T}}(k) W_j(k-1)]^2 \end{aligned}\right\} \tag{6-90}$$

计算实践表明，RBF 网络的训练速度要明显高于 BP 网络。

6.2.2 诊断实例

1. 旋转机械故障诊断的神经网络方法

转子不平衡、碰摩、联轴节不对中和油膜振荡是大型旋转机械工作中常见的故障。下面的计算过程中用振动信号的频谱分布特征、时域波形特征、轴心轨迹特性和振动特性等几方面共 20 个征兆来描述上述 4 种故障，用图 6-18 所示的神经网络模型对仿真数据进行训练和测试。输入层节点 $n=20$，输出层节点 $m=4$，隐层分别取 5，9，15 和 19，训练误差 $E=5\times10^{-4}$。图 6-20 所示为训练过程中不同中间层(隐层)节点网络误差随迭代次数的变化规律，由图中可见误差变化基本一致。在实际应用中，隐层节点数的选取与网络处理问题的复杂程度有关。

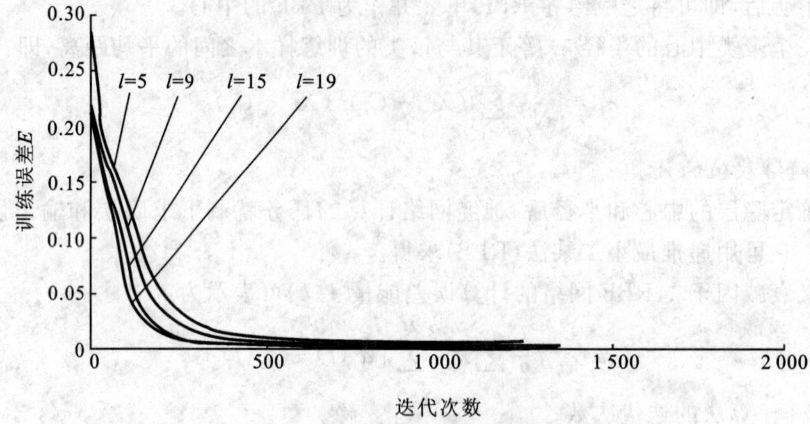

图 6-20　网络训练误差曲线

表 6-6 列出了隐层节点为 9 时网络的训练结果和几组故障实例的检测结果。表中第 1～4 组给出的是理想征兆输入下网络训练的输出结果。对于给定的输入模式，输出模式中相应故障节点的输出值均接近 1，其余节点的输出值接近 0，可见网络能够很好地表达给定的知识。表 6-6 中第 5～8 组给出的是 4 种故障的不完全征兆输入下的网络输出结果。尽管相应故障节点值有所下降，但诊断结果依然正确，表明了网络对不完全知识具有较强的处理能力。表 6-6 中第 9 和第 10 组给出的是网络对多故障征兆的输出结果。由第 9 组结果分析可知，机组发生碰摩故障的可能性较大，同时伴有一定的不平衡故障；由第 10 组结果分析可知，机组可能发生了不对中故障，且伴有不平衡故障的存在。从每组输入的征兆分析，诊断结果是令人满意的，体现了网络很好的联想记忆能力。

表 6-6　网络训练和测试结果

输入模式 \ 节点输出 \ 输出模式		输出故障节点			
		不平衡 F_1	碰摩 F_2	不对中 F_3	油膜振荡 F_4
训练模式	1	0.970 7	0.019 4	0.018 5	0.013 0
	2	0.021 7	0.967 5	0.011 6	0.020 5
	3	0.024 2	0.018 2	0.969 4	0.019 0
	4	0.010 8	0.020 6	0.024 0	0.971 4

续表

输入模式 \ 节点输出 \ 输出模式		输出故障节点			
		不平衡 F_1	碰摩 F_2	不对中 F_3	油膜振荡 F_4
测试模式	5	0.876 6	0.024 6	0.072 6	0.010 8
	6	0.033 3	0.896 1	0.024 3	0.024 9
	7	0.041 5	0.012 7	0.938 0	0.027 9
	8	0.043 9	0.035 1	0.016 0	0.980 6
	9	0.214 9	0.922 6	0.018 0	0.003 9
	10	0.271 7	0.027 5	0.669 4	0.008 6

2. 内燃机气门间隙故障诊断的神经网络方法

图 6-21 所示为内燃机配气机构的气门系统简图。内燃机工作时为了保证气门的密封性，必须在气门与其传动件(如动臂)之间留出适当的气门间隙。气门间隙过大、过小都会使内燃机运行产生不良的变化，如增加油耗、功率下降和使振动噪声加剧等，因此气门间隙需要经常检测和调整。

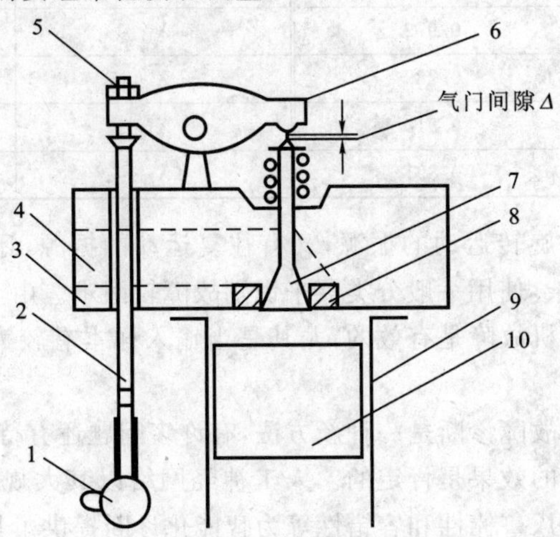

图 6-21　气门配气机构简图

1—凸轮；2—推杆；3—气缸盖；4—进气道；5—调整气门间隙的螺钉；6—摇臂；7—气门；8—气门座；9—气缸；10—活塞

在气缸头(气门附近)上安装加速度计，信号经放大、离散后，取出气门间隙正常与不正常样本各 10 个，每个样本有 50 个分量。采用图 6-18 所示的神经网络模型，输入层取 50 个节点，隐层取 20 个节点，输出层取 1 个节点。取 20 个样本中的 8 个样本(正常 4 个、不正常 4 个)进行训练学习，正常样本的期望输出值为 1，非正常样本的期望输出值为 0。经神经网络学习，调整连接权值，当输入正常样本输出大于

0.9而输入不正常样本输出小于0.1时，学习结束。

学习时取 $\eta=0.6,\mu=0.9,\gamma=-0.4$。学习后网络输入与输出结果见表6-7。

利用以上训练过的网络对余下的样本进行模式分类，结果见表6-8。

从以上实验结果可见大部分能正确分类，只有 X_{12} 和 X_{19} 两个样本判断错误。如果按两个错误计算，分类正确率达83%。

表6-7 学习训练

输入正常样本	输出值	输入不正常样本	输出值
X_1	0.999	X_5	0.050
X_2	0.992	X_6	0.023
X_3	0.930	X_7	0.023
X_4	0.995	X_8	0.051

表6-8 检验分类

输入正常样本	输出值	输入不正常样本	输出值
X_9	0.996	X_{15}	0.070
X_{10}	0.888	X_{16}	0.320
X_{11}	0.972	X_{17}	0.041
X_{12}	0.289	X_{18}	0.177
X_{13}	0.910	X_{19}	0.971
X_{14}	0.891	X_{20}	0.009

由于内燃机既有旋转运动的振源，又有往复运动的振源，还有燃烧时造成的噪声，因此信号比较复杂，使用一般分类器来识别故障较困难。由上面结果可以看到神经网络分类识别内燃机故障是有效的，尤其是当输入样本有较大的"变形"时仍有较强的识别能力。

用神经网络进行故障诊断是一种新方法，有许多问题还有待进一步深入研究，但神经网络对故障诊断的效果是肯定的。人工神经网络以其大规模并行分布式处理、联想记忆、自组织学习、鲁棒性和容错性等为智能化诊断提供了具有广阔前景的崭新途径，对于非确定性、不完全或不确定性知识具有较强的处理能力，可以实现复杂模式的分类决策。可以预期，智能化诊断的人工神经网络方法将进一步取得令人瞩目的突破性进展。

6.3 故障诊断的小波分析方法

迅速发展起来的小波分析(wavelet analysis)技术已逐渐成为信号分析的有力工具，其优于传统傅里叶分析的主要之处是具有良好的时-频局部化特性。小波多分辨率分析对不同的频率成分在时域上的分辨率是可调的，高频者小、低频者大。它能将信号分解成多尺度成分，并对大小不同的尺度成分采用相应的时域与频域步长，从而能够不断地聚焦到信号的任意微小细节，具有比傅里叶变换更强的特征提取功能。

6.3.1　连续小波变换和离散小波变换

傅里叶变换是传统信号分析技术的基础，它将复杂的时域信号转换到频域中，用频谱特性去分析和表现时域信号的特性。傅里叶变换要求提供 $f(t), t\in R$ 的全部信息，而实际截取的是短时段信号 $f(t), t\in[-T/2, T/2]$；$F(\omega)$ 提供的是关于 $\omega\in R$ 的全部信息，而主要反映这个短时段时域信号的那些局部频域特性却无法知道。因此，傅里叶分析方法没有时-频局部化功能。

为克服傅里叶变换在时-频局部化方面的不足，提出了窗口傅里叶变换（简记为 WFT）方法。WFT 的数学表达式为：

$$(Gf)(\omega, b) = \int_R f(t)w(t-b)e^{-j\omega t}dt \tag{6-91}$$

$w(t-b)$ 中的 b 是可变化的，即"窗"可在时间轴上移动，使 $f(t)$ 逐段进入窗内并转换到频域，故具有时-频变换的能力。但 WFT 在时-频分析中，因"窗"大小和形状固定，对变化着的不同时间段的信号只能采用相同的窗，不能根据高频、低频信号的特点自适应地调整时-频窗。在实际信号中，对低频信号要求宽时窗，对高频信号则要求窄时窗，以提高波形的分辨率。从频域上讲，变化剧烈的高频信号（如脉冲信号）的频谱较宽，需要宽频窗；低频信号则要求窄频窗，以提高谱线的分辨率。

小波变换可以满足这些要求，它同时具有时频定位特性的变换形式，是函数 $f(t)$ 在小波函数系上的展开。

考察 WFT 的表达式(6-91)，其中 $\tilde{w}(\omega, t-b) = w(t-b)e^{j\omega t}$。假设窗函数具有抽象形式 $\tilde{w} = \psi_{ab}(t)$：

$$\psi_{ab}(t) = a^{1/2}\psi(at-b) \qquad (a\in R^{+}) \tag{6-92}$$

将对模拟信号 $f(t)$ 的积分变换

$$W_f(a, b) = \int_R f(t)\hat{\psi}_{ab}(t)dt \tag{6-93}$$

称为小波变换，其中 $\hat{\psi}_{ab}(t)$ 为 ψ_{ab} 的复共轭。

将 $\psi(t)$ 满足

$$C_\psi = \int_R \frac{|\hat{\psi}(\omega)|^2}{\omega}d\omega < +\infty \tag{6-94}$$

或满足波动性 $\int_R \psi(t)dt = 0$ 和衰减性 $|\psi(t)| \leqslant c(1+|t|)^{-1-\varepsilon}$ $(\varepsilon>0)$ 的函数称为允许小波。

对基小波函数 $\psi(t)$，如果其时窗宽度为 Δt，而经傅里叶变换后谱 $\hat{\psi}(\omega)$ 的频窗宽度为 $\Delta\omega$，那么对于 $\psi(t/a)$，其时窗宽度为 $a\Delta t$，而相应的经傅里叶变换后的谱 $\hat{\psi}(a\omega)$ 的频窗宽度将为 $\Delta\omega/a$。因此，小波变换对低频信号（此时 a 相对较大）在频域中有很好的分辨率，而对高频信号（此时 a 相对较小）在时域中也有很好的分辨率。

实际计算中需要将尺度 a 和时移 b 进行离散。由于二进离散是普遍采用的离散方式，所以离散小波变换通常指二进离散小波变换。二进离散后，$a=2^j$，$b=2^jk$，其中 $j,k\in Z$，于是离散化的子波簇变为：

$$\psi_{j,k}(t)=2^{j/2}\psi(2^jt-k) \tag{6-95}$$

相应的小波变换标示为离散小波变换：

$$W(j,k)=\langle f(t),\psi_{j,k}(t)\rangle=\int_{-\infty}^{+\infty}f(t)\psi_{j,k}^{*}(t)\mathrm{d}t \tag{6-96}$$

从多分辨率分析的角度来看，小波分解相当于一个带通滤波器和一个低通滤波器，每次分解总是将原始信号分解成两个子信号，对应于将频率$[0,2j\pi]$的成分分解为$[0,(2j-1)\pi]$和$[(2j-1)\pi,2j\pi]$两部分，分别称为逼近信号和细节信号。即将上次分解得到的低频信号分解成低频和高频两部分，每个部分还要经过一次隔点重采样，再下一层的小波分解则是对频率$[0,(2j-1)\pi]$的部分进行类似的分解。如此分解 N 次即可得到第 N 层（尺度 N 上）的小波分解结果，每一次分解后的数据量减半。

小波变换的实质是将原始信号不同频率段的信息抽取出来，并将其显示在时间轴上，这样既可反映信号的时域特征也可反映信号的频域特征。小尺度的变换信号包含信号的高频成分，大尺度的变换信号则包含信号的低频成分。

小波分解可以通过下述 Mallat 算法实现。

$$\left.\begin{aligned}c_{0,k}&=f_k\\c_{j,k}&=\sum c_{j-1,n}h_{n-2k}\qquad(k=1,2,\cdots,N-1)\\d_{j,k}&=\sum c_{j-1,n}g_{n-2k}\end{aligned}\right\} \tag{6-97}$$

式中 f_k——信号的离散采样数据；

N——离散采样点数；

j——分解的层数；

h,g——分别为滤波器 H 和 G 的脉冲响应，用于信号的分解；

$c_{j,k}$——信号的逼近系数；

$d_{j,k}$——信号的细节系数。

相应的信号重构算法为

$$c_{j-1,n}=\sum c_{j,n}h'_{k-2n}+\sum d_{j,n}g_{k-2n}\quad(k=1,2,\cdots,N-1) \tag{6-98}$$

式中 h',g'——分别为滤波器的脉冲响应，用于信号的重构。

小波分析在振动测试和故障诊断中的应用主要有：

(1) 小波消噪。振动状态监测信号中的噪声一般可分为确定性噪声和不确定性噪声两种。对于确定性噪声,由于其噪声的频率或频率范围可预知,这时只需利用小波变换的特性将该频率段信号滤除即可。对于不确定性噪声,由于其噪声的频率或频率范围不可预知,一般情况下设为白噪声,而白噪声的频率几乎可以覆盖整个频率轴,此时就需要利用小波分析的多分辨率分析特性,以较好地获得消除噪声和保持信号中突变成分的效果。处理步骤为:① 将整个频率段上所有的噪声信号 $f(t_i)$ 按式(6-97)进行小波分解至第 j 层,得到混有噪声的小波系数 $c_{j,k}$ 和 $d_{j,k}$;② 对分解后的小波系数(信号细节)进行阈值处理,将小于或等于阈值的小波系数值视为0而舍去,由此给出小波系数(细节) $d_{j,k}$ 的估计值;③ 根据尺度 j 信号的逼近系数和尺度 j 小波(细节)系数的估计值 $d_{j,k}$,按式(6-98)进行信号的重构,得到估计的 $y(t)$。

(2) 信号频带分离。因为在小波分解下不同的尺度具有不同的时间和频率分辨率,所以小波分解可以将信号在不同的频带上展开,从而将信号按不同的频带分离。

(3) 应用小波能量谱进行振动状态监测与故障诊断。实际振动中一些常见的磨损、冲击等信号一般不能以某些正弦信号分量来表示,且振动信号中各频率成分信号的能量中包含着丰富的故障信息,某种或某几种频率成分的改变即代表了一种故障,因此与频谱分析相比,更合理的方法是按频带进行能量监测。将小波分析与能量监测结合起来的小波能量谱监测方法可以很好地判别故障。

(4) 多分辨分析。关于多分辨分析的理解,可从图6-22所示三层小波分解树得到。从图中可以明显看出,多分辨分析只是对低频部分进行了进一步分解,而高频部分则不予考虑。分解具有关系 $S=cA_3+cD_3+cD_2+cD_1$,可见这种分解并不全面,失去了不少高频信息。

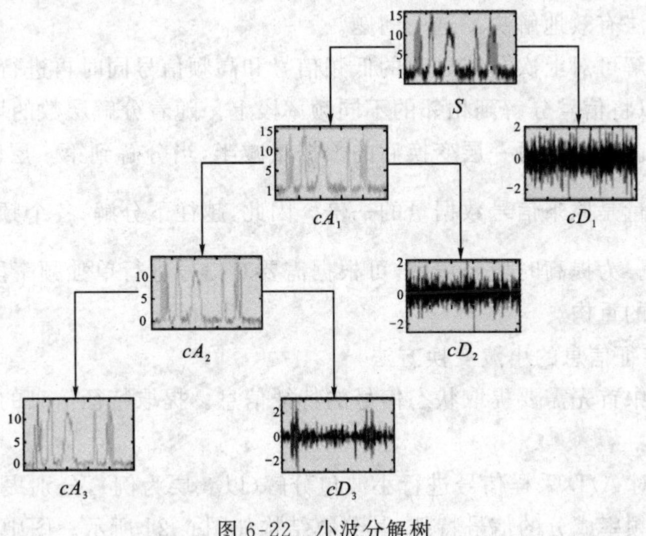

图6-22 小波分解树

6.3.2 小波包分析原理

近年来发展起来的小波包分析(wavelet packet analysis)能够为信号提供一种更加精细的分析方法。它将频带进行多层次划分,对多分辨分析中没有细分的高频部分进一步分解,并能够根据被分析信号的特征自适应地选择相应频带,使之与信号频谱相匹配,从而提高了时-频分辨率,因此小波包分析在机械故障诊断中具有更广泛的应用价值。

小波包分析的理解可参考图 6-23。图中 A 表示低频,D 表示高频,末尾的序号数表示小波包分解的层数(即尺度数)。分解具有关系 $S=AAA_3+DAA_3+ADA_3+DDA_3+AAD_3+DAD_3+ADD_3+DDD_3$。显然,小波包分解既包含低频,又包含高频,高频信息不会被丢失。

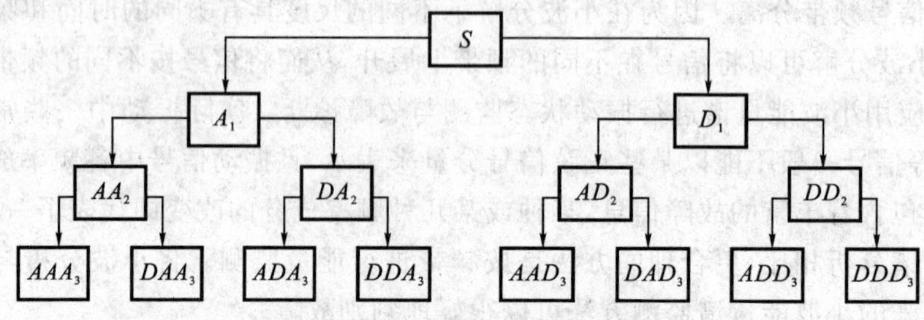

图 6-23 小波包分解树图

1. 小波包分析的基本原理

在多分辨率分析中,不同尺度的时频窗口具有不同的形状 $\Delta t_j \times \Delta f_j$,分辨率 $\Delta t_j \propto 2j$,$\Delta f_j \propto 2j-1$。当 j 较小时,频率分辨率很差;当 j 较大时,时间分辨率很差。小波包分析方法有效地解决了这一问题。

小波包分解可对上次分解之后的低频信号和高频信号同时再进行分解。通过小波包分解,可以将信号分解到相邻的不同频率段上。随着分解层数的增加,频率段划分得越来越细。而经过每一层变换后的数据量减半,当分解到第 j 层时,j 层中每一频率段的数据量是原来信号数据量的$\frac{1}{2j}$倍。因此,越往下分解,各个频率段上的时域分辨率就越低。为提高时域分辨率,可根据需要对信号进行单独频率段、组合频率段或所有频率段的重构。

2. 提取特征信息的小波变换方法

故障诊断中首先需要提取状态信号的特征信息。提取特征信息的小波变换方法的基本步骤为:

(1) 首先对 A/D 采样信号进行小波包分解(以 3 层为例),分别提取第 3 层从低频到高频 8 个频率成分的信号特征,其分解结构如图 6-24 所示。图中(i,j)指第 i 层的第 j 个结点($i=0,1,2,3$;$j=0,1,2,3,4,5,6,7$),每个结点都代表一定的信号特征。其中,(0,0)结点代表原始信号 S,(1,0)结点代表小波包分解的第1层低频系数 X_{10},(1,1)结点代表小波包分解的第1层高频系数 X_{11},(3,0)表示第3层第0个结点的系数,其他依此类推。

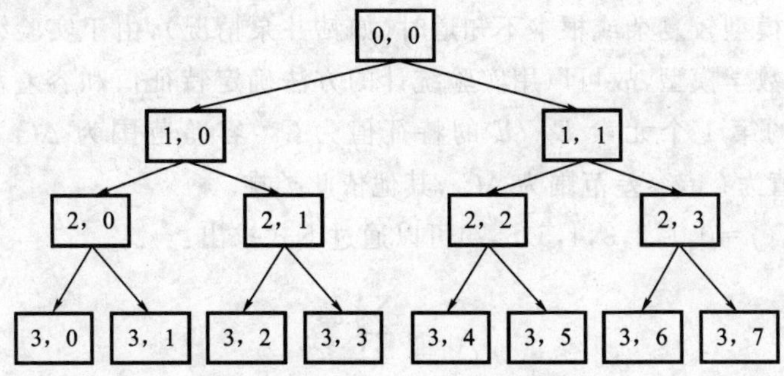

图6-24 小波包分解示例

(2) 对小波包分解系数重构,提取各频带范围的信号。以 S_{30} 表示 X_{30} 的重构信号,S_{31} 表示 X_{31} 的重构信号,其他依此类推。若只对第3层的所有结点进行分析,则总信号 S 可以表示为:

$$S=S_{30}+S_{31}+S_{32}+S_{33}+S_{34}+S_{35}+S_{36}+S_{37}$$

假设原始信号 S 中最低频率成分为0,最高频率成分为1,则提取的 S_{3j} $(j=0,1,2,3,4,5,6,7)$ 的8个频率成分所代表的频率范围见表6-9。

表6-9 各频率成分所代表的频率范围

信 号	S_{30}	S_{31}	S_{32}	S_{33}
频率范围	0～0.125	0.125～0.250	0.250～0.375	0.375～0.500
信 号	S_{34}	S_{35}	S_{36}	S_{37}
频率范围	0.500～0.625	0.625～0.750	0.750～0.875	0.875～1.000

(3) 求各频带信号的总能量。由于输入信号是一个随机信号,故其输出也是一个随机信号。设 S_{3j} $(j=0,1,2,3,4,5,6,7)$ 对应的能量为 E_{3j} $(j=0,1,2,3,4,5,6,7)$,则有:

$$E_{3j}=\int|S_{3j}(t)|^2\mathrm{d}t=\sum_{k=1}^{n}|x_{jk}|^2 \qquad (j=0,1,2,3,4,5,6,7;k=1,2,\cdots,n)$$

式中 x_{jk}——重构信号 S_{3j} 的离散点的幅值。

(4) 构造特征向量。由于系统出现故障时对各频带内信号的能量会有较大的影响,因此以能量为元素可以构造一个特征向量。特征向量 $\boldsymbol{T}$ 构造如下:

$$\boldsymbol{T}=(E_{30},E_{31},E_{32},E_{33},E_{34},E_{35},E_{36},E_{37})$$

对向量进行归一化处理,令:

$$E=\Big(\sum_{j=0}^{7}|E_{3j}|^2\Big)^{1/2}$$

$$\boldsymbol{T}' = (E_{30}/E, E_{31}/E, E_{32}/E, E_{33}/E, E_{34}/E, E_{35}/E, E_{36}/E, E_{37}/E)$$

向量 $\boldsymbol{T}'$ 即为归一化后的向量。

(5) 确定在正常与各种故障状态下特征向量的特征值及容差范围。

当系统的模型较复杂或根本不知道时(如钻井泵情况),由于实验统计的方法不依赖于系统的数学模型,故可以用实验统计的方法确定特征值和容差范围。具体方法是:设向量的第 1 个元素 E_{30}/E 的特征值为 C_0,容差范围为 ΔC_0;第 2 个元素 E_{31}/E 的特征值为 C_1,容差范围为 ΔC_1;其他依此类推。

特征值 $C_j(j=0,1,2,3,4,5,6,7)$ 可以通过下式求出:

$$C_j = \frac{\sum_{i=1}^{n} x_{ji}}{n}$$

式中 n——试验次数。

当 C_j 的值较大时,可对特征值进行归一化处理,令:

$$C = \left(\sum_{j=0}^{7} C_j^2\right)^{1/2}$$

归一化的特征向量 $\boldsymbol{T}'_{特征值}$ 为:

$$\boldsymbol{T}'_{特征值} = (C_0/C, C_1/C, C_2/C, C_3/C, C_4/C, C_5/C, C_6/C, C_7/C)$$

容差范围 $\Delta C_j(j=0,1,2,3,4,5,6,7)$ 为:

$$\Delta C_j = K\sigma = K\left[\frac{1}{n}\sum_{k=1}^{n}(x_{jk} - C_j)^2\right]^{1/2}$$

式中 K——系数,常取 $K=3\sim5$;

n——试验次数;

σ——标准差。

如果对特征向量的特征值作了归一化处理,则容差范围也应作相应的变化,即容差范围向量的每一元素都相应除以 C,于是有容差范围:

$$\Delta\boldsymbol{C}' = (\Delta C_0/C, \Delta C_1/C, \Delta C_2/C, \Delta C_3/C, \Delta C_4/C, \Delta C_5/C, \Delta C_6/C, \Delta C_7/C)$$

由以上分析可见,小波包分析比较细致、全面,应用也较为方便,不失为一种好的状态特征提取方法,其在机械设备的状态特征提取和故障诊断中得到了广泛应用。

6.3.3 诊断实例

编者利用小波包理论和方法对 14 台 3NB-1300C 型钻井泵的液力端进行了 252 次测试分析,获取了大量的状态信息。通过小波包分析求得了不同状态下液力端的分频带能量值,为进行状态识别和故障诊断提供了基础。

1) 泵阀无故障正常运行时及有故障时的小波包分频带能量

求得的典型泵阀无故障正常运行时的小波包分频带能量曲线如图 6-25 所示,图中横坐标为频率(×400 Hz),纵坐标为能量值。求得的典型泵阀有故障运行时的小波包分频带能量曲线如图 6-26 所示。

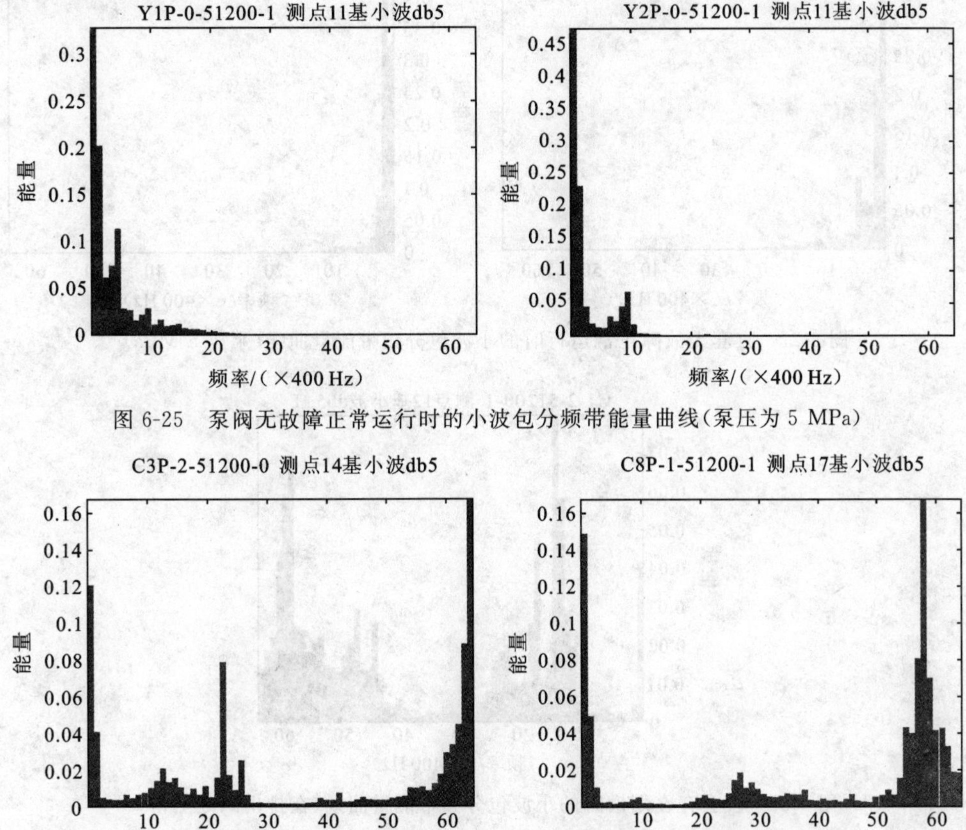

图 6-25　泵阀无故障正常运行时的小波包分频带能量曲线(泵压为 5 MPa)

图 6-26　泵阀有故障运行时的小波包分频带能量曲线(泵压为 5 MPa)

从图中可见,正常阀的频带能量主要集中在 15 段(6 000 Hz)内,而阀故障的能量主要集中在第 25 段(10 000 Hz)之后,这显然是由于泵阀故障引起了系统的高频振动。

2) 缸套无故障正常运行及缸套故障时的小波包分频带能量变化

缸套无故障正常运行时的小波包分频带能量曲线如图 6-27 所示。当缸套存在划槽时,分别根据排出阀和吸入阀拾取信号来分析并取得缸套小波包分频带能量,如图 6-28 和图 6-29 所示。

从图中可见,缸套无故障时的小波包分频带能量集中在第 15 段(6 000 Hz)内,而当缸套发生故障时,在高频段具有很大的能量。因此,小波包分频带能量图可用于直观地识别泵阀和缸套的故障,它与幅值域、频域参数一起可互为印证,为进行钻井泵液力端的状态监测和故障诊断提供了有力依据。

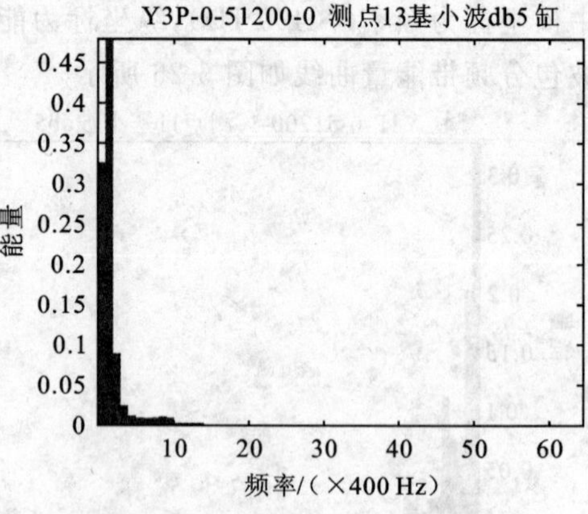

图 6-27 缸套无故障正常运行时的小波包分频带能量曲线(泵压 5 MPa)

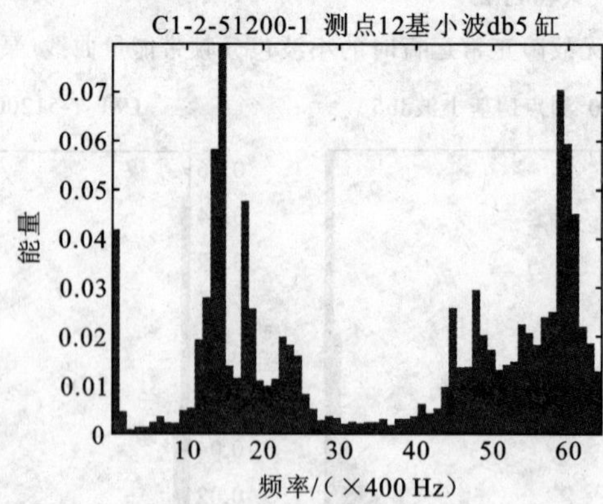

图 6-28 缸套存在划槽时的小波包分频带能量曲线(在排出阀处测得)

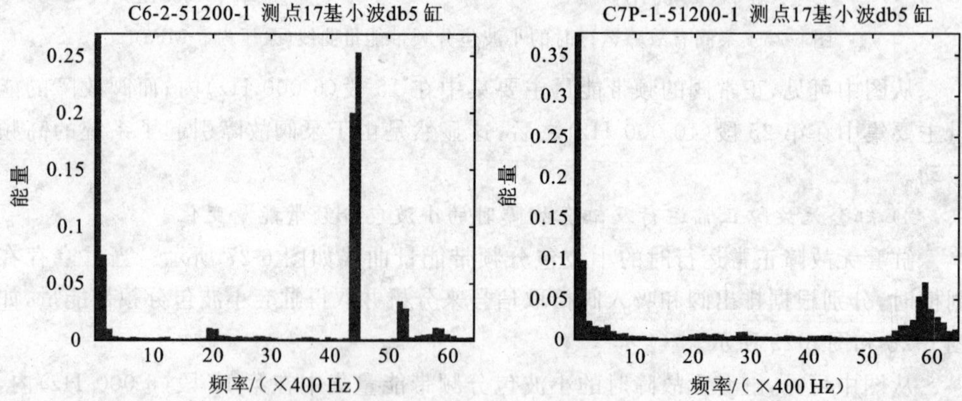

图 6-29 缸套存在划槽时的小波包分频带能量曲线(在吸入阀处测得)

6.4　故障诊断专家系统简介

专家系统是应用大量人类专家的知识和推理方法求解复杂实际问题的一种人工智能计算机程序。它是由一组计算机软件组成的系统，具有相当数量的权威性知识，具备学习功能，并且能够采取一定的策略，运用专家知识进行推理，解决人们在通常条件下难以解决的问题。一般的计算机软件由数据和程序两级组成，而专家系统则由数据、知识和推理机三级组成。

6.4.1　专家系统的人工智能特点

专家系统所能解决的主要问题有：

(1) 解决那些只有专家才能解决的实际复杂问题。

(2) 用模仿人类专家推理过程的计算机模型来解决这些问题，并能达到人类专家解决问题的水平。

当前比较成功的专家系统一般具有以下几个特点：

(1) 启发性，即能使用判别性知识进行推理；

(2) 透明性，能解释自己的推理过程；

(3) 灵活性，能不断修改和扩充知识。

专家系统之所以得以迅速发展绝非偶然，而是由其本身的特点所决定的：

(1) 它能记录和传播珍贵的专家经验。专家系统的出现使少数人类专家的专长可以不受时间和空间的限制，可以到处加以有效应用，而且还可以保存、重现、复制和反传授这些专门的知识。

(2) 专家系统可以汇集和管理不同来源的、众多的专家知识，对需解决的问题提出更高明和更全面的解决方法。

(3) 专家系统可以将实际专家的经验和知识转化为软件，或固化成硬件储存起来。

(4) 在工作中应用专家系统能大幅度地提高工作效率，创造较大的社会价值和经济效益。

6.4.2　专家系统的结构

当前比较典型的专家系统均由知识库、推理机、数据库、解释程序、知识获取及管理程序等组成，其结构框图如图 6-30 所示。

1) 知识库(knowledge base)

知识库是为解决实际问题而储存的，用来完成任务所需的各种人类专家知识的子系统。

建立和维护知识库的主要问题是知识的表达。知识库中知识的表达有两大类：

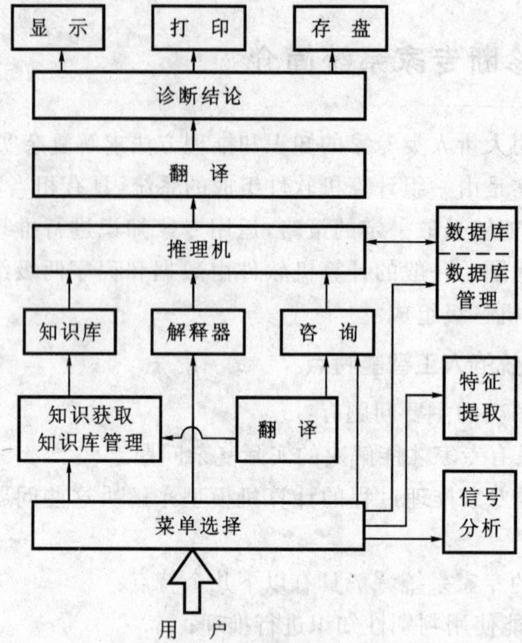

图 6-30　专家系统的结构框图

一类为事件型知识(fact),也就是所需完成任务领域公认的大量事实和规则;另一类为功能性知识(heuristic knowledge),是在该领域内能够正确实践的判断性知识。

2) 推理机(inference engine)

推理机是运用知识进行推理和解决特定问题的功能块。推理机是计算机的控制机构,它根据输入的数据(如设备症状),利用知识库的专家知识,按一定的推理策略解决问题。

通常应用的推理策略有三种:正向推理,或称数据驱动型;反向推理,或称目标驱动型;正反向混合推理。在这三种推理方式中,由于所用到的数据和经验都具有随机性,因此是随机性推理。

为了便于知识库的修改和扩充,达到不断提高和更新系统性能的目的,知识库和推理机应保持相对的独立性。

3) 数据库(data base)

数据库用于储存所诊断问题领域内原始特征数据的信息,推理过程中得到的各种中间信息和解决问题后的输出结果信息。原始特征数据中包括标准谱或图数据等。

4) 解释器(程序)(explication program)

解释器程序用于解释推理过程、解释推理路线和为什么需要询问那些特征数据信息,同时还可以解释推理得到的确定性结论。

5) 知识获取程序(knowledge acquisition program)

知识获取程序的功能是扩充、修改和更新原来的知识。知识的获取是建立专家系统中遇到的最艰巨和最复杂的工作之一,因此研究高度自动化的知识获取程序系统具有非常重要的意义。

一般情况下,专家系统的工作方式主要是询问或测量数据、运用知识进行推理、解释推理路线和回答用户所提出的问题等。由此可见,上述各部分是一个优秀的专家系统所必须具备的。

6.4.3 国外部分专家系统简介

一切需要处理知识的地方都可以采用专家系统。对于一些需要用专家的特殊经验进行推理的问题,采用专家系统尤其重要。专家系统主要用于诊断、监测、分析、解释、预测、证明、设计、调试、修理、教学和监控等诸多方面。机械故障诊断是专家系统应用的新领域,虽开始较晚,但发展迅速,潜力很大。下面从监控、诊断、维修三个方面简单介绍国外研制的一些专家系统。

1. 监控方面

(1) 斯坦福大学研制了一台人工心肺机监控(VM)系统,它根据自动测量到的 30 个生理动态数据及时显示病人的现状并发出调节心肺的命令,使病人能逐步适应独立的呼吸环境。

(2) 美国西屋研究中心和卡内基梅隆大学合作研制了一台汽轮发电机监控专家系统。这个系统被用来监视三家主要发电厂的七台汽轮发电机组的全天工作状况。此专家系统能快速、精确地分析仪表送来的信号,然后立即告诉操作人员应采取什么动作。在汽轮发电机电机上装有传感器和监视仪表,与远处的计算机连接,计算机则根据由汽轮发电机和发电机专家的经验编制的程序分析温度、压力、速度、振动和射频辐射等数据,判断机组工作正常或异常,或者有无产生故障的苗头,并可告诉维修人员应如何采取防范或预防措施。这套系统的最终发展目标是将整个电厂(包括汽轮机、发电机、锅炉等)都连接到 24 h 连续运行的诊断专家系统上。

2. 诊断方面

(1) 诊断高压马达的框架基系统 COMEX 以及诊断空调机的规则基系统 PRODOGI 已在日本研制出来。这是用于机器故障诊断的实验系统。由于许多电气设备由电路、管道和运动部件组成,研制专家系统时必须考虑各种故障因素,如绝缘、过热、磨损、材料疲劳等。

(2) W. R. Nelson 研制的 REACTOR 系统是诊断和处理核反应堆事故的专家系统。当核反应堆发生紧急事故时要求采取准确而有效的措施,否则后果将不堪设想,因此很有必要利用专家系统来帮助操作员综合各方面的监控信息并迅速作出正确的决策。

REACTOR 的知识库中包括两类知识——功能型知识和事件型知识。功能型知识包括反应堆系统的构造和各部分如何工作,以完成某种所需要的功能。这部分知识用树的形式表示(称为知识树),从树叶到树根的一条通路代表安全功能途径,它主要用于故障处理。故障发生后,有的途径就不通了,这时要求易于选出畅通且标号最小的途径。事件型知识描述反应堆在已知故障状态下所出现的症状,它主要用于故障诊断。事件型知识来源于实际事故的经验、实验反应堆的实验结果及计算机模拟分析等方面的结果。

REACTOR 的推理机采用双向推理。诊断系统首先直接从仪表获得数据,然后据此向前推理,直至得出结论;若信息不够,则转向向后推理,确定还需要哪些信息,并指令仪表操作人员进行必要的测试工作,以获得所需的信息。

3. 维修方面

(1) 意大利米兰工业大学研制了一种汽车电路维修专家系统。这套系统采用逆向推理。它的知识库存有 100 多条规则,共分为三类:一是测试规则,即建议使用者进一步对某一部分进行测试;二是表示用仪表测试结果的规则;三是演绎推理规则。

(2) 通用电气公司研制了内燃-电力机车排故计算机辅助系统,称为 CATS-1(又名 DELTA)。为了查找问题,排放系统首先显示机车可能出现的各种故障范围;当用户选定某一特殊范围时,系统询问用户一系列详细问题,同时对每一步都作出解释,并在适当的时候在屏幕上显示图形;最后,当排故系统查出故障原因后,再给出特定的修理指导。

6.4.4 梁内裂纹诊断专家系统

梁内裂纹诊断系统是一个处理知识的专家系统,它应用因素空间来描述人类专家的知识经验,借助对专家进行心理实验来获取知识和建立知识库。为了有效地解决含有大量模糊性和不确定性知识问题,利用对比-分析-识别等非逻辑思维方式,根据从梁上获得的各种信息,进而诊断梁上裂纹的位置和深度。该系统富有启发性和透明性,对知识库的修改、扩充非常灵活。它也是由知识库、推理机、知识获取程序、数据库和解释程序组成的。

由于梁(包括钢梁和钢筋混凝土梁)损伤诊断的总体评价可分为强度计算、变形测定和裂纹诊断(即可靠性评价)三个方面,因此在这个问题上建立一个能反映各种复杂因素的数学模型是不现实的。但是通过专家系统可以将精确的分析、测试和各种丰富的专家经验综合形成一个有效且可靠的诊断系统。

1. 梁损伤诊断的知识库

知识库是专家知识、经验和书本知识的存储器,其中存入了各种强度计算及分析的公式和规则、应变测试数据处理的程序和方法等,如图 6-31 所示。

2. 梁内裂纹诊断专家系统

根据实验室内对钢梁和钢筋混凝土梁裂纹诊断的研究提出的专家系统的结构如图 6-32 所示。其中知识库包括各种梁诊断规则和标准谱;推理机采用正向推理、反向推理或混合推理的方法,调用知识库中的各个规则进行精确诊断或模糊诊断;知识获取程序以试验为基础,采用计算机辅助实验技术(CAT)建立知识库中的标准谱,

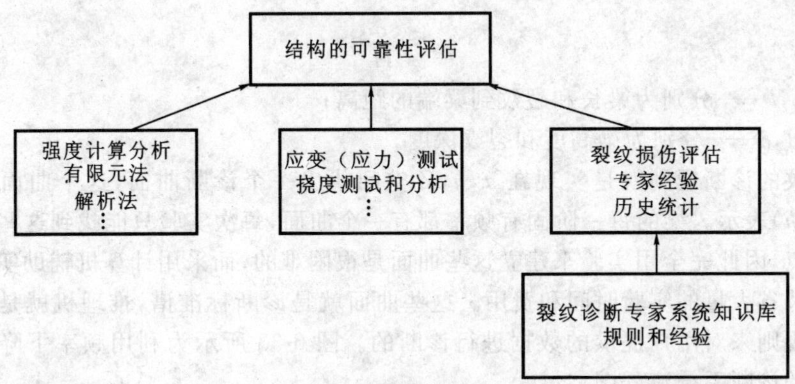

图 6-31　知识库层次图

输入和更新诊断规则及专家的经验；用户向数据库中输入需诊断的梁的数据，启动推理机后，数据库中还要储存中间数据和最后结果。当然，这个专家系统只是梁的裂纹损伤诊断总系统中的一个子程序。

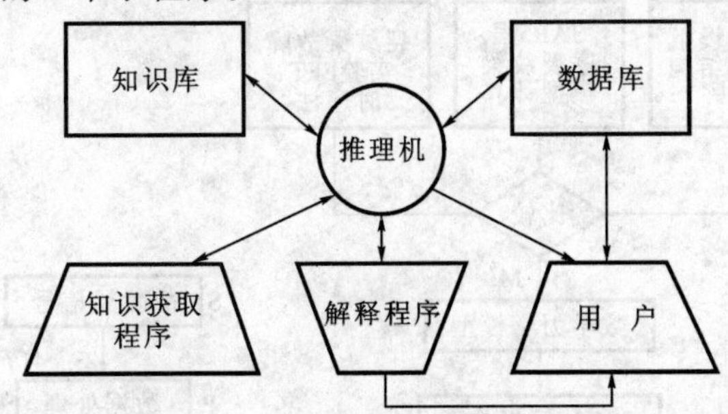

图 6-32　裂纹诊断专家系统结构框图

梁内裂纹诊断规则较多，仅钢梁中的裂纹诊断就可采用频率、频率下降率和最敏感时序模型参数作为特征参数的诊断规则。这些诊断规则还可以用模糊数学的方法加以综合实现，以更切合实际情况的诊断。

3. 钢梁内裂纹位置和深度的诊断规则

下面介绍以频率下降率为特征参数的诊断规则。在实验和理论分析中发现，高阶固有频率对梁的裂纹变化比较敏感，而该固有频率对随裂纹加深而下降的频率下降率更敏感。频率下降率定义为：

$$Z_i=\frac{\Delta f_i}{f_i} \tag{6-99}$$

式中　Z_i——第 i 阶固有频率 f_i 的频率下降率；

Δf_i——由裂纹深度变化而引起的频率变化。

令 x 表示裂纹在梁上的位置，h 表示裂纹深度，为通用起见，定义 x 和 h 为无量纲数：

$$x=\frac{l}{L} \tag{6-100}$$

$$h=\frac{\delta}{H} \tag{6-101}$$

式中 L,l——分别为梁长和裂纹到梁端的距离；

H,δ——分别为梁高度和裂纹深度。

裂纹的诊断规则就是实现在 x,h,Z 空间找出一个诊断曲面，这个曲面可以用 $F(Z,x,h)$ 表示。梁的每一阶固有频率都有一个曲面，每次实验只能找到这些曲面上的一个点，因此完全用实验来建立这些曲面是很困难的，而采用计算机辅助实验技术则可以节省大量的实验时间和费用。这些曲面就是诊断标准谱，推理机就是利用这个诊断规则来对用户提供的数据进行诊断的。图 6-33 所示为利用频率下降率为特征参数的诊断系统流程图。

同样，还有以高阶固有频率为特征参数的诊断系统，以最敏感的时间序列法模型参数为特征参数的诊断系统等。这些系统都存入知识库中，诊断时推理机用模糊推理方法综合这些系统的诊断结果，推导出一个可靠的结论。

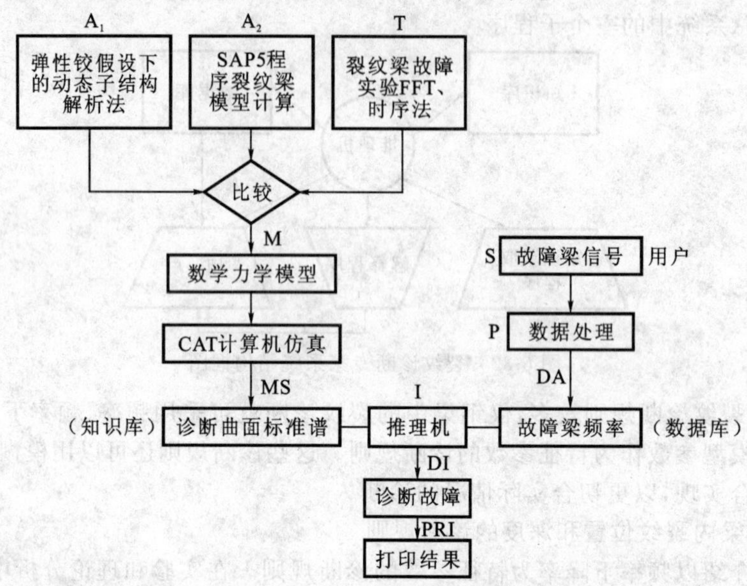

图 6-33 利用频率下降率为特征参数的诊断系统流程图

A_1—解析法；A_2—有限元法；T—裂纹梁实验；M—合理的数学力学模型；CAT—计算机辅助实验；MS—诊断曲面标准谱(知识库)；I—推理机；S—用户提供的故障梁信号；P—信号处理；DA—进入数据库的数据；DI—故障诊断；PRI—打印的结果

4. 总系统

梁损伤诊断的总专家系统结构形式与图 6-32 相同，只需将梁内裂纹状态诊断的子专家系统各部分分别嵌入总系统中对应的各部分中。推理机按照图 6-31 中的层次进行分层推理，直到最后对梁的损伤状态作出科学的评估。

参考文献

1 虞和济.故障诊断的基本原理.北京:冶金工业出版社,1989
2 寇惠,等.故障诊断的振动测试技术.北京:冶金工业出版社,1989
3 徐国富,等.非电量电测工程手册.北京:机械工业出版社,1987
4 张正松,等.旋转机械振动监测及故障诊断.北京:机械工业出版社,1991
5 沈庆根.化工机器故障诊断技术.杭州:浙江大学出版社,1994
6 沈永福,高大勇.设备故障诊断技术.北京:科学出版社,1990
7 陈荣振.机械故障监测与诊断.石油大学校内教材,1990
8 屈梁生,何正嘉.机械故障诊断学.上海:上海科学技术出版社,1986
9 丁玉兰,石来德.机械设备故障诊断技术.上海:上海科学技术文献出版社,1994
10 丰田利夫.设备现场诊断的开展方法.北京:机械工业出版社,1985
11 寇惠,原培新.故障诊断中的振动信号处理.北京:冶金工业出版社,1989
12 汤和,徐滨宽.机械设备的计算机辅助诊断.天津:天津大学出版社,1992
13 张思.振动测试与分析技术.北京:清华大学出版社,1992
14 李造鼎.故障诊断的声学方法.北京:冶金工业出版社,1989
15 刘民治,钟明勋.失效分析的思路与诊断.北京:机械工业出版社,1993
16 周传荣,赵淳生.机械振动参数识别及其应用.北京:科学出版社,1989
17 吴三灵.实用振动试验技术.北京:兵器工业出版社,1993
18 虞和济,等.故障诊断的专家系统.北京:冶金工业出版社,1991
19 振动与冲击手册编辑委员会.振动与冲击手册 第二卷 振动与冲击测试技术.北京:国防工业出版社,1990
20 焦李成.神经网络系统理论.西安:西安电子科技大学出版社,1995
21 钟秉林,等.人工神经网络与机械故障诊断.动态分析与测试技术,1994,(3):32-37
22 洪国雄,等.用神经网络对内燃机气门间隙的识别.振动与冲击,1994,(4):23-26
23 李洪兴,等.工程模糊数学方法及应用.天津:天津科学技术出版社,1993
24 虞和济.机械设备故障诊断的人工神经网络识别法.机械强度,1995,17(2):48-54
25 应怀樵.波形和频谱分析与随机数据处理.北京:中国铁道出版社,1983
26 西安交通大学高等数学教研室.复变函数.北京:人民教育出版社,1978
27 陈长征,白秉三,严安.设备故障智能诊断技术及其应用.沈阳工业大学学报,2000,22(4):349-351
28 张安华,张洪才,周凤岐.设备故障诊断中的信息融合技术.机械科学与技术,1997,16(4):612-616
29 屈梁生,张海军.提高故障诊断质量的几种方法.中国机械工程,2001,12(10):1168-1172

30 顺奎.国外信息融合技术概述.红外与激光技术,1995,24(1):1-4

31 张雨,温熙森.设备故障诊断信息融合问题的思考.长沙交通学院学报,1999,15(2):22-29

32 袁小宏,赵仲生,屈梁生.粗糙集理论在机械故障诊断中的应用研究.西安交通大学学报,2001,35(9):954-957

33 许琦,李永生.粗集理论及其在旋转机械故障诊断中的应用——粗集理论基础知识.南京工业大学学报,2002,24(3):25-27

34 刘树林,张嘉钟,黄文虎,等.基于小波包和粗集的往复压缩机故障诊断方法.压缩机技术,2002,(2):1-3

35 姜建东,王晓升,屈梁生.浑沌与分形动力学在机械故障诊断中的应用初探.中国机械工程,1998,9(7):85-87

36 王晓升,屈梁生.非线性动力系统理论在机械故障诊断中的应用,1997,31(2):63-69

37 王晓升,屈梁生.Poincare 变换——一种判定机械故障的新方法.压缩机技术,1996,(5):20-22

38 石博强,申焱华.机械故障诊断的分形方法——理论与实践.北京:冶金工业出版社,2001

39 史东锋,屈梁生.遗传算法在故障特征选择中的应用研究.振动、测试与诊断,2000,20(3):171-176

40 王锋,屈梁生.用遗传编程方法提取和优化机械故障的声音特征.西安交通大学学报,2002,36(2):1307-1310

41 芮小健,钟秉林,颜景平,等.时序建模中周期信号和趋势项的处理问题研究.应用科学学报,1995,13(2):195-201

42 张雪江,朱向阳,钟秉林,等.自适应基因遗传算法及其在知识获取中的应用.系统工程与电子技术,1997,(7):67-72

43 张雪江,朱向阳,钟秉林,等.基于模拟退火算法的知识获取方法的研究.控制与决策,1997,12(4):327-331

44 吴伟蔚,杨叔子,吴今培.故障诊断 Agent 研究.振动工程学报,2000,15(3):393-399

45 张学良,黄玉美.遗传算法及其在机械工程中的应用.机械科学与技术,1997,(1):47-52

46 吴志远,邵惠鹤,吴新余.遗传退火进化算法.上海交通大学学报,1997,31(12):69-71

47 王雪梅,王义和.模拟退火算法与遗传算法的结合.计算机学报,1997,(4):381-384

48 张广文,刘令瑶.确定随机变量概率分布参数的推广 Bayes 方法.岩土工程学报.1995,17(3):91-94

49 楼顺天,施阳.基于 MATLAB 的系统分析与设计——神经网络.西安:西安电子科技大学出版社,1998

50 飞思科技产品研发中心.神经网络理论与 MATLAB 7 实现.北京:电子工业出版社,2005

51 B Samanta,K R Al-Balush. Artificial neural network based fault diagnostics of rolling element bearings using time-domain features. Mechanical Systems and Signal Processing,2003,17(2):317-328

52 N G Nikolaou, I A Antoniadis. Rolling element bearing fault diagnosis using wavelet packets. NDT & E International,2002,35(2):197-205

53 S Zhang,J Mathew,L Ma,Y Sun. Best basis-based intelligent machine fault diagnosis. Me-

chanical Systems and Signal Processing,2005,19(2):357-370

54 B Liu, S F Ling, R Gribonval. Bearing failure detection using matching pursuit. NDT & E International,2002,35(4):255-262

55 Yang Hongyu, Joseph Mathew,Ma Lin. Fault diagnosis of rolling element bearing using basis pursuit. Mechanical Systems and Signal Processing,2005,19(2):341-356

56 D C Baillie, J Mathew. A comparison of autoregressive modeling techniques for fault diagnosis of rolling element bearings. Mechanical Systems and Signal Processing,1996,10(1):1-17

57 Rubini R, Meneghetti U. Application of the envelope and wavelet transform analyses for the diagnosis of incipient faults in ball bearings. Mechanical Systems and Signal Processing, 2001, 15(2): 287-302

58 Kowalski Czeslaw T, Orlowska-Kowalska Teresa. Neural networks application for induction motor faults diagnosis. Mathematics and Computers in Simulation, 2003, 63(3-5):435-448

59 崔锦泰.小波分析导论.西安:西安交通大学出版社,1995

60 荆双喜,铁占绪,张英琦.基于小波分析的机械故障诊断技术研究.煤炭学报,2000,25(增刊):142-145

61 王江萍,王鸿飞,王素英.基于小波多分辨率分析的往复机械故障特征提取和识别.西南石油学院学报,1998,13(1):30-31

62 罗跃纲,陈长征,曾海泉,等.基于信息融合的集成小波神经网络故障诊断.东北大学学报,2002,23(8):802-805

63 孙延奎.小波分析及其应用.北京:清华大学出版社,2005

64 陈涛,屈梁生.多分辨小波网络的理论及应用.中国机械工程,1997,8(2):57-59

65 林京,刘红星,沈玉娣.小波奇异性检测及其在故障诊断中的应用.信号处理,1997,13(2):182-187,160

66 袁小宏,屈梁生.小波分析及其在压缩机气阀故障检测中的应用研究.振动工程学报,1999,12(3):211-216